정보처리기사 필기 한권으로 끝내기

- 비전공자도 독학으로
  합격이 가능한 필수교재
- 합격에 필요한 핵심이론 완벽정리
- 단원별 예상문제 수록

필기 과목

소프트웨어 설계
소프트웨어 개발
데이터베이스 구축
프로그래밍언어 활용
정보시스템 구축관리

NCS반영
-
출제기준
전면개편

메인에듀 정보기술연구소 /
김대영 공 편저

동영상 강의 mainedu.co.kr

MAINEDU

대한민국 IT 대표 자격증 정보처리기사가 2020년부터 NCS 기반으로 대폭 개편되어 이전의 수험서와는 전혀 달라졌습니다.

정보처리기사는 2020년부터는 출제 기준이 새로 개정되어 국가 직무능력 표준(NCS) 방식으로 변경되었습니다.

새로 변경된 기사 시험은 개발자가 해야 될 것들을 특히 (소프트 웨어설계, 소프트웨어 개발 서버프로그램) 등을 공부해야 하는 시험으로 탈바꿈 됩니다. 특히 소프트웨어 엔지니어링 분야나 보안 그리고 ICT 트랜드가 반영되었습니다.

과거에는 기출문제를 외워 합격이 가능했었지만 새로운 개정판은 개발자로서 현장직무 중심의 능력을 보는 시험으로 바꾸겠다는 것입니다.
그래서 새로운 문제가 나올 것을 같이 준비를 해야 합니다.

정보처리기사는 IT 전공자와 전공을 하지 않는 비전공자도 많이 응시하는 자격증으로 본 수험서는 꼭 알아야 할 문제와 개념을 중심으로 설명을 하였습니다.

본 수험서로 공부하시는 모든 분들의 합격을 진심으로 기원합니다.

1. 정보처리기사 기본정보

○ **직무내용** : 정보시스템 등의 개발 요구사항을 이해하여 각 업무에 맞는 소프트웨어의 기능에 관한 설계, 구현 및 테스트를 수행하고 사용자에게 배포하며, 버전관리를 통해 제품의 성능을 향상시키고 서비스를 개선하는 직무이다.
○ **시 행 처** : 한국산업인력공단(www.q-net.or.kr)
○ **관련학과** : 모든 학과 응시가능
○ **시험과목 및 활용 국가직무능력표준(NCS)**
국가기술자격의 현장성과 활용성 제고를 위해 국가직무능력표준(NCS)를 기반으로 자격의 내용(시험과목, 출제기준 등)을 직무 중심으로 개편하여 시행합니다.

1) 필기 시험

과목명	활용 NCS 능력단위	NCS 세분류
소프트웨어 설계	요구사항 확인	응용SW엔지니어링
	화면 설계	
	애플리케이션 설계	
	인터페이스 설계	
소프트웨어 개발	데이터 입출력 구현	응용SW엔지니어링
	통합 구현	
	제품소프트웨어 패키징	
	애플리케이션테스트 관리	
	인터페이스 구현	
데이터베이스 구축	SQL 응용	DB엔지니어링
	SQL 활용	
	논리 데이터베이스 설계	
	물리 데이터베이스 설계	
	데이터 전환	
프로그래밍 언어 활용	서버프로그램 구현	응용SW엔지니어링
	프로그래밍 언어 활용	
	응용 SW 기초기술 활용	

정보시스템 구축관리	소프트웨어개발 방법론 활용	응용SW엔지니어링
	IT프로젝트정보시스템 구축관리	IT프로젝트관리
	소프트웨어 개발보안 구축	보안엔지니어링
	시스템 보안 구축	

2) 실기 시험

과목명	활용 NCS 능력단위	NCS 세분류
정보처리 실무	요구사항 확인	응용SW엔지니어링
	데이터 입출력 구현	
	통합 구현	
	제품소프트웨어 패키징	
	서버프로그램 구현	
	인터페이스 구현	
	프로그래밍 언어 활용	
	응용 SW 기초 기술 활용	
	화면 설계	
	애플리케이션 테스트 관리	
	SQL 응용	DB엔지니어링
	소프트웨어 개발 보안 구축	보안엔지니어링

○ **검정방법**
 - 필기 : 객관식 4지 택일형, 과목당 20문항(과목당 30분)
 - 실기 : 필답형(2시간30분)
○ **합격기준**
 - 필기 : 100점을 만점으로 하여 과목당 40점 이상, 전과목 평균 60점 이상.
 - 실기 : 100점을 만점으로 하여 60점 이상.

2. 정보처리기사 진로 및 전망

○ 기업체 전산실, 소프트웨어 개발업체, SI(system integrated)업체 (정보통신, 시스템 구축회사 등)정부기관, 언론기관, 교육 및 연구기관, 금융기관, 보험업, 병원 등 컴 퓨터 시스템을 개발 및 운용하거나, 데이터 통신을 이용하여 정보처리를 시행하는 업 체에서 활동하고 있다. 품질검사 전문기관 기술인력과 감리원 자격을 취득하여 감리 전문회사의 감리원으로 진출할 수 있다. 3년 이상의 실무경력이 있는 자는 측량분야 수치지도제작업의 정보처리 담당자로 진출가능하고, 정보통신부의 별정우체국 사무 장, 사무주임, 사무보조 등 사무원으로 진출할 수 있다.

○ 정보화사회로 이행함에 따라 지식과 정보의 양이 증대되어 작업량과 업무량이 급속 하게 증가했다. 또한 각종 업무의 전산화 요구가 더욱 증대되어 사회 전문분야로 컴퓨터 사용이 보편화되면서 컴퓨터산업은 급속도로 확대되었다. 컴퓨터산업의 확대는 곧 이 분야의 전문인력에 대한 수요 증가로 이어졌다. 따라서 컴퓨터 관련 자격증에 대한 관심도 증가하고 있어 최근 응시자수와 합격자수가 증가하고 있는 추세이다. 또한 취업, 입학시 가산점을 주거나 병역특례 등 혜택이 있어 실생활에 널리 통용되고 인정받을 수 있다. (학점인정 30학점, 공무원 임용시험시 7급은 3%, 9 급은 3% 가산특 전이 있다.)

3.정보처리기사 필기 출제기준

○ 제1과목 소프트웨어 설계

주요항목	세부항목	세세항목
1. 요구사항 확인	1. 현행 시스템 분석	1. 플랫폼 기능 분석 2. 플랫폼 성능 특성 분석 3. 운영체제 분석 4. 네트워크 분석 5. DBMS 분석 6. 비즈니스융합분석
	2. 요구사항 확인	1. 요구분석기법 2. UML 3. 애자일(Agile)
	3. 분석모델 확인	1. 모델링 기법 2. 분석자동화 도구 3. 요구사항 관리 도구
2. 화면 설계	1. UI 요구사항 확인	1. UI 표준 2. UI 지침 3. 스토리보드
	2. UI 설계	1. 감성공학 2. UI 설계 도구

3. 애플리케이션 설계	1. 공통 모듈 설계	1. 설계 모델링 2. 소프트웨어 아키텍처 3. 재사용 4. 모듈화 5. 결합도 6. 응집도
	2. 객체지향 설계	1. 객체지향(OOP) 2. 디자인패턴
4. 인터페이스 설계	1. 인터페이스 요구사항 확인	1. 내외부 인터페이스 요구사항 2. 요구공학
	2. 인터페이스 대상 식별	1. 시스템 아키텍처 2. 인터페이스 시스템
	3. 인터페이스 상세 설계	1. 내외부 송수신 2. 데이터 명세화 3. 오류 처리방안 명세화 4. 인터페이스 설계 5. 미들웨어 솔루션

○ 제2과목 소프트웨어 개발

주요항목	세부항목	세세항목
1. 데이터 입출력 구현	1. 자료구조	1. 스택 2. 큐 3. 리스트 등
	2. 데이터 조작 프로시저 작성	1. 프로시저 2. 프로그램 디버깅 3. 단위테스트 도구
	3. 데이터 조작 프로시저 최적화	1. 쿼리(Query) 성능 측정 2. 소스코드 인스펙션
2. 통합 구현	1. 모듈 구현	1. 단위모듈 구현 2. 단위모듈 테스트
	2. 통합 구현 관리	1. IDE 도구 2. 협업도구 3 형상관리 도구

3. 제품소프트웨어 패키징	1. 제품소프트웨어 패키징	1. 애플리케이션 패키징 2. 애플리케이션 배포 도구 3. 애플리케이션 모니터링 도구 4. DRM
	2. 제품소프트웨어 매뉴얼 작성	1. 제품소프트웨어 매뉴얼 작성 2. 국제 표준 제품 품질 특성
	3. 제품소프트웨어 버전관리	1. 소프트웨어 버전관리 도구 2. 빌드 자동화 도구
4. 애플리케이션 테스트 관리	1. 애플리케이션 테스트케이스 설계	1. 테스트 케이스 2. 테스트 레벨 3. 테스트 시나리오 4. 테스트 지식 체계
	2. 애플리케이션 통합 테스트	1. 결함관리 도구 2. 테스트 자동화 도구 3. 통합 테스트
	3. 애플리케이션 성능 개선	1. 알고리즘 2. 소스코드 품질분석 도구 3. 코드 최적화
5. 인터페이스 구현	1. 인터페이스 설계 확인	1. 인터페이스 기능 확인 2. 데이터 표준 확인
	2. 인터페이스 기능 구현	1. 인터페이스 보안 2. 소프트웨어 연계 테스트
	3. 인터페이스 구현 검증	1. 설계 산출물 2. 인터페이스 명세서

○ 제3과목 데이터베이스 구축

주요항목	세부항목	세세항목
1. SQL 응용	1. 절차형 SQL 작성	1. 트리거 2. 이벤트 3. 사용자 정의 함수 4. SQL 문법
	2. 응용 SQL 작성	1. DML 2. DCL 3. 윈도우 함수 4. 그룹 함수 5. 오류 처리

2. SQL 활용	1. 기본 SQL 작성	1. DDL 2 관계형 데이터 모델 3. 트랜잭션 4. 테이블 5. 데이터 사전
	2. 고급 SQL 작성	1. 뷰 2. 인덱스 3. 집합 연산자 4. 조인 5. 서브쿼리
3. 논리 데이터베이스 설계	관계데이터베이스 모델	1. 관계 데이터 모델 2. 관계데이터언어(관계대수, 관계해석) 3. 시스템카탈로그와 뷰
	데이터모델링 및 설계	1. 데이터모델 개념 2. 개체-관계(E-R)모델 3. 논리적 데이터모델링 4. 데이터베이스 정규화 5. 논리 데이터모델 품질검증
4. 물리 데이터베이스 설계	1. 물리요소 조사 분석	1. 스토리지 2. 분산 데이터베이스 3. 데이터베이스 이중화 구성 4. 데이터베이스 암호화 5. 접근제어
	2. 데이터베이스 물리속성 설계	1. 파티셔닝 2. 클러스터링 3. 데이터베이스 백업 4. 테이블 저장 사이징 5. 데이터 지역화(locality)
	3. 물리 데이터베이스 모델링	1. 데이터베이스 무결성 2. 칼럼 속성 3. 키 종류 4. 반정규화
	4. 데이터베이스 반정규화	1. 정규화
	5. 물리데이터 모델 품질검토	1. 물리데이터 모델 품질 기준 2. 물리 E-R 다이어그램 3. CRUD 분석 4. SQL 성능 튜닝

5. 데이터 전환	1. 데이터 전환 기술	1. 초기데이터 구축 2. ETL(Extraction, Transformation, Loading) 3. 파일 처리 기술
	2. 데이터 전환 수행	1. 데이터 전환 수행 계획 2. 체크리스트 3. 데이터 검증
	3. 데이터 정제	1. 데이터 정제 2. 데이터 품질 분석 3. 오류 데이터 측정

○ 제4과목 프로그래밍언어 활용

주요항목	세부항목	세세항목
1. 서버프로그램 구현	1. 개발환경 구축	1. 개발환경 구축 2. 서버 개발 프레임워크
	2. 서버 프로그램 구현	1. 보안 취약성 식별 2. API
	3. 배치 프로그램 구현	1. 배치 프로그램
2. 프로그래밍 언어 활용	1. 기본문법 활용	1. 데이터 타입 2. 변수 3. 연산자
	2. 언어특성 활용	1. 절차적 프로그래밍 언어 2. 객체지향 프로그래밍 언어 3. 스크립트 언어 4. 선언형 언어
	3. 라이브러리 활용	1. 라이브러리 2. 데이터 입출력 3. 예외 처리 4. 프로토타입
3. 응용 SW 기초 기술 활용	1. 운영체제 기초 활용	1. 운영체제 종류 2. 메모리 관리 3. 프로세스 스케줄링 4. 환경변수 5. shell script
	2. 네트워크 기초 활용	1. 인터넷 구성의 개념 2. 네트워크 7 계층 3. IP 4. TCP/UDP
	3. 기본 개발환경 구축	1. 웹서버 2. DB서버 3. 패키지

○ 제5과목 정보시스템 구축관리

주요항목	세부항목	세세항목
1. 소프트웨어개발 방법론 활용	1. 소프트웨어개발 방법론 선정	1. 소프트웨어 생명주기 모델 2. 소프트웨어 개발 방법론 3. 요구공학 방법론 4. 비용산정 모델
	2. 소프트웨어개발 방법론 테일러링	1. 소프트웨어 개발 표준 2. 테일러링 기준 3. 소프트웨어 개발 프레임워크
2. IT프로젝트 정보 시스템 구축관리	1. 네트워크 구축 관리	1. IT 신기술 및 네트워크 장비 트렌드 정보 2. 네트워크 장비(라우터, 백본 스위치 등)
	2. SW 구축 관리	1. IT 신기술 및 SW 개발 트렌드 정보 2. SW개발보안 정책
	3. HW 구축 관리	1. IT 신기술 및 서버장비 트렌드 정보 2. 서버장비 운영(Secure-OS, 운영체제, NAS, DAS, SAN, 고가용성 등)
	4. DB 구축 관리	1. IT 신기술 및 데이터베이스 기술 트렌드 정보 2. 데이터베이스 관리기능 3. 데이터베이스 표준화
3. 소프트웨어 개발 보안 구축	1. SW개발 보안 설계	1. Secure SDLC(Software Development Life Cycle) 2. 입력데이터 검증 및 표현 3. 보안기능(인증, 접근제어, 기밀성, 권한 관리 등) 4. 에러처리 5. 세션통제
	2. SW개발 보안 구현	1. 암호 알고리즘 2. 코드오류 3. 캡슐화 4. API 오용

4. 시스템 보안 구축	1. 시스템 보안 설계	1. 서비스 공격 유형
		2. 서버 인증
		3. 서버 접근통제
		4. 보안 아키텍처
		5. 보안 Framework
	2. 시스템 보안 구현	1. 로그 분석
		2. 보안 솔루션
		3. 취약점 분석

목차

제1과목
소프트웨어 설계

Chapter 01 요구사항 확인

1. 현행 시스템 분석

(1) 현행 시스템 파악

1) 현행 시스템 파악

현행 시스템의 구성, 제공기능, 시스템들 간의 정보 파악, 사용 기술, 소프트웨어, 하드웨어, 네트워크 구성 등을 파악하는 활동을 말한다. 향후 개발하고자 하는 시스템의 개발범위와 이행 방향성 설정에 도움을 준다.

2) 현행 시스템 파악 절차

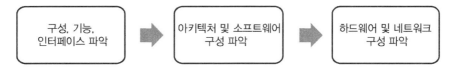

① 시스템 구성, 기능, 인터페이스 파악

시스템 구성	주요 업무를 처리하는 기간 업무 시스템과 지원 업무 시스템으로 구분하여 표시
시스템 기능	주요기능, 하부기능, 세부기능으로 구분하여 계층적으로 표시
시스템 인터페이스	단위 업무시스템 간 전달되는 데이터 종류, 형식, 프로토콜, 연계 유형, 주기 등을 표시

② 아키텍처 및 소프트웨어 구성 파악

아키텍처 구성	최상위 수준에서 계층별로 표현한 아키텍처 구성도를 작성
소프트웨어 구성	소프트웨어들의 제품명, 용도, 라이선스 적용 방식, 라이선스 수 등을 명시

③ 하드웨어 및 네트워크 구성 파악

하드웨어 구성	단위 업무 시스템들이 운용되는 서버의 주요 사양과 수량, 그리고 서버의 이중화의 적용 여부를 명시함
네트워크 구성	서버의 위치, 서버 간의 네트워크 연결 방식을 네트워크 구성도로 작성함

(2) 플랫폼 기능 분석

1) 플랫폼의 정의

① 플랫폼은 다양한 서비스를 주고받기 위한 공통의 기반 구조이다.
② 공급자와 수요자가 직접 참여해서 각자가 얻고자 하는 가치를 거래할 수 있도록 만들어진 환경이다.
③ 소프트웨어적 관점의 플랫폼이란 다양한 애플리케이션을 실행하고 상호 호환이 쉽게 이루어질 수 있도록 만들어진 기반 환경을 의미한다.

2) 플랫폼의 기능 분석

① 플랫폼과 애플리케이션 연결 기능
② 소프트웨어 개발 및 운영 비용 감소 기능
③ 소프트웨어 개발 생산성 향상 기기능
④ 커뮤니티 형성에 의한 네트워크 효과 유발 기능

3) 플랫폼의 성능 특성 분석

처리량 (Through put)	단위 시간당 처리하는 트랜잭션의 수
응답시간 (Response time)	결과를 요청 후 응답을 받기까지 걸리는 시간
가용성 (Availability)	플랫폼을 필요할 때 즉시 이용할 수 있는 특성
사용률 (Utilization)	플랫폼 이용 시 사용되는 자원의 사용량

(3) 운영체제 분석

1) 운영체제의 정의

① 운영체제(OS)는 하드웨어와 소프트웨어 자원을 관리하고 컴퓨터의 공통 서비스를 제공하는 시스템 소프트웨어를 말한다.

② 마이크로소프트 윈도우즈(Microsoft Windows), 유닉스(UNIX), 리눅스(Linux), 아이
오에스(iOS), 안드로이드(Android)등이 해당한다.

2) 운영체제 요구사항 식별 시 고려사항

구분	내용
신뢰도	• 장기간 시스템 운영 시 운영체제 고유의 장애 발생 가능성 • 운영체제의 버그 등으로 인한 패치 설치를 위한 재가동 • 메모리 누수로 인한 성능 저하 및 재기동
성능	• 대규모 및 대량 파일 작업 처리 • 대규모 동시 사용자 요청 처리 • 지원 가능한 메모리 크기(32bit, 64bit)
기술 지원	• 공급업체들의 안정적인 기술 지원
주변 기기	• 다수의 주변 기기 지원 여부
구축 비용	• 설치할 응용프로그램의 라이선스 정책 및 비용 • 지원 가능한 하드웨어 비용, 유지 및 관리 비용

3) 운영체제의 종류 및 특징

종류	저작자	특징
윈도우즈 (Windows)	Microsoft	중/소규모 서버, 일반 PC 등 유지 및 관리 비용 장점
유닉스(UNIX)	IBM, HP, SUN	대용량 처리, 안정성 높은 엔터프라이즈 급 서버
리눅스(Linux)	Linux Torvalds	중/대규모 서버 대상, 높은 보안성 제공
아이오에스(iOS)	Apple	스마트폰, 태블릿PC, 다양한 기기의 호환성 제공
안드로이드(Android)	Google	스마트폰, 태플릿PC, 높은 보안성과 고성능 제공

(4) DBMS 분석

1) DBMS의 정의

DBMS(Data Base Management System)이란 사용자와 데이터베이스 사이에서 사용자의
요구에 따라 정보를 생성해주고 데이터베이스를 관리해주는 시스템 소프트웨어를 말한다.

2) DBMS의 종류 및 특징

종류	저작자	주요 용도
Oracle	Oracle	대규모, 대량 데이터의 안정적 처리
MS-SQL	Micorosoft	중소 규모 데이터의 안정적 처리
MySQL	MySQL AB, Oracle	오픈 소스 RDBMS
SQLite	D.Richard Hipp	스마프폰, 태블릿 PC 등의 Embedded Database용
MongoDB	MongoDB Inc.	오픈 소스 NoSQL 데이터베이스

3) DBMS의 필수 기능

① 정의(Definition) 기능 : 생성할 데이터의 유형과 구조에 대한 정의, 이용 방식, 제약 조건 등을 명세하여 응용 프로그램과 데이터베이스 사이의 인터페이스를 제공하는 기능

② 조작(Manipulation) 기능 : 데이터 검색, 갱신, 삽입, 삭제 등을 체계적으로 처리하기 위하여 사용자와 데이터베이스 사이의 인터페이스 수단을 제공하는 기능

③ 제어(Control) 기능 : 데이터의 정확성과 안전성을 유지하는 기능(무결성, 보안, 병행 수행 제어, 회복 등)

4) DBMS 분석 시 고려사항

고려 관점	고려사항	내용
성능 측면	가용성	• 시스템 장기간 운영 시 장애 발생 가능성 • DBMS의 버그 등으로 인한 패치 설치를 위한 재기동 • DBMS 이중화 및 복제 지원
	성능	• 대량 거래 처리 기능 • 비용 기반 최적화 지원 및 설정의 최소화 • 다양한 튜닝 옵션 지원 여부
	기술 지원	• 공급업체들의 안정적인 기술 지원 • 오픈 소스 여부
지원 측면	상호 호환성	• 설치 가능한 OS 종류 • 다양한 OS에서 지원되는 JDBC, ODBC
	구축 비용	• 라이선스 정책 및 비용 • 유지 및 관리 비용 • 총 소유 비용(TCO)

2. 요구사항 확인

(1) 요구분석기법

① 요구 분석은 사용자 요구사항을 이해하고 정리하여 소프트웨어 개발 시 어떤 기능이 필요한지, 기능을 수행하는데 제약사항은 무엇인지를 분석하는 것을 의미한다.
② 구조적 분석 방식, 객체지향 분석 방식이 사용된다.

(2) 구조적 요구 분석

① 구조적 분석은 시스템을 하향식 분할하여 분석의 중복을 배제하고 도형 중심 도구를 사용하여 전체 시스템을 일관성 있게 이해할 수 있다.
② 구조적 분석 도구로 자료흐름도, 자료사전, 소단위 명세서, E-R 다이어그램 등이 사용된다.

1) 자료흐름도(DFD ; Data Flow Diagram)

요구사항 분석에서 자료흐름과 변화 과정을 도형 중심으로 기술하는 방법이다.

▼ 자료 흐름도 구성요소

기호	의미	표기법
프로세스(Process)	자료를 변환시키는 처리 과정을 나타낸다.	◯
자료 흐름(Flow)	자료의 이동(흐름)을 나타낸다.	→
자료 저장소(Data Store)	시스템에서의 자료 저장소를 나타낸다.	═
단말(Terminator)	시스템과 교신하는 외부 개체를 나타낸다.	▭

예

2) 자료사전 (DD ; Data Dictionary)

자료흐름도에 있는 모든 자료와 자료 속성을 정의하는 메타데이터(Meta Data)로 기호를 사용하여 표기한다.

기호	의미
=	자료의 정의 : ~로 구성되어 있다.(is composed of)
+	자료의 연결 : 그리고(and)
( )	자료의 생략 : 생략 가능한 자료(Optional)
[ｌ]	자료의 선택 : 또는(or)
{ }	자료의 반복 : Iteration of
**	자료의 설명 : 주석(Comment)

예 급여파일＝{사원명부＋기본급＋수당＋(상여금)}
결제방법＝[현금ｌ계좌이체ｌ신용카드]

3) 소단위 명세서 (Mini-Specification)

소단위 명세서는 세분화된 자료흐름도에서 처리 절차를 구조적 언어 등으로 기술한 것이다.

예 고용자 명부의 각 고용 형태에 대하여 다음과 같이 급여 계산을 수행한다.
1. 고용자 급여 형태를 파악한다.
2. 급여 형태에 따른 급여액을 계산한다.
   ① 사무직 급여액＝근무시간×8,000원
   ② 기능직 급여액＝근무시간×8,500원
3. 성명과 계산된 급여액을 급여 내역서에 기록한다.

(3) 객체 지향 요구 분석

① 소프트웨어를 개발하기 위해 업무를 객체와 속성, 클래스와 멤버, 전체와 부분 등으로 나누어서 분석해 내는 기법이다.
② 객체지향 분석 도구로 UML 모델링 언어를 사용한다.

1) 객체 지향 요소

① 객체(object)
- 객체는 자료를 나타내는 속성과 이를 수행하는 메소드로 구성되는 하나의 독립된 존재이다.
- 객체는 상태, 동작, 고유 식별자를 가진 모든 것이라 할 수 있다.
- 객체의 상태는 속성값에 의해 정의되고, 객체의 동작은 메소드를 정의해 나타낸다.

속성	객체가 가지고 있는 정보로 자료의 상태를 나타낸다.
메소드	객체가 수행하는 동작으로 연산, 함수, 프로시저와 같은 의미

② 클래스(class)
- 객체는 클래스라는 틀(template)을 이용하여 생성된다.
- 클래스는 공통된 특성을 갖는 객체들의 집합을 표현하는 데이터 추상화를 의미한다.
- 클래스는 객체만 생성할 뿐, 실제 데이터를 처리하는 것은 객체이다.

③ 메시지(message)
- 메시지는 객체 사이의 상호 동작을 수행하는 수단이다.
- 메시지를 통해서 객체에게 어떤 행위를 하도록 지시할 수 있다.

2) 객체지향 분석 방법

Rumbaugh	객체모델링-동적모델링-기능모델링의 3단계 모델링을 수행
Coad & Yourdon	E-R 다이어그램을 사용하여 모델링을 수행
Booch	미시적 개발 프로세스 및 거시적 개발 프로세스를 이용해 분석
Jacobson	Use Case(사용사례)를 강조하여 분석

3) 럼바우의 객체지향 분석 (OMT ; Object Modeling Technic)

럼바우는 객체 지향 분석 및 설계를 위한 객체 모델링 기법인 OMT를 개발하였으며, OMT의 분석 활동은 3단계 모델링 과정을 거쳐서 완성된다.

① 객체 모델링
  • 객체 다이어그램을 이용해 객체들을 식별하고 객체들 간의 관계를 정의한다.
  • 클래스의 속성과 연산기능을 보여주어 시스템의 정적 구조를 파악한다.
② 동적 모델링
  • 상태 다이어그램을 이용하여 시스템의 동적인 행위를 표현한다.
  • 시간의 흐름에 따른 객체들 간의 제어흐름, 상호작용, 동작순서 등을 표현한다.
③ 기능 모델링
  • 자료흐름도(DFD)를 사용하여 프로세스 간의 자료흐름을 중심으로 처리 과정을 기술한다.
  • 어떤 데이터를 입력하여 어떤 결과를 구할 것인지 표현하는 것이다.

(4) UML

1) UML(Unified Modeling Language)의 개념

① 객체지향 분석, 설계를 위한 통합 모델링 언어이다.
② 그래픽 형태로 작성되어 이해관계자 간의 의사소통이 용이하다.
③ 사물, 관계, 다이어그램으로 3가지 요소로 구성된다.

2) UML의 구성요소

① 사물(Things) : UML안에서 관계를 맺을 수 있는 대상, 객체를 의미한다.

구조 사물(Structural Things)	시스템의 구조를 표현하는 사물
행동 사물(Behavioral Things)	시스템의 행위를 표현하는 사물
그룹 사물(Grouping Things)	개념을 그룹화하는 사물
주해 사물(Annotation Things)	부가적으로 개념을 설명하는 사물

② 관계(Relationships) : 사물과 사물 간의 연관성을 표현한다.

연관 관계 (Association)	• 2개 이상 사물의 관련성을 표시 • 양방향: 실선, 방향성; 화살표 • 다중도를 이용 (1, 0,,1, 1..*등)	교수 1..* 1..* 학생
집합 관계 (Aggregation)	• 하나의 사물이 다른 사물에 포함하는 is-part-of 관계 • 포함하는 전체와 포함되는 부분은 독립적	학교 ◇ 학생 (전체) (부분)
포함관계 (Composition)	• 집합 관계의 특수한 형태로 합성 관계 • 포함하는 전체와 포함되는 부분은 동기적으로 생명주기를 같이함	학교 ◆ 학과 (전체) (부분)
의존 관계 (Dependency)	• 사물 간 필요에 의해 영향을 주고받는 관계 • 한 사물의 변화가 다른 사물에 영향을 미침	판매실적 → 보너스
일반화 관계 (Generalization)	• 사물간의 관계가 일반적인지 혹은 구체적인지를 표현하는 is-a의 관계 • 일반적 개념을 부모, 구체적 개념을 자식으로 구분	커피 아메리카노 에스프레소
실체화 관계 (Realization)	사물의 기능으로 그룹화할 수 있는 관계	선택하는 리모콘 키패드

③ 다이어그램(Diagrams)

- 사물과의 관계를 도형으로 연결하여 표현한 것이다.
- 시스템 구조를 나타내는 구조 다이어그램과 구성요소 간의 상호 동작을 나타내는 행위 다이어그램으로 구분한다.

구조 다이어그램	• 클래스 다이어그램(Class Diagrams) • 객체 다이어그램(Object Diagrams) • 컴포넌트 다이어그램(Component Diagrams) • 배치 다이어그램(Deployment Diagrams) • 복합체 구조 다이어그램(Composite Structure Diagrams) • 패키지 다이어그램(Package Diagrams) 등
행위 다이어그램	• 유스케이스 다이어그램(Use Case Diagrams) • 시퀀스 다이어그램(Sequence Diagrams) • 커뮤니케이션 다이어그램(Communication Diagrams) • 상태 다이어그램(State Diagrams) • 활동 다이어그램(Activity Diagrams) • 상호작용개요 다이어그램(Interaction Overview Diagrams) • 타이밍 다이어그램(Timing Diagrams) 등

3) 스테레오 타입 (sterotype)

① 스테레오 타입이란 UML에서 제공하는 기본 구성요소 외에 추가적인 확장요소를 나
   타내는 것이다.

② 쌍 꺾쇠와 비슷하게 생긴 길러멧(guillemet, « ») 사이에 적는다.

③ «include», «extend» , «abstract», «interface» 등이 자주 사용된다.

4) 주요 UML 다이어그램

① Use Case 다이어그램

• 사용자 관점에서 시스템의 수행기능과 범위를 표현한 다이어그램이다.

• 시스템과 시스템 외부 요소(actor)간의 상호 작용을 확인 가능하다.

• 시스템에 대한 사용자의 요구사항을 표현할 때 사용한다.

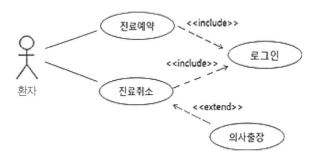

② Class 다이어그램

• 시스템 내 정적 구조를 표현하고 클래스와 클래스, 클래스의 속성 사이의 관계를
  나타내는 다이어그램이다.

• 시스템 구성요소를 이해할 수 있는 구조적 다이어그램으로 문서화에 사용된다

• 클래스 멤버에 대한 접근제어자 유형 : public, private, protected, package

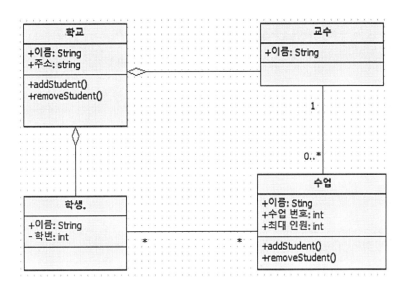

③ Sequence 다이어그램

- 시스템이나 객체들이 메시지를 주고받으며 상호 작용하는 과정을 표현한 다이어 그램이다.
- 시간의 흐름에 따른 각 객체들의 상호동작, 즉 오퍼레이션을 표현한다.

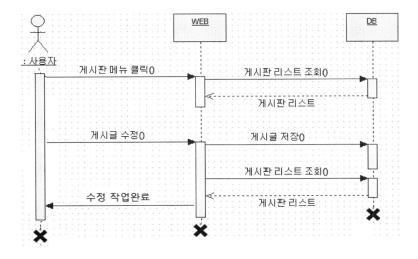

▶ Sequence 다이어그램 구성요소

구성요소	표현	의미
액터(Actor)	회원	시스템으로부터 서비스를 요청하는 외부 요소로, 사람이나 외부 시스템을 의미함
객체(object)	:로그인화면	메시지를 주고받는 주체
생명선(Lifeline)	⋮	• 객체가 메모리에 존재하는 기간으로, 객체 아래쪽에 점선을 그어 표현함 • 객체 소멸(✖)이 표시된 기간까지 존재함
실행(활성)상자(Active Box)	▯	객체가 메시지를 주고받으며 구동되고 있음을 표현함
메시지	1:로그인 버튼 클릭 ⟶	객체가 상호 작용을 위해 주고받는 메시지
객체소멸	✖	해당 객체가 더 이상 메모리에 존재하지 않음

(3) 애자일(Agile)

1) 애자일 개념

① 고객의 요구 변화에 민첩하게 대응하여 짧은 주기로 소프트웨어 개발을 반복하는 모형으로 각 주기마다 생성되는 결과물을 점증적으로 개발하여 최종 시스템을 완성한다.

② 애자일 모형으로는 XP(eXtreme Programming), 칸반(Kanban), 기능 중심 개발, 스크럼(Scrum) 방식등이 사용되고 있다.

2) 애자일 가치 선언(agile manifesto)

① 계획을 따르기보다 변화에 대응하는 것에 더 가치를 둔다.

② 계약 협상보다 고객과의 협업에 더 가치를 둔다.

③ 방대한 문서보다 작동하는 소프트웨어에 더 가치를 둔다.

④ 프로세스와 도구보다는 개인과의 상호작용에 더 가치를 둔다.

3) 애자일 구현 과정

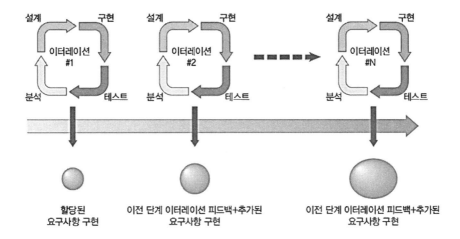

4) XP (extreme programming) 모형

① XP의 특징

- 고객의 참여와 개발 과정의 반복을 극대화하는 애자일 방법이다.
- 소규모 개발 조직이 불확실하거나 요구사항 변경이 많은 경우 효과적이다.

② XP의 5가지 핵심 가치

- 의사소통(Communication)
- 단순성(Simplicity)
- 용기(Courage)
- 피드백(Feedback)
- 존중(Respect)

③ XP의 주요 실천 사항

Pair Programming (짝 프로그래밍)	다른 사람과 함께 프로그래밍을 수행함으로써 개발에 대한 책임을 공동으로 나눠 갖는 환경
Test-Driven Development (테스트 주도 개발)	테스트가 지속적으로 진행될 수 있도록 자동화된 테스팅 도구 사용
Whole Team (전체 팀)	개발에 참여하는 모든 구성원들은 각자 자신의 역할이 있고 책임을 가져야 함
Continuous Integration (계속적인 통합)	모듈 단위로 나눠서 개발된 코드들은 하나의 작업이 마무리 될 때마다 지속적으로 통합

Desgin Improvement(디자인 개선) = Refactoring(리팩토링)	프로그램 기능의 변경 없이, 단순화, 유연성 강화 등을 통해 시스템을 재구성
Small Releases (소규모 릴리즈)	릴리즈 기간을 짧게 반복함으로써 고객의 요구 변화에 신속히 대응

5) 스크럼 (Scrum) 모형

① 스크럼의 특징

- 개발 팀이 중심이 되어 짧은 주기(sprint)를 반복하며 소프트웨어를 개발하는 애자일 모형이다.
- 스크럼은 스프린트라는 업무 세션을 집중적으로 수행하면서 매일 점검하고 스프린트가 끝나면 회고하는 과정을 거친다.

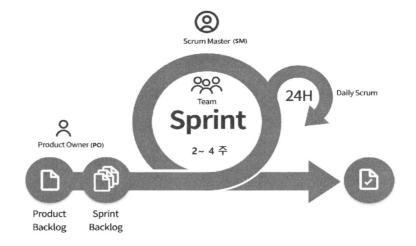

② 스크럼 팀의 구성원과 역할

제품 책임자 (PO)	• 제품에 대한 요구사항을 작성하는 주체 • 제품 백로그 작성, 우선순위 지정
스크럼 마스터 (SM)	• 스크럼팀이 프로세스에 따라 활동하도록 보장 • 개발 과정의 장애 요소를 처리
개발팀 (DT)	• PO, SM을 제외한 팀원 • 디자이너, 프로그래머, 테스터 등 (7~8명)

③ 스크럼 관련 용어

- 제품 백로그(Product Backlog) : 스크럼 팀이 해결해야 하는 목록으로 소프트웨어 요구사항, 아키텍처 정의 등이 포함

- 스프린트(Sprint) : 하나의 완성된 최종 결과물을 만들기 위한 주기로 2-4주의 단기 작업 기간
- 속도(Velocity) : 한 번의 스프린트에서 한 팀이 어느 정도의 제품 백로그를 감당할 수 있는지에 대한 추정치

3. 분석모델 확인

(1) 모델링 기법

1) 모델링의 의미

① 모델링은 개발대상 시스템의 요구분석, 성능 분석, 동작 과정 등을 알아보기 위하여 간단한 물리적 모형, 도해를 만들거나 또는 그 시스템의 특징을 추상화하는 과정이다.

② 모델링은 우리의 관심 분야가 아니거나 필수적이 아닌 세부적인 것들은 생략하기 때문에 모델링의 결과는 다루기가 쉽고 필수적인 것만을 표현하게 된다.

③ 모델링은 분석, 설계, 구현, 테스트 등 소프트웨어 개발 전 과정에서 활용된다.

④ 모델링의 결과인 모델을 통해서 소프트웨어에 대한 이해도와 이해 당사간의 의사소통 향상에 도움을 줄 수 있고, 다른 모델링 작업에도 영향을 줄 수 있다.

2) 모델링 기법

① 모델링은 추상화(Abstraction) 기법을 통해서 만들어진다.

② 추상화는 현재의 목적과 무관한 부분을 제거시키고 관심 부분에만 집중할 수 있도록 하는 것으로 복잡한 내용은 생략하고 주요 특징만 나타낼 수 있다.

3) 모델링의 기능

① 시스템 구조와 행동을 명세화하는 기능
② 시스템 구축하는 구조화된 틀을 제공
③ 시스템을 구축하는 과정에서 결정한 것을 문서화
④ 다양한 영역에 집중하기 위해 다른 영역의 세부 사항은 숨기는 다양한 관점 제공

(2) 분석 자동화 도구

1) CASE (Computer Aided Software Engineering)

① 소프트웨어 개발 과정의 일부 또는 전 과정을 자동화하기 위한 도구이다.
② 표준화된 개발 환경 구축 및 문서 자동화 기능을 제공한다.
③ 그래픽을 이용하고, 다양한 소프트웨어 개발 모형을 지원한다.

2) CASE 이점

① 소프트웨어 개발기간을 단축하고 개발비를 절감할 수 있다.
② 작업 과정 및 데이터 공유를 통해 작업자 간 커뮤니케이션을 증대한다.
③ 자동화된 기법을 통해 소프트웨어 품질이 향상된다.
④ 소프트웨어 부품의 재사용성이 향상되고 유지보수가 용이해진다.

3) CASE의 분류

① 상위(upper) CASE : 개발 전반부에 사용되는 것으로 분석, 설계 단계를 지원하는 도구
② 하위(lower) CASE : 코드작성, 테스트, 문서화의 자동생성을 지원하는 도구
③ 통합(integrated) CASE : 개발 주기 전체 단계를 통합적으로 지원하는 도구

4) CASE의 원천 기술

① 구조적 기법 : 하향식 분할 기법 사용
② 프로토타이핑 기술 : 프로토타입 제작을 위한 언어, 도구 지원
③ 정보 저장소 기술 : 소프트웨어 개발 기간동안 발생하는 정보를 저장
④ 자동 프로그래밍 기술 : 4세대 언어를 이용하여 데이터베이스를 관리
⑤ 분산처리 기술 : 클라이언트/서버 환경에서 다수의 사용자가 CASE 도구와 개발 정보를 공동 사용

(3) 요구사항 관리 도구

요구사항 관리 도구는 요구사항을 분석하고, 요구사항 분석 명세서를 기술하도록 개발된 도구를 의미한다.

1) 요구사항 관리 도구의 필요성

① 요구사항 변경으로 인한 비용 편익 분석
② 요구사항 변경의 추적
③ 요구사항 변경에 따른 영향 평가

2) 요구사항 관리 도구

구분	
SADT (Structured Analysis and Design Technique)	SoftTech 사에서 개발한 것으로 소프트웨어 요구사항 분석, 설계를 위한 구조적 분석 및 설계 도구로 블록 다이어그램을 이용하여 표기한다.
SREM (Software Requirements Engineering Methodology)	TRW 사가 우주 국방 시스템 그룹에 의해 실시간 처리 소프트웨어 시스템에서 요구사항을 명확히 기술하도록 할 목적으로 개발한 것으로, RSL과 REVS를 사용하는 자동화 도구이다.
PSL/PSA (Problem Statemnet Language) (Problem Statement Analyzer)	미시간 대학에서 개발한 것으로 PSL과 PSA를 사용하는 자동화 도구이다. - PSL(Problem Statement Language) : 문제(요구사항) 기술 언어 - PSA(Problem Statement Analyzer) : PSL로 기술한 요구사항을 자동으로 분석하여 다양한 보고서를 출력하는 문제 분석기
TAGS (Technology for Autom ated Generation of Systems)	시스템 공학 방법 응용에 대한 자동 접근 방법으로, 개발 주기의 전 과정에 이용할 수 있는 통합 자동화 도구이다.

1. 다음 중 현행 시스템 파악 과정에 해당하지 않는 것은?

① 시스템 기능 파악
② 아키텍처 파악
③ 시스템 구성 현황 파악
④ 시스템 구성 비용 파악

> **정답** ④
> **해설**
> - 구성, 기능, 인터페이스 파악 : 시스템 구성 현황 파악, 시스템 기능 파악, 시스템 인터페이스 현황 파악
> - 아키텍처 및 소프트웨어 구성 파악 : 아키텍처 파악, 소프트웨어 구성 파악
> - 하드웨어 및 네트워크 구성 파악 : 시스템 하드웨어 현황 파악, 네트워크 구성 파악

2. 플랫폼 성능 특성 분석에 사용되는 측정 항목이 아닌 것은?

① 응답시간(response time)
② 가용성(Availability)
③ 사용률(Utilization)
④ 서버튜닝(Server Tuning)

> **정답** ④
> **해설** 성능 특성 분석 측정 항목 : 처리량, 응답시간, 가용성, 사용률

3. 다음 중 DBMS 분석 시 고려사항이 아닌 것은?

① 가용성
② 성능
③ 네트워크 구성도
④ 상호 호환성

> **정답** ③
> **해설** DBMS 분석 시 고려사항 : 가용성, 성능, 기술 지원, 상호 호환성, 구축 비용 등

4. 현행 시스템 분석에서 고려하지 않아도 되는 항목은?

① DBMS 분석
② 네트워크 분석
③ 운영체제 분석
④ 인적 자원 분석

> **정답** ④
> **해설** 현행 시스템 분석시 고려사항 : DBMS 분석, 네트워크 분석, 운영체제분석, 플랫폼 분석

5. 다음 중 운영체제 요구사항 식별 시 고려사항으로 옳지 않은 것은?

① 기술 지원   ② 가능성
③ 구축 비용   ④ 주변 기기

정답 ②
해설 운영체제 요구사항 식별 시 고려사항 : 신뢰도, 성능, 기술 지원, 주변 기기, 구축 비용 등

6. 다음 중 DBMS 분석 시 상호 호환성과 관련된 것으로 옳은 내용은?

① 시스템 장시간 운영 시 장애 발생 가능성
② 대량 거래 처리 기능
③ 다양한 OS에서 지원되는 JDBC, ODBC
④ 라이선스 정책 및 비용

정답 ③
해설 • JDBC, ODBC : 서로 다른 DBMS 사용 시 상호 호환성을 제공해 주는 미들웨어

7. 소프트웨어 개발 단계에서 요구 분석 과정에 대한 설명으로 거리가 먼 것은?

① 분석 결과의 문서화를 통해 향후 유지보수에 유용하게 활용 할 수 있다.
② 개발 비용이 가장 많이 소요되는 단계이다.
③ 자료흐름도, 자료 사전 등이 효과적으로 이용될 수 있다.
④ 보다 구체적인 명세를 위해 소단위 명세서(Mini-Spec)가 활용될 수 있다.

정답 ②
해설 개발 비용이 가장 많이 소요되는 단계는 유지보수 단계이다.

8. 요구 분석(Requirement Analysis)에 대한 설명으로 틀린 것은?

① 요구 분석은 소프트웨어 개발의 실제적인 첫 단계로 사용자의 요구에 대해 이해하는 단계라 할 수 있다.

② 요구 추출(Requirement Elicitation)은 프로젝트 계획 단계에 정의한 문제의 범위 안에 있는 사용자의 요구를 찾는 단계이다.

③ 도메인 분석(Domain Analysis)은 요구에 대한 정보를 수집하고 배경을 분석하여 이를 토대로 모델링을 하게 된다.

④ 기능적(Functional) 요구에서 시스템 구축에 대한 성능, 보안, 품질, 안정 등에 대한 요구사항을 도출한다.

정답 | ④
해설 | 비기능적 요구 : 성능, 보안, 품질, 안정 등에 대한 요구사항

9. 요구사항 분석 시에 필요한 기술로 가장 거리가 먼 것은?

① 청취와 인터뷰 질문 기술
② 분석과 중재기술
③ 설계 및 코딩 기술
④ 관찰 및 모델 작성 기술

정답 | ③
해설 | • 설계 및 코딩 기술 : 요구 사항 분석 이후에 적용되는 설계 및 구현 단계 기술

10. 소프트웨어 설계에서 요구사항 분석에 대한 설명으로 틀린 것은?

① 소프트웨어가 무엇을 해야 하는가를 추적하여 요구사항 명세를 작성하는 작업이다.

② 사용자의 요구를 추출하여 목표를 정하고 어떤 방식으로 해결할 것인지 결정하는 단계이다.

③ 소프트웨어 시스템이 사용되는 동안 발견되는 오류를 정리하는 단계이다.

④ 소프트웨어 개발의 출발점이면서 실질적인 첫 번째 단계이다.

11. 자료 흐름도(DFD)의 구성요소에 포함되지 않는 것은?

① process
② data flow
③ data store
④ data dictionary

12. 자료 사전에서 자료의 생략을 의미하는 기호는?

① { }
② **
③ =
④ ( )

13. 다음 중 객체지향 구성요소에 해당하지 않는 것은?

① 속성(Property)
② 객체(Object)
③ 모듈(Module)
④ 클래스(Class)

14. 객체에 대한 설명으로 틀린 것은?

① 객체는 상태, 동작, 고유 식별자를 가진 모든 것이라 할수 있다.
② 객체는 공통 속성을 공유하는 클래스들의 집합이다.

③ 객체는 필요한 자료구조와 이에 수행되는 함수들을 가진 하나의 독립된 존재이다.

④ 객체의 상태는 속성값에 의해 정의된다.

정답 ②

해설 객체는 클래스의 인스턴스이고 클래스는 유사한 객체들을 묶어서 하나의 공통된 특성을 표현한 것으로 객체 생성의 틀이다.

15. 객체지향 기법에서 객체가 수행해야 할 함수, 연산, 동작을 정의한 것은?

① 클래스(Class) ② 객체(Object)

③ 메서드(Method) ④ 속성(Property)

정답 ③

해설 ① 클래스(Class) : 객체 생성의 틀(template)로 공통 특성을 갖는 객체를 표현한다.

② 객체(Object) : 클래스의 인스턴스로, 고유의 속성을 가지며 클래스에서 정의한 행위를 수행한다.

④ 속성(Property) : 한 클래스 내에 속한 객체들이 지니고 있는 데이터 값들을 단위별로 정의한다.

16. 객체에게 어떤 행위를 하도록 지시하는 명령은?

① Class ② Instance

③ Method ④ Message

정답 ④

해설 메시지(Message) : 객체 사이의 상호 동작을 수행하는 수단으로 객체에게 어떤 행위(method)를 하도록 지시할 수 있다.

17. 럼바우(Rumbaugh)의 객체 지향 분석 절차를 바르게 나열한 것은?

① 객체 모형 → 동적 모형 → 기능 모형

② 객체 모형 → 기능 모형 → 동적 모형

③ 기능 모형 → 동적 모형 → 객체 모형

④ 기능 모형 → 객체 모형 → 동적 모형

정답 ①

해설 • 럼바우 분석 모형 절차 : 객체 모형 → 동적 모형 → 기능 모형

18. 럼바우의 객체지향 분석 기법에서 상태 다이어그램을 사용하여 시스템의 행위를 기술하는 모델링은?

① dynamic modeling
② object modeling
③ functional modeling
④ static modeling

정답 ①
해설
- 객체 모델링 (object modeling) : 객체 다이어그램
- 동적 모델링 (dynamic modeling) : 상태 다이어그램
- 기능 모델링 (functional modeling) : 자료흐름도(DFD)

19. UML의 기본 구성요소가 아닌 것은?

① Things
② Terminal
③ Relationship
④ Diagram

정답 ②
해설
- UML구성 요소 : Things(사물), Relationship(관계), Diagram(다이어그램)

20. 객체지향 기법에서 클래스들 사이의 '부분–전체(part–whole)' 관계 또는 '부분(is–a–part–of)' 의 관계로 설명되는 연관성을 나타내는 용어는?

① 일반화
② 추상화
③ 캡슐화
④ 집단화

정답 ④
해설
- is-part-of 관계 : 집단화
- is - a 관계 : 일반화

21. 아래의 UML 모델에서 '차' 클래스와 각 클래스의 관계로 옳은 것은?

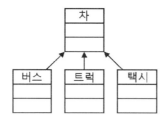

① 추상화 관계　　　② 의존 관계
③ 일반화 관계　　　④ 그룹 관계

정답 ③
해설 일반화
　　• 하위 클래스의 공통 특성을 파악하여 상위 클래스에서 일반적인 특성으로 정의하는 관계
　　• 하위 클래스 버스, 트럭, 택시는 자동차라는 공통 특성으로 상위 클래스를 표현
　　• 하위 클래스는 상위 클래스에 대하여 is-a 의 관계가 성립

22. UML에서 활용되는 다이어그램 중, 시스템의 동작을 표현하는 행위(Behavioral) 다이어그램에 해당하지 않는 것은?

① 유스케이스 다이어그램(Use Case Diagram)
② 시퀀스 다이어그램(Sequence Diagram)
③ 활동 다이어그램(Activity Diagram)
④ 배치 다이어그램(Deployment Diagram)

정답 ④
해설 • 배치다이어그램은 구조 다이어그램에 속한다.

23. UML 다이어그램 중 정적 다이어그램이 아닌 것은?

① 컴포넌트 다이어그램　　　② 배치 다이어그램
③ 시퀀스 다이어그램　　　　④ 패키지 다이어그램

정답 ③
해설 • 정적 다이어그램은 시스템의 구조를 나타내는 것으로 클래스, 컴포넌트, 배치, 패키지 다이어그램
　　　등이 있다.
　　• 시퀀스 다이어그램은 시스템 구성요소 간 메시지를 통해 상호작용하는 동적 다이어그램이다.

24. UML(Unified Modeling Language)에 대한 설명 중 틀린 것은?

① 기능적 모델은 사용자 측면에서 본 시스템 기능이며, UML에서는 Use case Diagram을 사용한다.
② 정적 모델은 객체, 속성, 연관관계, 오퍼레이션의 시스템의 구조를 나타내며, UML에서는 Class Diagram을 사용한다.
③ 동적 모델은 시스템의 내부 동작을 말하며, UML에서는 Sequence Diagram, State Diagram, Activity Diagram을 사용한다.
④ State Diagram은 객체들 사이의 메시지 교환을 나타내며, Sequence Diagram은 하나의 객체가 가진 상태와 그 상태의 변화에 의한 동작순서를 나타낸다.

정답	④
해설	• State Diagram : 하나의 객체가 가진 상태와 그 상태의 변화에 의한 동작순서를 표현 • Sequence Diagram : 객체들 사이의 메시지 교환을 표현하는 다이어그램

25. 애자일 선언에 해당하는 내용으로 옳지 않은 것은?

① 변화에 따르기보다 계획 있게 대응하기
② 프로세스와 도구보다 개인과의 상호작용 중시
③ 계약의 협상보다 고객과 협업 중시
④ 방대한 문서보다 실행되는 소프트웨어 중시

정답	①
해설	애자일 선언(agile manifesto) • 계획에 따르기보다 변화에 대응하기 • 계약의 협상보다 고객과 협업 중시 • 방대한 문서보다 실행되는 소프트웨어 중시 • 프로세스와 도구보다 개인과의 상호작용 중시

26. 애자일 방법론에 해당하지 않는 것은?

① 기능 중심 개발 ② 스크럼
③ 익스트림 프로그래밍 ④ 모듈 중심 개발

정답	④
해설	애자일 기법 : XP, 스크럼, 칸반, 기능중심 개발

27. 익스트림 프로그래밍에 대한 설명으로 틀린 것은?

① 대표적인 구조적 방법론 중 하나이다.

② 소규모 개발 조직이 불확실하고 변경이 많은 요구를 접하였을 때 적절한 방법이다.

③ 익스트림 프로그래밍을 구동시키는 원리는 상식적인 원리와 경험을 최대한 끌어 올리는 것이다.

④ 구체적인 실천 방법을 정의하고 있으며, 개발 문서보다는 소스코드에 중점을 둔다.

정답	①
해설	익스트림 프로그래밍(XP) : 애자일 기법에 근거한 모형으로 구조적 방법론이 아닌 객체지향 방법론을 적용한다.

28. 시스템 및 사용자 요구 분석을 위해 사용하는 모델링 기법은?

① 추상화(Abstraction)
② 캡슐화(Encapsulation)
③ 집단화(Aggregation)
④ 일반화(Generalization)

정답	①
해설	분석 모델링은 요구 사항 중 상세하고 불필요한 부분은 생략하고 주요한 특성 등 관심있는 부분만 나타내는 추상화 기술이 요구됨

29. 소프트웨어 공학에서 모델링 (Modeling)과 관련한 설명으로 틀린 것은?

① 개발팀이 응용문제를 이해하는 데 도움을 줄 수 있다.

② 유지보수 단계에서만 모델링 기법을 활용한다.

③ 개발될 시스템에 대하여 여러 분야의 엔지니어들이 공통된 개념을 공유하는 데 도움을 준다.

④ 절차적인 프로그램을 위한 자료흐름도는 프로세스 위주의 모델링 방법이다.

정답	②
해설	소프트웨어 모델링 작업은 분석, 설계, 구현, 테스트 등 개발 전 과정에서 활용

30. CASE(Computer Aided Software Engineering)에 대한 설명으로 틀린 것은?

① 소프트웨어 모듈의 재사용성이 향상된다.

② 자동화된 기법을 통해 소프트웨어 품질이 향상된다.

③ 소프트웨어 사용자들에게 사용 방법을 신속히 숙지시키기 위해 사용된다.

④ 소프트웨어 유지보수를 간편하게 수행할 수 있다.

정답	③
해설	CASE (omputer Aided Software Engineering) 소프트웨어 개발 과정의 일부 또는 전체를 자동화하기 위한 도구이다. 소프트웨어 개발기간을 단축하고 개발비를 절감할 수 있다. 작업 과정 및 데이터 공유를 통해 작업자 간 커뮤니케이션을 증대한다. 자동화된 기법을 통해 소프트웨어 품질이 향상된다. 소프트웨어 부품의 재사용성이 향상되고 유지보수가 용이해진다.

31. CASE의 주요기능이 아닌 것은?

① 그래픽 지원   ② S/W 생명주기 전 단계의 연결

③ 언어번역   ④ 다양한 소프트웨어 개발 모형 지원

정답	③
해설	CASE 기능 : 그래픽이용, 다양한 소프트웨어 개발모형지원, 자동 프로그래밍, S/W 생명주기 전 과정 을 연결

32. 요구사항 분석을 위한 자동화 도구 중 〈보기〉에서 설명하는 것은?

─── 〈 보기 〉───

이것은 SoftTech 사에서 개발한 것이다. 시스템 정의, 소프트웨어 요구사항 분석, 시스템/소프트
웨어 설계를 위해 널리 이용되어 온 구조적 분석 및 설계 도구로 블록 다이어그램을 이용한다.

① PSA   ② TAGS

③ SADT   ④ SREM

정답	③
해설	SADT(Structured Analysis and Design Technique) • SoftTech 사에서 개발한 요구사항 분석을 위한 자동화 도구 • 시스템 정의, 요구사항 분석, 시스템/소프트웨어 설계를 위해 널리 이용되어 온 구조적 분석 및 설계 도구로 블록 다이어그램을 사용

33. 요구사항 관리 도구의 필요성으로 틀린 것은?

① 요구사항 변경으로 인한 비용 편익 분석

② 기존 시스템과 신규 시스템의 성능 비교

③ 요구사항 변경의 추적

④ 요구사항 변경에 따른 영향 평가

정답	②
해설	요구사항 관리와 시스템 성능 비교와는 관련성이 없다.

Chapter 02 화면설계

1. UI 요구사항 확인

(1) UI 표준

1) UI(User Interface)의 개념

① UI 즉, 사용자 인터페이스는 사용자와 시스템이 의사소통하는 방식이다. 사용자와 시스템 사이에서 원활한 작동을 위해 도와주는 프로그램의 일부분(장치, 소프트웨어)을 말한다.

② UI 표준은 시스템 전체의 모든 UI에 공통으로 적용될 내용으로 화면 구성, 화면 간 이동 등에 관한 규약이다.

2) UI의 유형

① CLI(Command Line Interface) : 사용자와 컴퓨터가 정보를 교환할 때 명령어 입력함으로써 정보를 이용할 수 있는 인터페이스

② GUI(Graphical User Interface) : 사용자와 컴퓨터가 정보를 교환할 때 마우스 등을 이용하여 작업을 수행하는 그래픽 환경의 인터페이스

③ NUI(Natural User Interface) : 멀티 터치, 동작 인식 등 사용자의 자연스러운 움직임을 인식하여 정보를 이용하는 인터페이스

3) UI의 설계 원칙

① 직관성 : 사용하는 사람 누구든 쉽게 이해할 수 있어야 하고 쉽게 사용할 수 있어야 한다.

② 유효성 : 사용자의 목적을 달성할 수 있도록 정확하고 완벽해야 한다.

③ 학습성 : 사용자 누구나 쉽게 학습할 수 있어야 한다.

④ 유연성 : 사용자의 요구사항을 최대한 수용하고, 오류를 방지할 수 있어야 한다.

(2) UI 지침

1) UI 지침

UI 지침은 UI 표준에 따라 개발 과정에서 꼭 지켜야 할 UI 요구사항, 구현 시 제약사항 등 공통의 세부 조건을 의미한다.

2) UI의 설계 지침

① 사용자 중심 : 실사용자에 대한 이해를 바탕으로 사용자가 쉽게 이해하고 편리하게 사용할 수 있는 환경을 제공한다.

② 결과 예측 가능 : 작동시킬 기능만 보고도 쉽게 결과를 예측할 수 있어야 한다.

③ 일관성 : 사용자가 버튼이나 조작하는 방법을 쉽게 기억하고 빠른 습득할 수 있도록 설계해야 한다.

④ 접근성 : 사용자의 연령, 성별, 직무 등 다양한 계층이 활용할 수 있도록 해야 한다.

⑤ 오류 발생 해결 : 오류 발생 시 사용자가 정확히 인지할 수 있도록 설계해야 한다.

⑥ 가시성 : 사용자가 조작하기 쉽도록 주요 기능은 메인 화면에 노출시킨다.

⑦ 표준화 : 쉽게 사용할 수 있도록 기능과 디자인을 표준화하여야 한다.

3) 오류 메시지나 경고에 관한 지침

① 오류 메시지는 이해하기 쉬워야 한다.

② 오류로부터 회복을 위한 구체적인 설명이 제공되어야 한다.

③ 오류로 인해 발생 될 수 있는 부정적인 내용을 적극적으로 사용자들에게 알려야 한다.

④ 오류 발생 시 텍스트 뿐 아니라 소리나 색을 사용하여 오류 발생을 전달하도록 한다.

4) UI 개발 시스템의 기능

① 사용자의 입력을 검증 할 수 있어야 한다.

② 에러 처리와 에러 메시지 처리를 할 수 있어야 한다.

③ 도움(help)과 프롬프트(prompt)를 제공해야 한다.

5) UI 요구사항 작성

① UI 요구사항은 반드시 실사용자 중심으로 작성해야 한다.

② UI 요구사항은 다양한 의견을 수렴해서 작성해야 한다.

③ UI 요구사항을 통해서 UI의 전체 구조를 파악, 검토해야 한다.

(3) 스토리보드

스토리보드는 UI 설계를 위해서 디자이너와 개발자가 최종적으로 참고하는 문서이다. 정책이나 프로세스 및 콘텐츠의 구성, 와이어 프레임(UI, UX), 기능에 대한 정의, 데이터베이스의 연동 등을 구축하는 서비스를 위한 정보가 수록된 문서이다.

1) 스토리보드 작성 절차

① 전체적 스토리보드 작성 : 어떠한 것을 보여주고 결정된 사항을 표현하기 위한 메뉴의 순서와 구성 단계, 용어 등을 정의한다.

② 화면 단위 스토리보드 상세화 : 그래픽 자료 개발 및 제시 방법 결정, 레이아웃이나 글자 모양, 크기, 색상에서의 일관성을 유지해야 한다.

③ 설계, 검토 및 수정 : 화면에 보여지는 여러 시각적인 디자인 콘셉트를 설계한 후에 설계자, 전문가, 학습자의 검토와 수정이 이루어진다.

[스토리보드 예시]

2) 스토리보드 구성 요소

구성 요소	내용
목차(Index)	각 페이지별 제목을 기재
업데이트 기록 (Update history)	언제 어떤 페이지에 어떤 내용이 수정되었고, 해당 수정 이슈의 작업을 진행할 포지션 기재
개요 및 요소별 정의	기획의 목적을 정의하고, 만들고자 하는 서비스의 운용정책을 기재
사이트 맵	각 페이지의 메인 메뉴와 그 메뉴가 귀속된 하위 메뉴를 시각화 하여 기재
프로세스	특정 서비스의 기본 흐름도와 세부 흐름도로 구분되고, 주로 기본 흐름도를 기재
전체화면 구성	만들고자 하는 페이지의 전체화면 레이아웃을 정리
영역 별 상세설명	전체 화면 구성 단계에서 정리한 레이아웃을 바탕으로 영역 별로 디자인/기술적 상세설명을 기재
작업 스케줄 구성	해당 기획안의 기획부터 개발완료까지의 스케줄 정리

3) 스토리보드 툴

파워포인트, 키노트, 스케치, Axure 등

2. UI 설계

(1) 감성 공학

1) 감성공학

① 제품 설계에 있어서 최대한 인간의 특성과 감정을 반영시키는 기술을 말한다. 인문 사회 과학, 공학, 의학 등 여러 분야의 학문이 공존한다.

② 인간의 쾌적성을 평가하기 위한 기초자료로 인간의 시각, 청각, 촉각, 후각, 미각 등의 감각기능을 측정한다.

2) UX (User Experience; 사용자 경험)

① UX는 사용자가 어떤 시스템, 제품, 서비스를 직, 간접적으로 이용하면서 느끼고 생 각하게 되는 감정, 태도, 행동 등의 총체적 경험을 말한다.

② UX는 UI의 사용성, 접근성, 편의성보다 사용자가 느끼는 만족이나 감성을 중시한다.

③ UX는 기술적인 효용 뿐 아니라 사용자의 삶의 질 향상을 추구한다.

(2) UI 설계 도구

1) UI 설계서

　　UI 설계서의 구성은 UI 설계서 표지, UI 설계서 개정 이력, UI 요구사항 정의, 시스템 구조, 사이트 맵, 프로세스 정의, 화면 설계 등으로 구성된다.

구성요소	내용
UI 설계서 표지	UI 설계서에 포함될 프로젝트 이름, 시스템 이름 등을 포함한다.
UI 설계서 개정 이력	UI 설계서 처음 작성 시 첫 번째 항목으로 '초안 작성'을 포함시키고 그에 해당하는 초기 버전을 1.0으로 설정한다. 수정 및 보완이 이루어 진 경우 버전을 ×.0으로 바꾸어 설정한다.
UI 요구사항 정의	UI 요구사항들을 다시 확인하고 정리한다.
시스템 구조	UI 프로토타입을 재확인하고, UI 요구사항들과 UI 프로토타입에 기초하여 UI 시스템 구조를 설계한다.
사이트 맵 (Site Map)	UI 시스템 구조의 사이트 맵 상세 내용(Site Map Detail)을 표 형태로 작성한다.
프로세스 (Process)정의	사용자 관점에서 요구되는 프로세스들을 진행되는 순성 맞추어 정리한다.
화면 설계	UI 프로토타입과 UI 프로세서 정의를 참고하여 각 페이지별로 필요한 화면을 설계한다. • 각 화면별로 구분되도록 각 화면별 고유 ID를 부여하고 별도의 표지 페이지를 작성한다. • 각 화면별로 필요한 화면 내용을 설계한다.

2) UI 화면설계 도구

　　UI의 화면 구조나 배치등을 설계할 때 사용하는 도구로 작성된 결과믈에 대한 미리보기 용도로 사용된다. 도구로는 와이어 프레임, 목업, 스토리보드, 프로토타입, 유스케이스 등이 활용된다.

　　① 와이어 프레임(Wireframe)
　　　• 페이지의 개략적인 레이아웃과 각 페이지와 기능 간의 관계와 구조를 제안하고 시각화하는 도구로 UI의 뼈대를 작성한다.
　　　• 화면 구성요소의 배치와 속성, 기능, 네비게이션 등과 관련한 동작들을 간단한 선과 사각형 정도만을 사용하여 윤곽을 그려 놓은 도면이다.
　　　• 도구 : 파워포인트, 포토샵, 일러스트, 스케치, 손그림 등

② 목업(Mockup)
- 좀 더 실제 화면과 가깝도록 디자인, 사용 방법 설명, 데모 시연, 평가를 위한 것으로 시각적 구성 요소만을 배치하여 실제 구현되지 않는 정적 모형이다.
- 도구 : 파워 목업, 발사믹 목업 등

③ 스토리보드 (Story Board)
- 스토리보드는 UI 설계를 위해서 디자이너와 개발자가 최종적으로 참고하는 문서이다. 정책이나 프로세스 및 콘텐츠의 구성, 와이어 프레임(UI, UX), 기능에 대한 정의, 데이터베이스의 연동 등을 구축하는 서비스를 위한 정보가 수록된 문서이다.
- 도구 : 파워포인트, 키노트, 스케치, Axure 등

④ 프로토타입(prototype)
- 사용자 요구사항을 기반으로 실제 동작하는 것처럼 만든 동적인 형태의 모형이다.
- 손으로 직접 작성하는 페이퍼 프로토타입과 프로그램을 이용하여 작성하는 디지털 프로토타입이 있다.
- UI 개발 시간을 단축시키고 개발 전에 오류 발견이 용이하다.
- 프로토타입은 전체 대상보다는 일부 핵심 기능 위주로 간단히 작성하여 효율적인 검증을 수행하도록 한다.
- 도구 : HTML/CSS, 카카오 오븐 등

⑤ 유스케이스(Use case)
- 사용자 관점에서의 요구사항으로, 시스템의 기능을 기술한다.
- 시스템이 제공하는 기능, 서비스 등을 정의하고, 개발 과정을 계획하고, 시스템의 범위를 결정한다.
- UML 다이어그램 완성 후 유스케이스 명세서를 작성한다.

3) UI 화면 요소

① 라디오버튼: 여러 선택 사항 중 1개만 선택
② 체크박스 : 여러 선택 사항 중 1개 이상 선택
③ 토글버튼: 두개의 옵션 중 하나만 선택
④ 콤보상자: 미리 정의된 옵션 목록에서 선택, 새로운 내용 입력 가능
⑤ 목록상자: 미리 정의된 옵션 목록에서 선택. 새로운 내용 입력 불가능
⑥ 텍스트 상자 : 여러 줄의 텍스트를 입력 영역을 정의할 때 사용하는 요소

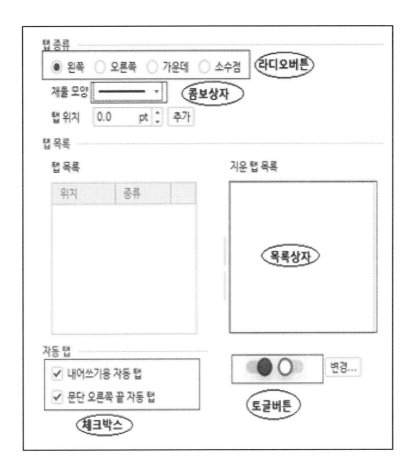

1. UI의 설계 기본 원칙이 아닌 것은?

① 유효성　　　　　　　　② 독창성

③ 학습성　　　　　　　　④ 유연성

> **정답** ②
>
> **해설** UI의 설계 기본 원칙 : 직관성, 유효성, 학습성, 유연성 등

2. UI의 유형 중 〈보기〉에서 설명하는 내용으로 옳은 것은?

─〈 보기 〉─

사용자와 컴퓨터가 정보를 교환할 때 명령어를 입력함으로써 정보를 이용할 수 있는 인터페이스

① CLI(Command Line Interface)

② GUI(Graphical User Interface)

③ NUI(Natural User Interface)

④ OUI(Organic User Interface)

> **정답** ①
>
> **해설** ② GUI(Graphical User Interface) : 사용자와 컴퓨터가 정보를 교환할 때 마우스 등을 이용하여 작업을 수행하는 그래픽 환경의 인터페이스
>
> ③ NUI(Natural User Interface) : 터치 방식과 같이 사용자의 행동이나 동작으로 조작하는 인터페이스

3. 다음 중 UI의 설계 지침으로 옳지 않은 것은?

① 가시성　　　　　　　　② 오류 발생 해결

③ 일관성　　　　　　　　④ 시스템 중심

> **정답** ④
>
> **해설** UI의 설계지침 : 사용자 중심, 결과 예측 가능, 접근성, 오류 발생 해결, 가시성, 표준화 등

4. UI의 설계 원칙 중 〈보기〉에서 설명하는 내용으로 옳은 것은?

─────────〈 보기 〉─────────

사용자의 목적을 달성할 수 있도록 정확하고 완벽해야 한다.

① 직관성   ② 유효성
③ 학습성   ④ 유연성

───────────────────────────

정답 ②
해설 ① 직관성 : 사용하는 사람 누구든 쉽게 이해할 수 있어야하고 쉽게 사용할 수 있어야 한다.
③ 학습성 : 사용자 누구나 쉽게 학습할 수 있어야 한다.
④ 유연성 : 사용자의 요구사항을 최대한 수용하고, 오류를 방지할 수 있어야 한다.

5. 다음 〈보기〉에서 설명하는 밑줄 친 <u>이것</u>은 무엇인가?

─────────〈 보기 〉─────────

<u>이것</u>은 UI설계를 위해서 디자이너와 개발자가 최종적으로 참고하는 문서를 말한다. 정책이나 프로세스 및 콘텐츠의 구성, 와이어 프레임(UI, UX), 기능에 대한 정의, 데이터베이스의 연동 등을 구축하는 서비스를 위한 정보가 수록되어있다.

① UI 설계   ② 스토리보드
③ 요구사항 문서   ④ 인터페이스

───────────────────────────

정답 ②
해설 스토리보드는 정책이나 프로세스 및 콘텐츠의 구성, 와이어 프레임(UI, UX), 기능에 대한 정의, 데이터베이스의 연동 등을 구축하는 서비스를 위한 정보가 수록된 문서를 말한다.

6. 다음 중 스토리보드를 구성하고 있는 요소가 아닌 것은?

① 프로세스   ② Index
③ 템플릿   ④ 업데이트 기록

───────────────────────────

정답 ③
해설 스토리보드 구성 요소 : Index, 업데이트 기록, 개요 및 요소 별 정의, 사이트맵, 프로세스, 전체화면 구성, 영역별 상세설명, 작업 스케줄 구성 등

7. UI의 유형 중 터치 방식과 같이 사용자의 행동이나 동작으로 조작하는 인터페이스는 무엇인가?

① NUI(Natural User Interface)
② OUI(Organic User Interface)
③ GUI(Graphical User Interface)
④ CLI(Command Line Interface)

정답	①
해설	NUI(Natural User Interface)는 터치 방식과 같이 사용자의 행동이나 동작으로 조작하는 인터페이스를 말한다.

8. UI의 설계 지침으로 틀린 것은?

① 이해하기 편하고 쉽게 사용할 수 있는 환경을 제공해야 한다.
② 주요 기능을 메인 화면에 노출하여 조작이 쉽도록 하여야 한다.
③ 치명적인 오류에 대한 부정적인 사항은 사용자가 인지할 수 없도록 한다.
④ 사용자의 직무, 연령, 성별 등 다양한 계층을 수용하여야 한다.

정답	③
해설	치명적 오류에 대한 부정적 사항 또한 사용자가 인지할 수 있도록 한다.

9. UI 설계 도구 중 〈보기〉에서 설명하는 것은?

───── 〈 보기 〉 ─────

사용자 관점에서의 요구사항으로, 시스템의 기능을 기술한다. UML에서 시스템에 제공되는 고유 기능단위이며, 행위자를 통해 시스템이 수행하는 일의 목표이다.

① 와이어 프레임(Wireframe)
② 유스케이스(Use case)
③ 프로토타입(Prototype)
④ 목업(Mockup)

정답	②
해설	① 와이어 프레임(Wireframe) : 각 페이지와 기능 간의 관계와 구조를 제안하고 시각화하는 것 ③ 프로토타입(Prototype) : 사용자 요구사항을 기반으로 실제 동작하는 것처럼 만든 동적인 형태의 모형 ④ 목업(Mockup) : 와이어프레임보다 좀 더 실제품에 가깝도록 디자인, 사용 방법 설명, 데모 시연, 평가를 위한 정적인 모형

10. UI 프로토타입에대한 설명으로 틀린 것은?

① 프로토타입은 사용자의 요구사항을 기반으로 만든 모형으로 테스트가 가능하다.

② 일부 핵심적인 기능만을 제공하는 프로토타입을 작성하면 중요한 기능이 생략 될 수 있으므로 반드시 전체를 대상으로 프로토타입을 작성해야 한다.

③ 프로토타입을 통해 UI의 개발시간을 단축시키고 개발 전에 오류를 발견할 수 있다.

④ 프로토타입은 사용자의 요구사항을 개발자가 맞게 해석했는지 검증하기 위한 것으로, 최대한 간단하게 만드는 것이 좋다.

정답 | ②
해설 | 프로토타입은 검증의 효율성을 위해 핵심적인 기능만을 제공하도록 작성한다.

11. 다음 내용이 설명하는 UI설계 도구는?

- 디자인, 사용방법 설명, 평가 등을 위해 실제 화면과 유사하게 만든 정적 모형
- 시각적으로만 구성 요소를 배치하는 것으로 일반적으로는 구현되지 않음

① 스토리보드(Storyboard) ② 목업(Mockup)
③ 프로토타입(Prototype) ④ 유스케이스(Usecase)

정답 | ②
해설 | 목업(Mockup) : 실제 화면과 유사하게 시각적 요소만을 배치한 정적 모형이다.

12. User Interface 설계 시 오류 메시지나 경고에 관한 지침으로 가장 거리가 먼 것은?

① 메시지는 이해하기 쉬워야 한다.

② 오류로부터 회복을 위한 구체적인 설명이 제공되어야 한다.

③ 오류로 인해 발생 될 수 있는 부정적인 내용을 적극적으로 사용자들에게 알려 야 한다.

④ 소리나 색의 사용을 줄이고 텍스트로만 전달하도록 한다.

정답 | ④
해설 | 오류 메시지나 경고는 사용자에게 적극적으로 알리기 위해 텍스트뿐 아니라 소리, 색등을 사용하여 전 달한다.

13. 여러 개의 선택 항목 중 하나의 선택만 가능한 경우 사용하는 사용자 인터페이스(UI)요소는?

① 토글버튼
② 텍스트 박스
③ 라디오 버튼
④ 체크 박스

정답	③
해설	① 토글버튼 : 두 개의 옵션 중 하나만 선택
	② 텍스트 박스 : 여러 줄의 텍스트를 입력 영역을 정의할 때 사용하는 요소
	④ 체크 박스 : 여러 선택 사항 중 1개 이상 선택

Chapter 03   애플리케이션 설계

1. 공통 모듈 설계

(1) 설계 모델링

① 소프트웨어 설계는 요구 분석한 내용(What)을 어떻게 실현할 것인가(How)를 구체적으로 결정하는 활동이다.

② 소프트웨어 설계는 상위의 아키텍처 설계 후 하위의 모듈 설계로 진행된다.

③ 모듈 설계는 모듈 구성 형태에 따라 하향식(top-down), 상향식(bottom-up)설계로 구분한다.

아키텍처 설계 (상위설계)	모듈 설계 (하위 설계)
• 시스템의 전체 구조 • DB, 인터페이스 정의 • 비 기능 요구사항	• 시스템의 내부 동작 • 자료구조, 알고리즘 • 기능 요구사항

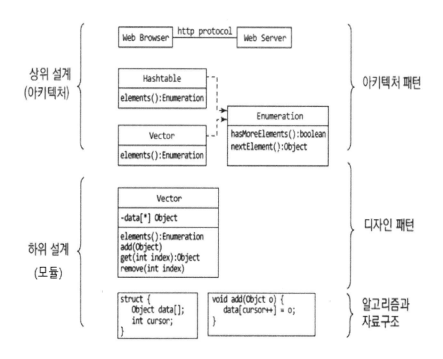

(2) 소프트웨어 아키텍처(SA; Software Architecture)

① 소프트웨어 아키텍처는 소프트웨어 구성 요소들 간의 관계를 정의한 시스템 구조이다.
② 시스템의 구조를 확립하는 소프트웨어 개발의 중심축이다.
③ 소프트웨어 설계, 구현, 테스팅 까지를 통합하는 뼈대이다.
④ 시스템의 공통성을 추상화시켜 다양한 행동, 개념, 패턴, 접근 방법, 결과 등을 나타낸다.
⑤ 외부에 드러나는 시스템 요소의 행위는 다른 시스템 요소와의 상호 작용 방법을 제시한다.

1) 소프트웨어 아키텍처 설계

① 소프트웨어 설계는 아키텍처 설계에 기반하여 진행된다.
② 클래스 수준 이상의 서브시스템 및 패키지 수준으로 덩어리화 시킨다.
③ 다양한 아키텍처 패턴(스타일)을 적용하여 설계할 수 있다.

2) 소프트웨어 아키텍처 설계 과정

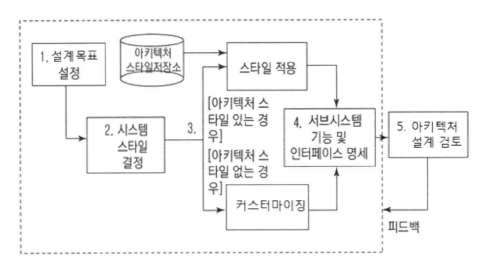

3) 아키텍처 스타일(style)

• 아키텍처 스타일은 아키텍처 설계를 위한 참조 모델로 아키텍처 패턴, 타입이라고도 한다.

- 아키텍처 구성요소들의 역할과 관계가 잘 알려진 공통 유형으로 계층형, 클라이언트-
서버, 마스터-슬라이브, 파이프-필터, MVC, 이벤트 기반 아키텍처, 피어투피어 스타
일 등이 있다.

  ① 계층(Layer)형 : 소프트웨어의 기능을 수직으로 상호 작용하는 여러 층으로 분할
  하고 각 계층 사이는 메시지를 교환한다. 레이터 패턴이라고도 한다.
  예 OSI 참조모델, 운영체제 구조 등

  ② 클라이언트-서버형 : 하나의 서버와 다수의 클라이언트로 구성하고 서비스 요청
  은 클라이언트가 서비스 응답은 서버에서 수행하도록 역할을 분리하였다.
  예 인터넷과 같은 분산 구조 네트워크

  ③ 마스터-슬레이브형: 하나의 마스터가 여러 슬레이브를 제어하는 구조로 마스터
  는 일반적으로 연산, 통신, 조정을 책임지고, 슬레이브는 데이터 수집 기능만 갖
  는다.
  예 실시간 시스템, 분산 시스템

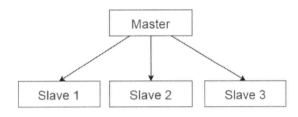

  ④ 파이프-필터형 : 한 필터의 출력을 파이프를 이용해 다음 필터의 입력으로 이동
  하면서 반복 처리한다. 데이터의 변환을 수행하는 필터(filter)가 필요하고 진행
  방향은 한쪽으로만 흐르는 단방향이다.
  예 컴파일러 , 유닉스 쉘

  ⑤ MVC형
    • 사용자 인터페이스, 데이터 및 논리 제어를 구현 하는데 사용되는 아키텍처
    스타일로 뷰, 컨트롤러 세 부분으로 구성한다.

    - 모델(Model) : 데이터 및 비즈니스 로직을 관리
    - 뷰(View) : 사용자 인터페이스를 위한 레이아웃과 화면을 처리

> - 컨트롤러 (Controller) : 모델(Model)에 명령을 보냄으로써 모델의 상태를 변경하
>   고, 뷰와 모델 사이에서 전달자 역할을 수행

- 사용자가 Controller에게 처리를 요청하면 Controller는 Model을 통해 데이터를 가져오고 그 데이터를 바탕으로 View를 통해 시각적 표현을 제어하여 사용자에게 전달한다.
- MVC 모델의 장점 : 데이터를 처리하는 비즈니스 로직과 사용자에게 보여주는 화면 처리 로직을 분리한 설계가 가능하고, 사용자 인터페이스의 응집도를 높이고 여러 인터페이스 간 결합도를 낮출 수 있다.

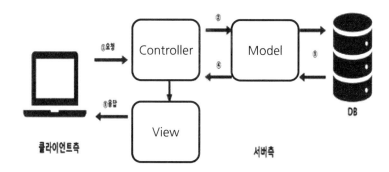

⑥ 브로커형 : 클라이언트의 요청을 중간에서 브로커가 적절한 서버로 연결해주는 스타일

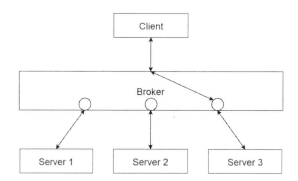

⑦ 이벤트 버스형 : 특정 이벤트가 발행하면 해당 채널(버스)를 구독하고 있는 구독자들이 이벤트를 받아서 처리하는 형식
⑧ 피어 투 피어 (P2P)형 : 서버와 클라이언트 기능을 동시에 갖는 스타일로 멀티 스레딩을 이용하여 병렬 처리가 가능

2) 소프트웨어 아키텍처 4+1 View Model

4+1뷰 아키텍처 모델에서 4는 논리 뷰, 프로세스 뷰, 구현 뷰, 배포 뷰이고 1은 유스케이스 뷰이다.

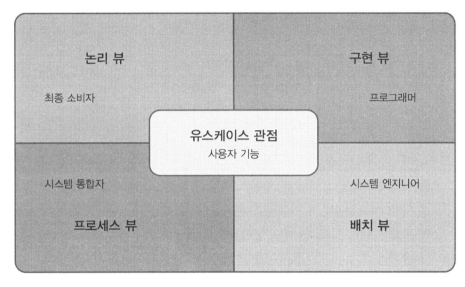

[아키텍처 4+1 View 모델]

① 논리뷰 : 시스템이 최종사용자를 위해 해야만 하는 시스템의 기능적인 요구사항이다. 주요 설계 패키지와 서브시스템, 클래스를 식별한다.

② 프로세스뷰 : 런타임 시의 시스템의 동시적인 면 즉, 태스크(task)나 스레드, 프로세스와 이들 사이의 상호작용 등의 관계를 표현한다.

③ 구현뷰 : 개발 환경 안에서 정적인 소프트웨어 모듈(실행 파일, 소스 코드, 컴포넌트, 데이터 파일 등)을 보여준다. 개발자 관점에서 소프트웨어의 구현과 관리적인 측면을 컴포넌트 다이어그램으로 표현한다.

④ 배치뷰 : 소프트웨어가 하드웨어와 통신 요소에 할당된 내용과 위치를 나타낸다. 가용성, 신뢰성, 성능, 확장성 등의 시스템의 비기능적인 요구사항을 고려한다.

(3) 재사용

재사용(reuse)은 이미 개발된 기능을 새로운 시스템에 적용하는 것을 의미한다. 재사용을 위해서는 시스템을 기능별로 분할한 모듈의 개념을 바탕으로 진행한다.

1) 재사용 범위

함수와 객체 재사용	클래스나 메소드 단위로 소스코드를 재사용
컴포넌트 재사용	컴포넌트 수정없이 인터페이스를 통해 재사용
애플리케이션 재사용	공통 기능을 갖는 애플리케이션을 공유하여 재사용

2) 모듈과 공통 모듈

① 모듈은 프로그램 구성 요소의 일부로 특정 기능을 처리하는 프로그램 코드의 집합으로 단독으로 컴파일이 가능하고 재사용이 가능하다.
② 공통 모듈은 여러 프로그램에서 공통적으로 사용하는 모듈로 사용자 인증 기능, 반복 사용하는 기능 등은 공통 모듈이 될 수 있다.
③ 모듈의 중복 개발을 방지하기 위해 공통 모듈은 식별되고 명세 되어야 한다.

3) 공통 모듈의 명세 원칙

① 정확성(Correctness) : 해당 기능이 실제 시스템을 구현 시 필요 여부를 알 수 있도록 정확하게 작성해야 한다.
② 명확성(Clarity) : 해당 기능을 일관되게 이해하고 한 가지로 해석될 수 있도록 작성해야 한다.
③ 추적성(Traceavility) : 공통 기능에 대한 요구사항 출저와 관련 시스템 등의 유기적 관계에 대한 식별이 가능하도록 작성해야 한다.
④ 완전성(Completeness) : 시스템이 구현될 때 필요하고 요구되는 모든 것을 기술해야 한다.
⑤ 일관성(Consistency) : 공통 기능들 간에 상호 충돌이 없도록 작성해야 한다.

(4) 모듈화 (Modularity)

모듈화는 소프트웨어 설계 시 시스템의 기능을 모듈 단위로 분할 하여 계층 구조화 하는 것으로 성능향상, 수정, 재사용, 테스트 등 유지 관리를 용이하게 할 수 있다.

1) 모듈의 계층구조

① 상위 개념으로부터 하위 개념으로 모듈별로 분할 한 후 전체 구조에 맞게 적절히 배치한다.

② 모듈의 계층 구조를 통해서 팬인(fan-in)과 팬아웃(fan-out)을 확인할 수 있다.

Fan-In(공유도)	특정 모듈을 호출하는 상위 모듈의 수
Fan-Out(제어도)	특정 모듈에 의해 호출되는 하위 모듈의 수

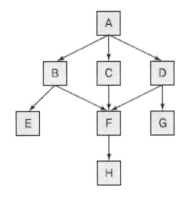

모듈	Fan-In	Fan-Out
A	0	3
B	1	2
C	1	1
D	1	2
E	1	0
F	3	1
G	1	0
H	1	0

2) 모듈화의 장점

① 복잡한 기능을 분리하여 인터페이스를 단순하게 제공한다.

② 모듈 내 오류 발생 시 오류의 파급 효과를 최소화 한다.

③ 모듈의 재사용 가능으로 개발과 유지보수가 용이하다.

④ 프로그램의 효율적인 관리가 가능하다.

3) 모듈화의 평가요소

① 모듈화는 모듈의 독립성이 확보되어야 한다.

② 모듈의 독립성 평가를 위해서 결합도와 응집도가 사용된다.

③ 결합도는 낮을수록, 응집도는 높을수록 좋은 모듈 설계가 이루어진다.

(5) 결합도(Coupling)

- 결합도는 모듈 간에 상호 의존하는 정도 또는 두 모듈 사이의 연관 관계를 의미한다.
- 독립적인 모듈이 되기 위해서는 각 모듈의 결합도는 낮아야 한다.
- 결합도가 낮을수록 모듈간 영향이 적어 품질이 좋아진다.

1) 결합도의 유형

자료 결합도(Data Coupling)	두 모듈이 매개변수를 통해서 자료를 교환하는 경우
스탬프 결합도(Stamp Coupling)	두 모듈이 동일한 자료 구조(배열)를 참조하는 경우
제어 결합도(Control Coupling)	두 모듈이 제어 요소를 교환하는 경우
외부 결합도(External Coupling)	외부 선언된 개개의 자료항목을 참조하는 경우
공통 결합도(Common Coupling)	두 모듈이 공통 데이터 영역을 사용하는 경우
내용 결합도(Content Coupling)	다른 모듈의 내부 자료를 직접적으로 참조하는 경우

2) 결합도와 품질

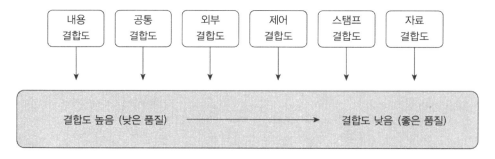

[결합도와 품질]

(6) 응집도(Cohesion)

- 응집도는 모듈 안의 요소들이 서로 관련되어 있는 정도를 의미한다.
- 독립적인 모듈이 되기 위해서는 각 모듈의 응집도가 높아야 한다.
- 응집도가 높을수록 필요한 요소들로 구성되어 있고 품질이 좋아진다.

1) 응집도의 유형

기능적 응집도(Functional Cohesion)	모듈 내의 모든 요소가 하나의 기능을 수행
순차적 응집도(Sequential Cohesion)	한 요소의 출력이 다른 요소의 입력으로 사용
통신적 응집도(Communication Cohesion)	동일한 입·출력자료를 이용하는 요소로 구성
절차적 응집도(Procedural Cohesion)	일정한 순서에 따라 처리되는 요소로 구성
시간적 응집도(Temporal Cohesion)	특정 시간에 처리되는 몇 개의 기능을 모아 구성
논리적 응집도(Logital Cohesion)	논리적으로 유사한 처리 요소들로 구성
우연적 응집도(Coincidental Cohesion)	서로 관련 없는 요소로만 구성

2) 응집도와 품질

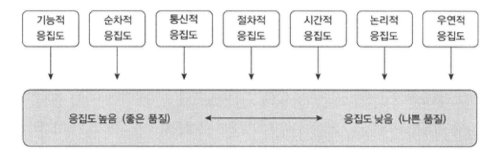

▶ **바람직한 소프트웨어 설계 지침**
- 모듈 상호간은 독립성이 확보되어야 하고 계층적 구조가 제시되어야 한다.
- 모듈의 독립성을 확보하기 위해서 결합도는 낮추고 응집도는 높여야 한다.
- 자료와 프로시저에 대한 분명하고 분리된 표현을 포함해야 한다.
- 모듈 간과 외부 개체 간의 인터페이스는 단순해야 한다.
- 요구사항을 모두 구현해야 하고 유지보수가 용이해야 한다.
- 모듈의 제어 영역 안에서 그 모듈의 영향 영역을 유지시킨다.
- 복잡도와 중복성을 줄이고 일관성을 유지시킨다.
- 모듈의 기능은 예측이 가능해야 하며 지나치게 제한적이어서는 안 된다.
- 모듈의 설계, 구현은 독립적으로, 실행은 종속적으로 수행된다.
- 모듈 크기는 시스템의 기능과 구조를 이해하기 쉬운 크기로 분해한다.
- 모듈은 하나의 입구와 하나의 출구를 갖도록 해야 한다.

2. 객체지향 설계

(1) 객체지향(OOP)

1) 객체지향 설계 개념

객체지향 설계는 클래스, 객체, 메시지의 객체지향 요소를 바탕으로 캡슐화, 상속, 추상화, 다형성 등 식별되고 분석된 객체지향 개념을 설계 모델에 적용하는 모듈 설계를 의미한다.

2) 객체 지향 개념

① 캡슐화(Encapsulation) : 속성과 메소드를 하나로 묶는 것으로 정보은닉, 재사용성, 오류의 파급효과 최소화, 인터페이스의 단순화를 제공한다.

② 정보은닉(information hiding) : 외부로부터의 객체 데이터에 직접적인 접근을 막고, 오직 함수를 통해서만 조작이 가능하게 하는 것으로 캡슐화를 통해서 제공된다.

③ 상속(Inheritance) : 부모 클래스가 지닌 속성과 메소드를 자식 클래스가 물려받아 재사용을 증대하고 기능을 확장하는 기법이다.

④ 추상화(Abstraction) : 객체들이 가진 공통의 특성들을 파악하여 불필요한 특성들을 제거하는 과정이다.

⑤ 다형성(Polymorphism) : 동일한 메시지를 클래스에 따라 고유한 방법으로 응답하는 것으로 부모 클래스의 메소드명, 인수타입, 인수 개수를 자식 클래스가 동일하게 재정의하는 오버라이딩 기법이 적용된다.

3) 객체지향 설계 5원칙(SOLID)

- 유지보수와 확장이 쉬운 객체지향 시스템을 설계하기 위한 원칙이다.
- 소스 코드를 읽기 쉽고 확장하기 쉽게 리팩토링하기 위한 지침이다.
- 애자일 소프트웨어 개발의 전략적 일부이다.

① 단일 책임의 원칙(SRP ; Single Responsibility Principle)
모든 클래스는 하나의 책임만 가져야 한다는 원칙

② 개방폐쇄의 원칙(OCP; Open Close Principle)
소프트웨어의 구성요소는 확장에는 열려있고, 변경에는 닫혀있어야 한다는 원칙

③ 리스코프 치환의 원칙(LSP; Liskov Substitution Principle)

자식 클래스(서브 타입)는 언제나 자신의 부모 클래스(슈퍼 타입)를 대체할 수 있어야 한다는 원칙

④ 인터페이스 분리의 원칙(ISP; Interface Segregation Principle)

클라이언트는 자신이 사용하지 않는 메소드에 의존 관계를 맺으면 안된다는 원칙

⑤ 의존성 역전의 원칙(Dependency Inversion Principle)

추상화된 것은 구체적인 것에 의존하면 안 된다. 구체적인 것이 추상화된 것에 의존해야 한다는 원칙

(2) 디자인 패턴

1) 디자인 패턴(Design Pattern)의 개념

① 소프트웨어 설계 시 공통적으로 발생하는 유사한 문제들에 대한 일반적이고 반복적인 해결 방법을 의미한다.

② 디자인 패턴은 하위 단계의 모듈 설계 시 참조하는 해법 또는 예제이다.

③ 오랜 시간 개발자들의 경험과 시행 착오를 통해 완성된 패턴이다.

④ GOF(Gang Of Four)라고 불리우는 4명의 SW학자에 의해 체계화되었다.

⑤ 디자인 패턴은 생성패턴, 구조패턴, 행위패턴으로 구분된다.

2) 디자인 패턴의 구성 요소

① 문제 및 배경 : 각 패턴이 적용될 문제 및 패턴에 대한 설명

② 적용 사례 : 특정 예제에 구현된 사례를 확인

③ 샘플 코드 : 재사용이 가능한 솔루션을 제공

3) 디자인 패턴의 종류

① 생성(Creational)패턴 : 객체 인스턴스 생성에 관여하는 패턴
  • 추상 팩토리(Abstract Factory) : 여러 개의 구체적 클래스에 의존하지 않고 인터페이스를 통해 추상화시킨 패턴이다.
  • 빌더(Builder) : 객체 생성과 표현 방법을 분리해 복잡한 객체를 생성하는 패턴이다.
  • 팩토리 메서드(Factory Method) : 상위 클래스에서는 인터페이스만 정의하고 객체 생성은 서브클래스가 담당하는 패턴이다. 가상 생성자(Virtual Constructor) 패

턴 이라고도 한다.

- 프로토타입(Prototype) : 원본 객체를 복제함으로써 객체를 생성하는 패턴이다.
- 싱글턴(Singleton) : 한 클래스에 한 객체만 인스턴트로 보장하도록 하는 패턴이다.

② 구조(Structural)패턴 : 클래스나 객체를 조합해 더 큰 구조를 만드는 패턴
- 어댑터(Adapter) : 인터페이스가 호환되지 않는 클래스들을 함께 사용할 수 있도록 타 클래스의 인터페이스를 변환해 주는 패턴이다.
- 브리지(Bridge) : 클래스 계층과 구현의 클래스 계층을 연결하고, 구현부에서 추상 계층을 분리하여 독립적으로 변형할 수 있도록 도와주는 패턴이다.
- 컴퍼지트(Composite) : 사용자가 단일 객체와 복합 객체 모두 동일하게 구분없이 다루고자 할 때 사용하는 패턴이다.
- 데코레이터(Decorator) : 기존에 구현되어 있는 클래스에 필요한 기능을 동적으로 확장할 수 있는 패턴이다.
- 퍼사드(Facade) : 복잡한 서브 클래스를 간편하고 편리하게 사용할 수 있도록 단순한 인터페이스를 제공하는 패턴이다.
- 플라이웨이트(Flyweight) : 인스턴스를 동일한 것은 가능한 공유하여 객체 생성을 줄임으로써 메모리 사용량을 줄이기 위한 패턴이다.
- 프록시(Proxy) : 접근이 어려운 객체와 이어지는 인터페이스의 역할을 하는 패턴이다.

③ 행위(Behavioral)패턴 : 객체나 클래스 사이의 책임 분배에 관련된 패턴
- 책임 연쇄(Chain of Responsibility):하나의 요청에 대한 처리가 한 객체에서만 되지 않고, 여러 객체에게 처리 기회를 제공하는 것으로 보내는 객체와 받아 처리하는 객체들 간의 결합도를 없애기 위한 패턴이다.
- 커맨드(Command) : 요청 자체를 캡슐화하여 파라미터로 넘기는 패턴이다.
- 인터프리터(Interpreter) : 언어 규칙을 나타내는 클래스를 통해 언어 표현을 정의한다.
- 반복자(Iterator) : 객체를 모아 놓은 다양한 자료구조에 들어있는 모든 항목을 접근할 수 있도록 해 주는 패턴이다.
- 중재자(Mediator) : 객체 사이에 상호작용이 필요할 때 Mediator 객체를 활용하여 상호작용을 제어하고 조화를 이루는 역할을 부여하는 패턴이다.
- 메멘토(Memento) : 객체의 상태를 기억해두었다가 다시 복구하게 해 주는 패턴이다.

- 옵서버(Observer) : 한 객체의 상태가 변경되면 그 객체의 상속 관계에 있는 다른 객체에게도 변경 상태를 전달하는 패턴이다.
- 상태(State) : 객체에 따른 다양한 동작을 객체화 한 패턴이다.
- 스트래티지(Strategy) : 동일한 행동을 캡슐화하여 다르게 처리할 수 있는 패턴이다.
- 탬플릿 메서드(Template Method) : 부모 클래스에서 정형화한 처리 과정을 정의하고, 자식 클래스에서 세부 처리를 구현하는 구조의 패턴이다.
- 비지터(Visitor) : 로직을 객체 구조에서 분리시키는 패턴으로, 비슷한 종류의 객체들을 가진 그룹에서 작업을 수행할 때 주로 사용되는 패턴이다.

1. 소프트웨어의 상위 설계에 속하지 않는 것은?

① 아키텍처 설계　　　　　　② 모듈 설계
③ 인터페이스 정의　　　　　④ 사용자 인터페이스 설계

정답 ②
해설

아키텍처 설계 (상위 설계)	모듈 설계 (하위 설계)
• 시스템의 전체 구조 • DB, 인터페이스 정의 • 비기능 요구사항	• 시스템의 내부 동작 • 자료구조, 알고리즘 • 기능 요구사항

2. 아키텍처 설계 과정이 올바른 순서로 나열된 것은?

㉮ 설계 목표 설정
㉯ 시스템 타입 결정
㉰ 스타일 적용 및 커스터마이즈
㉱ 서브 시스템의 기능, 인터페이스 동작 작성
㉲ 아키텍처 설계 검토

① ㉮ → ㉯ → ㉰ → ㉱ → ㉲
② ㉲ → ㉮ → ㉯ → ㉱ → ㉰
③ ㉮ → ㉲ → ㉯ → ㉱ → ㉰
④ ㉮ → ㉯ → ㉰ → ㉲ → ㉱

정답 ①
해설 아키텍처 설계 과정 : 설계 목표 설정 → 시스템 타입 결정→ 스타일 적용 및 커스터마이즈 → 서브 시스템의 기능, 인터페이스 동작 작성 → 아키텍처 설계 검토

3. 파이프 필터 형태의 소프트웨어 아키텍처에 대한 설명으로 옳은 것은?

① 노드와 간선으로 구성된다.
② 서브시스템이 입력데이터를 받아 처리하고 결과를 다음 서브시스템으로 넘겨주는 과정을 반복한다.
③ 계층 모델이라고도 한다.
④ 3개의 서브시스템(모델, 뷰, 제어)으로 구성되어 있다.

정답 ②
해설 파이프 필터 : 데이터 스트림을 파이프를 통해 필터로 입력하고 필터를 통해 나온 출력은 파이프를 이용하여 다음 필터의 입력으로 처리하는 스타일

4. 분산 시스템을 위한 마스터-슬레이브(Master-Slave) 아키텍처에 대한 설명으로 틀린 것은?

① 일반적으로 실시간 시스템에서 사용된다.
② 마스터 프로세서는 일반적으로 연산, 통신, 조정을 책임진다.
③ 슬레이브 프로세서는 데이터 수집 기능을 수행할 수 없다.
④ 마스터 프로세서는 슬레이브 프로세서들을 제어할 수 있다.

정답 ③
해설 마스터-슬레이브 : 실시간 시스템에서 많이 사용하는 스타일로 마스터는 데이터 연산 등 처리를 담당하고, 슬레이브는 마스터의 제어를 받고 데이터 수집 기능을 담당한다.

5. 소프트웨어 아키텍처 모델 중 MVC(Model-View-Controller)와 관련한 설명으로 틀린 것은?

① MVC 모델은 사용자 인터페이스를 담당하는 계층의 응집도를 높일 수 있고, 여러 개의 다른 UI를 만들어 그 사이에 결합도를 낮출 수 있다.
② 모델(Model)은 뷰(View)와 제어(Controller) 사이에서 전달자 역할을 하며, 뷰마다 모델 서브시스템이 각각 하나씩 연결된다.
③ 뷰(View)는 모델(Model)에 있는 데이터를 사용자 인터페이스에 보이는 역할을 담당한다.
④ 제어(Controller)는 모델(Model)에 명령을 보냄으로써 모델의 상태를 변경할 수 있다

정답 ②
해설 모델(Model) : 데이터 처리를 위한 비즈니스 로직과 데이터 관리를 담당한다.

6. 다음 중 소프트웨어 아키텍처의 4+1 View Model의 구성요소가 아닌 것은?

① 논리 뷰   ② 배포 뷰
③ 프로세스 뷰   ④ 확장 뷰

정답 | ④
해설 | SW 아키텍처의 4+1 View Model의 구성요소 : 논리뷰, 프로세스뷰, 구현뷰, 배포뷰 등

7. 공통 모듈에 대한 명세 기법 중 해당 기능에 대해 일관되게 이해하고 한 가지로 해석될 수 있도록 작성하는 원칙은?

① 상호작용성   ② 명확성
③ 독립성   ④ 내용성

정답 | ②
해설 | ① 정확성(Correctness) : 해당 기능이 실제 시스템을 구현 시 필요 여부를 알 수 있도록 정확하게 작성해야 한다.
② 명확성(Clarity) : 해당 기능을 일관되게 이해하고 한 가지로 해석될 수 있도록 작성해야 한다.
③ 추적성(Traceavility) : 공통 기능에 대한 요구사항 출저와 관련 시스템 등의 유기적 관계에 대한 식별이 가능하도록 작성해야 한다.
④ 완전성(Completeness) : 시스템이 구현될 때 필요하고 요구되는 모든 것을 기술해야 한다.
⑤ 일관성(Consistency) : 공통 기능들 간에 상호 충돌이 없도록 작성해야 한다.

8. 소프트웨어 모듈화의 장점이 아닌 것은?

① 오류의 파급 효과를 최소화한다.
② 기능의 분리가 가능하여 인터페이스가 복잡하다.
③ 모듈의 재사용 가능으로 개발과 유지보수가 용이하다.
④ 프로그램의 효율적인 관리가 가능하다.

정답 | ②
해설 | 모듈화를 통해서 복잡한 기능을 분리할 수 있어 인터페이스가 단순해진다.

9. 소프트웨어 개발에서 모듈(Module)이 되기 위한 주요 특징에 해당하지 않는 것은?

① 다른 것들과 구별될 수 있는 독립적인 기능을 가진 단위(Unit)이다.

② 독립적인 컴파일이 가능하다.

③ 유일한 이름을 가져야 한다.

④ 다른 모듈에서의 접근이 불가능해야 한다.

정답 ④
해설 모듈간 정보 교환을 위해 다른 모듈의 접근이 가능해야 한다.

10. 다음은 어떤 프로그램 구조를 나타낸다. 모듈 F에서의 fan-in 과 fan-out의 수는 얼마인가?

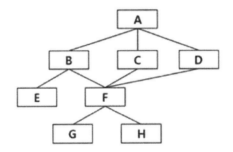

① fan-in : 2, fan-out : 3   ② fan-in : 3, fan-out : 2

③ fan-in : 1, fan-out : 2   ④ fan-in : 2, fan-out : 1

정답 ②
해설 모듈 F의 팬인(fan-in) : 모듈 F를 호출하는 상위 모듈 수로 3
모듈 F의 팬아웃(fan-out) : 모듈 F에서 호출하는 하위 모듈 수로 2

11. 모듈화(Modularity)와 관련한 설명으로 틀린 것은?

① 시스템을 모듈로 분할하면 각각의 모듈을 별개로 만들고 수정할 수 있기 때문에 좋은 구조가 된다.

② 응집도는 모듈과 모듈 사이의 상호의존 또는 연관 정도를 의미한다.

③ 모듈 간의 결합도가 약해야 독립적인 모듈이 될 수 있다.

④ 모듈 내 구성 요소들 간의 응집도가 강해야 좋은 모듈설계이다.

정답 ②
해설 응집도 : 모듈 내부에서 구성요소 간의 상호의존 또는 연관 정도
결합도 : 모듈과 모듈 사이의 상호의존 또는 연관 정도

12. 시스템에서 모듈 사이의 결합도(Coupling)에 대한 설명으로 옳은 것은?

① 한 모듈 내에 있는 처리 요소들 사이의 기능적인 연관 정도를 나타낸다.

② 결합도가 높으면 시스템 구현 및 유지보수 작업이 쉽다.

③ 모듈 간의 결합도를 약하게 하면 모듈 독립성이 향상된다.

④ 자료결합도는 내용결합도보다 결합도가 높다.

정답 ③
해설 모듈 간의 결합도를 약하게 하면 모듈 독립성이 향상된다.
①번 응집도에 대한 설명
②번 결합도가 높으면 시스템 구현 및 유지보수 작업이 어렵다.
④번 자료결합도는 내용결합도보다 결합도가 낮다.

13. 한 모듈이 다른 모듈의 내부 기능 및 그 내부 자료를 참조하는 경우의 결합도는?

① 내용 결합도(Content Coupling)

② 제어 결합도(Control Coupling)

③ 공통 결합도(Common Coupling)

④ 스탬프 결합도(Stamp Coupling)

정답 ①
해설 내용 결합도 : 한 모듈이 다른 모듈의 내부 기능 및 그 내부 자료를 참조하는 경우

14. 좋은 소프트웨어 설계를 위한 소프트웨어의 모듈 간의 결합도(Coupling)와 모듈 내 요소 간 응집도(Cohesion)에 대한 설명으로 옳은 것은?

① 응집도는 낮게 결합도는 높게 설계한다.

② 응집도는 높게 결합도는 낮게 설계한다.

③ 양쪽 모두 낮게 설계한다.

④ 양쪽 모두 높게 설계한다.

15. 품질 측면에서 결합도(Coupling)가 가장 높은 것과 가장 낮은 것을 순서대로 나열한 것은?

    ① 스탬프 결합도, 외부 결합도   ② 자료 결합도, 외부 결합도

    ③ 공통 결합도, 내용 결합도   ④ 내용 결합도, 자료 결합도

정답 ④
해설 가장 높은 것은 내용 결합도, 결합도가 가장 낮은 것은 자료 결합도

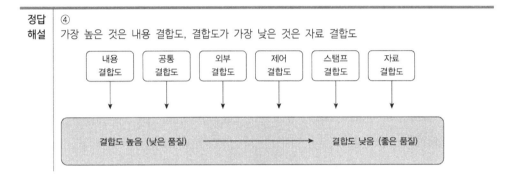

16. 다음 중 응집도가 가장 높은 것은?

    ① 절차적 응집도 (Procedural Cohesion)

    ② 순차적 응집도 (Sequential Cohesion)

    ③ 우연적 응집도 (Coincidental Cohesion)

    ④ 논리적 응집도 (Logical Cohesion)

정답 ②
해설 문제 보기에서 응집도가 가장 높은 것은 순차적 응집도, 가장 낮은 것은 우연적 응집도

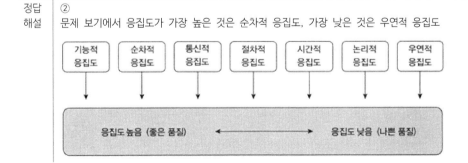

17. 다음 〈보기〉에 들어갈 단어를 알맞게 나열한 것은?

────────〈 보기 〉────────

A- 모듈과 모듈 간에 어느 정도 관련성이 있는지를 나타낸다.
B- 모듈 내부에서 구성 요소 간에 밀접한 관계를 맺고 있는 정도를 말한다.

① A-공통모듈 , B-모듈화   ② A-결합도 , B-응집도
③ A-모듈화 , B-모듈   ④ A-응집도 , B-결합도

정답 | ②
해설 | 결합도는 모듈과 모듈 간에 어느 정도 관련성이 있는지를 나타낸다.
      응집도는 모듈 내부에서 구성 요소 간에 밀접한 관계를 맺고 있는 정도를 말한다.

18. 다음 중 객체지향 기법으로 옳지 않은 것은?

① 캡슐화   ② 다형성
③ 상속성   ④ 개념화

정답 | ④
해설 | 객체지향 기법 : 캡슐화, 추상화, 다형성, 상속성 등

19. 속성과 관련된 연산(Operation)을 클래스 안에 묶어서 하나로 취급하는 것것으로 정보은 닉을 제공하는 객체지향 개념은?

① Inheritance   ② Class
③ Encapsulation   ④ Association

정답 | ③
해설 | Encapsulation(캡슐화) : 속성과 연산을 하나로 묶어 정보은닉을 제공

20. 객체지향 기법에서 상위 클래스의 메소드와 속성을 하위 클래스가 물려받는 것을 의미하는 것은?

① Abstraction　　　　　　　　② Polymorphism

③ Encapsulation　　　　　　　　④ Inheritance

정답 ④

해설 • Abstraction (추상화), Polymorphism (다형성), Encapsulation (캡슐화), Inheritance(상속)

21. 객체지향 개념에서 다형성(Polymorphism)과 관련한 설명으로 틀린 것은?

① 다형성은 현재 코드를 변경하지 않고 새로운 클래스를 쉽게 추가할 수 있게 한다.

② 다형성이란 여러 가지 형태를 가지고 있다는 의미로, 여러 형태를 받아들일 수 있는 특징을 말한다.

③ 메소드 오버라이딩(Overriding)은 상위 클래스에서 정의한 일반 메소드의 구현을 하위 클래스에서 무시하고 재정의할 수 있다.

④ 메소드 오버로딩(Overloading)의 경우 매개변수 타입은 동일하지만 메소드명을 다르게 함으로써 구현, 구분할 수 있다.

정답 ④

해설 메소드 오버로딩 : 여러 개의 메소드를 정의하는 방법으로 메소드명은 반드시 동일해야하고 매개변수 타입, 개수 서로 달라야 한다.

22. 다음 중 캡슐화(Encapsulation)에 대한 설명으로 옳지 않은 것은?

① 인터페이스가 복잡해지고 객체 간의 결합도가 높아진다.

② 캡슐화 된 객체들은 재사용이 가능하다.

③ 데이터와 데이터를 처리하는 함수를 하나로 묶는 것을 말한다.

④ 캡슐화된 객체의 세부 내용이 외부에 은폐되어 변경이 발생하게 되어 오류의 파급 효과가 적다.

정답 ①

해설 캡슐화를 하면 인터페이스가 단순해지고 객체 간의 결합도는 낮아지고 모듈의 응집도는 높아진다.

23. 객체지향 기법 중 추상화에 대한 설명으로 옳은 것은?

① 외부로부터의 객체 데이터에 직접적인 접근을 막고, 오직 함수를 통해서만 조작이 가능하게 하는 작업
② 상속을 받은 기능을 변경하거나 확장하는 기법
③ 부모클래스가 지닌 속성을 자식 클래스가 물려받아 재사용하는 기법
④ 객체들이 가진 공통의 특성들을 파악하여 불필요한 특성들을 제거하는 과정

정답 | ④
해설 | ① -정보은닉 ② -다형성 ③ -상속성

24. 객체지향 설계에서 정보 은닉(Information Hiding)과 관련한 설명으로 틀린 것은?

① 필요하지 않은 정보는 접근할 수 없도록 하여 한 모듈 또는 하부시스템이 다른 모듈의 구현에 영향을 받지 않게 설계되는 것을 의미한다.
② 모듈들 사이의 독립성을 유지시키는 데 도움이 된다.
③ 캡슐화를 통해서 제공되는 객체지향 개념이다.
④ 모듈 내부의 자료 구조와 접근 동작들에만 수정을 국한하기 때문에 요구사항 등 변화에 따른 수정이 불가능하다.

정답 | ④
해설 | 모듈 내부의 자료가 정보은닉 되어도 모듈의 외부에서 함수(메소드)를 이용하여 내부의 자료 수정이 가능하다.

25. 다음 중 객체지향 설계 원칙으로 옳지 않은 것은?

① 개방 폐쇄의 원칙　　　　② 인터페이스 분리의 원칙
③ 복수 책임의 원칙　　　　④ 의존성 역전의 원칙

정답 | ③
해설 | 객체지향 설계 5원칙(SOLID) : 단일 책임의 원칙(Single Responsibility Principle), 개방폐쇄의 원칙(Open Close Principle), 리스코브 치환의 원칙(Liskov Substitution Principle), 인터페이스 분리의 원칙(Interface Segregation Principle), 의존성 역전의 원칙(Dependency Inversion Principle)

26. 다음 내용이 설명하는 객체지향 설계 원칙은?

─────── 〈 보기 〉 ───────

- 클라이언트는 자신이 사용하지 않는 메소드와 의존 관계를 맺으면 안된다.
- 클라이언트가 사용하지 않는 인터페이스 때문에 영향을 받아서는 안된다.

① 인터페이스 분리 원칙
② 단일 책임의 원칙
③ 개방폐쇄의 원칙
④ 리스코프 교체의 원칙

정답	①
해설	인터페이스 분리원칙 : 클라이언트는 자신이 사용하지 않는 인터페이스에 영향을 받아서는 안된다는 원칙으로 클라이언트는 자신이 사용하지 않는 메소드에의존 관계를 맺어서는 안된다.

27. 객체지향 설계 원칙 중, 서브타입(하위 클래스)은 어디에서나 자신의 기반타입(상위클래스)으로 교체할 수 있어야 함을 의미하는 원칙은?

① ISP(Interface Segregation Principle)
② DIP(Dependency Inversion Principle)
③ LSP(LiskovSubstitution Principle)
④ SRP(Single Responsibility Principle)

정답	③
해설	LSP(LiskovSubstitution Principle): 하위 클래스는 어디에서나 자신의 상위 클래스로 교체할 수 있어야 한다는 원칙

28. 클래스 설계 원칙에 대한 바른 설명은?

① 단일 책임원칙 : 하나의 클래스만 변경 가능해야 한다.
② 개방-폐쇄의 원칙 : 클래스는 확장에 대해 열려있어야 하며 변경에 대해 닫혀있어야 한다.
③ 리스코프 교체의 원칙 : 여러 개의 책임을 가진 클래스는 하나의 책임을 가진 클래스로 대체되어야 한다.
④ 의존관계 역전의 원칙 : 클라이언트는 자신이 사용하는 메소드와 의존관계를 갖지 않도록 해야 한다.

정답 | ②
해설 | ① 단일 책임원칙 : 하나의 클래스는 하나의 책임만 가져야 한다.
③ 리스코프 교체의 원칙 : 자식 클래스는 언제나 자신의 부모 클래스를 대체할 수 있어야 한다
④ 의존관계 역전의 원칙 : 추상화된 것은 구체적인 것에 의존하면 안 된다. 구체적인 것이 추상화된
것에 의존해야 한다.

29. 소프트웨어 설계에서 자주 발생하는 문제에 대한 일반적이고 반복적인 해결 방법을 무엇이라고 하는가?

① 모듈 분해
② 디자인 패턴
③ 연관 관계
④ 클래스 도출

정답 | ②
해설 | 디자인 패턴 : 소프트웨어 설계 시 공통적으로 발생하는 유사한 문제들에 대한 해결방법

30. 객체지향 소프트웨어 설계 시 디자인 패턴을 구성하는 요소로서 가장 거리가 먼 것은?

① 개발자이름
② 문제 및 배경
③ 사례
④ 샘플코드

정답 | ①
해설 | 디자인 패턴의 구성요소 : 문제 및 배경, 사용사례, 샘플코드

31. 다음 중 디자인 패턴 유형으로 옳지 않은 것은?

① 행위 패턴
② 생성 패턴
③ 구조 패턴
④ 분할 패턴

정답 | ④
해설 | 디자인 패턴의 유형에는 행위 패턴, 구조 패턴, 생성 패턴 등이 있다.

32. GoF 디자인 패턴에서 생성(Creational)패턴에 해당하지 않는 것은?

    ① 추상 팩토리(Abstract Factory)　　② 빌더(Builder)

    ③ 어댑터(Adapter)　　　　　　　　　④ 싱글턴(Singleton)

정답 │ ③
해설 │ 어댑터(Adapter) 패턴은 구조(Structura)패턴에 해당한다.

33. 다음 중 성격이 다른 설계 패턴은?

    ① Builder　　　　　　　　　　　② Decorator

    ③ Facade　　　　　　　　　　　④ Bridge

정답 │ ①
해설 │ Builder 패턴은 생성 패턴, 나머지는 구조 패턴에 해당한다.

34. 디자인 패턴 중에서 행위적 패턴에 속하지 않는 것은?

    ① 커맨드(Command) 패턴　　　　② 옵저버(Observer) 패턴

    ③ 상태(State) 패턴　　　　　　　④ 프로토타입(Prototype) 패턴

정답 │ ④
해설 │ 프로토타입(Prototype) 패턴은 생성 패턴에 해당한다.

35. 다음 〈보기〉에서 설명하는 패턴은 무엇인가?

──────── 〈 보기 〉 ────────

한 클래스에 한 객체만 인스턴트를 보장하도록 하는 패턴을 말한다.

    ① 싱글턴(Singleton)　　　　　　② 퍼사드(Facade)

    ③ 이터레이터(Iterator)　　　　　④ 메멘토(Memento)

정답 │ ①
해설 │ ② 퍼사드(Facade) : 복잡한 클래스 관계나 사용방법을 편리하게 사용할 수 있도록 단순한 인터페이스를 제공하는 패턴이다.
　　　│ ③ 이터레이터(Iterator) : 객체를 모아 놓은 다양한 자료구조에 들어있는 모든 항목을 접근할 수 있도록 해 주는 패턴이다.
　　　│ ④ 메멘토(Memento) : 객체의 상태를 기억해두었다가 다시 복구하게 해 주는 패턴이다.

36. 다음 내용이 설명하는 디자인 패턴은?

〈 보기 〉

- 객체를 생성하기 위한 인터페이스를 정의하여 어떤 클래스가 인스턴스화 될 것인지는 서브클래스가 결정하도록 하는 것
- Virtual-Constructor 패턴이라고도함

① Visitor패턴   ② Observer패턴
③ Factory Method 패턴   ④ Bridge 패턴

정답 ③

해설 Factory Method 패턴 : 객체 생성을 서브 클래스가 결정하도록 하는 패턴으로 가상 생성자 패턴이라고도 한다.

37. 객체간의 결합을 통해 능동적으로 기능을 확장할 수 있는 디자인 패턴은?

① 어댑터   ② 중재자
③ 프록시   ④ 데코레이션

정답 ④

해설 데코레이션 : 기존의 기능외에 동적으로 기능을 확장 할 수 있는 패턴이다.

38. 구조 패턴의 하나로 복잡한 서브 클래스를 관리하기 위해 상위에 통합 인터페이스를 구성하는 패턴은?

① Facade   ② Composite
③ Strategy   ④ Proxy

정답 ①

해설
① Facade : 복잡한 서브 클래스 관계나 사용 방법을 편리하게 사용할 수 있도록 단순한 인터페이스를 제공하는 패턴이다.
② Composite : 사용자가 단일 객체와 복합 객체 모두 동일하게 구분없이 다루고자 할 때 사용하는 패턴이다.
③ Strategy : 동일한 행동을 캡슐화하여 다르게 처리할 수 있는 패턴이다.
④ Proxy : 접근이 어려운 객체와 여기에 연결하려는 객체 사이에서 인터페이스 역할을 수행하는 패턴이다.

Chapter 04   인터페이스 설계

1. 인터페이스 요구사항 확인

(1) 내 · 외부 인터페이스 요구사항

시스템 인터페이스란 서로 독립적인 시스템이 연동을 통해 상호 작용하기 위한 접속 방법이나 규칙을 의미한다.

1) 시스템 인터페이스 요구사항

① 시스템 인터페이스 요구사항이란 시스템 인터페이스 요구 사항은 인터페이스 이름, 연계 대상 시스템, 연계 범위 및 내용, 연계 방식, 송신 데이터, 인터페이스 주기, 기타 고려사항을 명시한 것이다.

② 시스템 인터페이스 요구사항은 내·외부 인터페이스 대상 시스템 및 기관과 시스템 연동 방안을 사전에 협의해야 한다.

2) 시스템 인터페이스 요구 사항 분석

① 시스템 인터페이스 요구 사항 분석은 기능 및 비기능 인터페이스 요구사항을 상세하게 이해하고, 요구사항을 분류하고 조직화하여 명세를 구체화하는 작업이다.

② 요구사항 명세서와 유스케이스 다이어그램 등 개념 모델을 검토하여 상위 수준의 요구사항은 분해하고, 누락된 요구사항은 새롭게 정의할 수 있으며, 요구사항에 대한 상대적 중요도를 평가하여 우선순위를 부여하고 품질 속성을 도출한다.

③ 시스템 인터페이스 요구 사항 분석 작업은 인터페이스 관련 요구사항을 선별하여 진행한다.

2. 요구 공학 (Requirements Engineering)

요구 공학은 시스템 개발에 있어서 무엇이 개발되어야 하는지를 결정하는 공정으로 시스템의 요구사항을 생성, 검증, 관리하기 위하여 수행되는 구조화된 활동의 집합이다.

(1) 요구사항의 유형

기능 요구사항	• 시스템이 외형적으로 나타내는 기능과 동작 • 시스템이 무엇을 할 것인지를 표현 • 쉽게 파악되고 사용사례로 정리 예 ATM 기기에서의 입금, 출금, 이체 기능 등
비기능 요구사항	기능 요구를 지원하는 시스템의 제약 조건 성능, 품질, 보안, 인터페이스 등의 요구사항 사용자는 파악하기가 어렵고 품질 시나리오로 정리 예 ATM 기기의 응답속도, 가동률, 보안 기능 등

(2) 요구사항 개발 프로세스

요구사항 도출 (Elicitation) → 요구사항 분석 (Analysis) → 요구사항 명세 (Specification) → 요구사항 검증 (Validation)

1) 요구사항 도출

① 문제의 범위안에 있는 사용자 요구를 찾는 단계이다.
② 소프트웨어의 기능 요구 / 비기능 요구 활동을 분류한다.
③ 방법 : 인터뷰, 워크샵, 설문조사, 브레인스토밍, 프로토타입, 유스케이스 등

2) 요구사항 분석

① 소프트웨어 개발의 실질적인 첫 단계로 사용자의 요구에 대하여 이해하는 단계이다.
② 추출한 요구의 타당성을 조사하고 비용, 일정 등의 제약을 설정한다.
③ 사용자의 요구사항을 이해하고 요구 분석 명세서를 산출한다.

④ 방법 : 구조적 분석, 객체지향 분석 방법

- 요구사항 분석이 어려운 이유
  • 개발자와 사용자 간의 지식이나 표현의 차이가 커서 상호 이해가 쉽지 않다.
  • 사용자의 요구사항이 모호하고 불명확하다.
  • 사용자 요구에는 예외가 자주 발생하여 열거와 구조화가 어렵다.
  • 소프트웨어 개발 중에 사용자의 요구사항이 계속 변할 수 있다.

3) 요구사항 명세

① 요구 분석의 결과를 바탕으로 요구 모델을 작성하고 문서화 하는 활동이다.
② 기능 요구사항은 빠짐없이 비기능 요구사항은 필요한 것만 기술한다.
③ 소단위 명세서를 이용해 사용자가 이해하기 쉽게 작성한다.
④ 요구사항 명세기법 : 정형 명세, 비정형 명세

구분	정형 명세	비정형 명세
기법	수학적 기반/모델링 기반	상태/기능/객체 중심
표기	수학적 기호, 정형화된 표기법	자연어 기반 서술, 다이어그램 이용
특징	• 시스템 요구특성 정확, 명세 간결 • 명세/구현의 일치성(완전한 검증가능) • 표기가 어려워 이해가 어려움	• 이해가 쉬어 의사소통이 용이 의사전달 방법이 다양 • 불충분한 명세기능, 모호성, 일관성 결여
종류	• Z,VDM,Petri-Net(모형기반) • CSP,CCS,LOTOS(대수적방법)	• FSM(Finite state machine) • Decision Table,ER 모델링 • State Chart(SADT) • UseCase-사용자기반 모델링

4) 요구사항 검증

① 요구사항 명세서에 사용자의 요구가 올바르게 기술되었는지에 대해 검토하고 베이스라인으로 설정하는 활동이다.

② 요구사항 검토 계획 수립 → 검토 및 오류수정 → 베이스라인 설정으로 진행된다.

동료 검토 (Peer Review)	요구사항 명세서 작성자가 요구사항 명세서를 설명하고 이해관계자들이 설명을 들으면서 결함을 발견하는 형태로 진행
워크 스루 (Walk Through)	일정한 운영 방법에 따라 여러 시점에 여러 가지 목적으로 실시하는 검토 기법
인스펙션 (Inspection)	표준이나 명세서에 대한 편차와 에러를 포함한 결함을 발견하고 식별하기 위해 작업 산출물에 대해 수행하는 검토 기법
프로토타이핑 (Prototyping)	시연을 통해 최종사용자나 고객을 대상으로 시스템을 경험할 수 있게 하고 요구사항을 확인한다.
테스트 설계	테스트케이스(Test Case)를 생성하여 현실적으로 테스트 가능한지를 검토한다.
CASE 도구 활용	요구사항 변경 사항을 추적하고 분석 및 관리할 수 있으며, 표준 준수 여부를 확인할 수 있다.

▶ **요구사항 품질 특성**

① 완전성 : 모든 요구사항이 누락되지 않고 반영된 정도
② 정확성 : 논리적으로 정확하게 기술된 기능, 비기능 요구사항의 반영 정도
③ 일관성 : 요구사항이 충돌되는 점 없이 일관성을 유지하는 정도
④ 검증 가능성 : 개발된 소프트웨어가 사용자의 요구 내용과 일치하는지를 검증할 수 있는 정도
⑤ 수정 용이성 : 요구사항 명세서의 변경이 쉽도록 작성 가능한지의 정도
⑥ 추적 가능성 : 요구사항 명세서와 설계서를 추적할 수 있는 정도
⑦ 개발 후 이용성 : 개발된 소프트웨어의 이용 가능성 정도

3. 인터페이스 대상 식별

(1) 인터페이스 시스템 식별

1) 연계 시스템

시스템 인터페이스를 구성하는 시스템은 송신 시스템, 수신 시스템, 연계 방식에 따라 중계 서버로 구성된다.

① 송신 시스템 : 연계할 데이터를 DB와 애플리케이션으로부터 연계 테이블이나 파일 형태로 생성하여 송신 즉, 발송하는 시스템이다.

② 수신 시스템 : 수신한 연계 테이블 또는 데이터 파일을 데이터 형식에 맞게 변환하여 DB에 저장하거나 애플리케이션에서 활용할 수 있도록 제공하는 시스템이다.

③ 중계 서버 : 송신 시스템과 수신 시스템 사이에서 데이터를 송수신하고, 송수신 상황을 모니터링 하는 시스템이다.

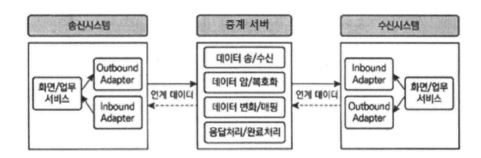

2) 연계 시스템 분류 체계와 식별 정보

시스템 인터페이스를 구성하는 대내외 시스템을 식별하는 데 필요한 시스템 분류 체계와 식별해야 할 정보는 다음과 같다.

① 시스템 분류 체계

기업 내부에서 사용하는 시스템 분류 체계를 기반으로 대내외 인터페이스 시스템의 식별자를 정의한다.

대분류	ID	중분류	ID
영업	TF	영업교육	AA
		인사관리	KI
		영업인사	HW
		실적관리	CE

[업무분류체계 예시]

시스템 식별코드 : 업무대분류코드(2) +업무중분류코드(2) +일련번호(3)

[영업시스템 코드 예시]

② 연계 시스템 식별 정보

대내외 연계를 위하여 송신 시스템과 수신 시스템에 대한 상세 식별 정보로 예시와 같다.

구분	시스템 ID	시스템 한글명	시스템 영문명	시스템 설명	… 중략	IP /URL	Port	담당자
내부	SYS001	고객	CUST	고객의 정보를 통합 관리하는 시스템		-	40001	김모
	SYS002	고객 관계 관리	CRM	고객 정보를 분석하여 마케팅 등에 활용하는 시스템		-	40001	박모
외부	SYS006	A 은행	ABANK	은행 A의 대외 연계 시스템		-	-	정모
	SYS008	A 카드	ACARD	카드사 A의 대외 연계 시스템		-	-	김모

(2) 송수신 데이터 식별

- 송수신 시스템 사이에서 교환되는 데이터는 규격화된 표준 형식에 따라 전송된다.
- 교환되는 데이터 종류 : 인터페이스 표준 항목, 송수신 데이터 항목, 공통 코드

① 인터페이스 표준 항목(공통 항목)
- 시스템 공통부 : 시스템 간 연동 시 필요한 공통 정보(인터페이스 ID와 전송 시스템 정보와 서비스 코드 정보, 응답 결과 정보, 장애 정보 등)
- 거래 공통부 : 연동 처리 시 필요한 직원 정보와 승인자 정보, 기기 정보, 매체 정보, 테스트 정도 등으로 구성된다.

② 송·수신 데이터 항목(개별 항목)
송·수신 시스템이 업무를 수행할 때 사용하는 데이터를 말한다. 송·수신 데이터 식별을 통하여 인터페이스 연계 데이터 항목과 매핑 정의, SQL문 설계를 진행할 수 있다.

③ 공통 코드
시스템에서 공통으로 사용하는 코드로 연계 시스템 또는 연계 소프트웨어에서 사용하는 상태, 오류 코드 등과 같은 항목에 대해 코드값과 코드명, 코드 성명 등을 공통 코드로 관리한다.

4. 인터페이스 상세 설계

(1) 내·외부 송수신

내·외부 송수신 연계 방식에는 직접 연계와 간접 연계 방식으로 구분한다.

1) 직접 연계 방식

특징	중간 매개체 없이 송·수신 시스템을 직접 연계
장점	• 연계 처리 속도가 빠르고 구현이 단순 • 개발 비용과 개발 기간이 짧음
단점	• 시스템 간 결합도가 높아서 시스템 변경에 민감 • 암·복호화 처리와 비즈니스 로직 구현을 인터페이스별로 작성 • 전사적 통합 환경 구축이 어려움

직접 연계기술	내용
DB Link	DB에서 제공하는 DB Link 객체를 이용하는 방식이다.
DB Connection	수신 시스템의 WAS에서 송신 시스템 DB로 연결하는 DB 커넥션 풀(DB Connection Pool)을 생성하고 연계 프로그램에서 해당 DB Connection Pool명을 이용하는 방식이다.
API/OpenAPI	송신 시스템의 데이터베이스에서 데이터를 읽어 들여와 제공하는 애플리케이션 프로그래밍 인터페이스 프로그램이다.
JDBC	수신 시스템의 프로그램에서 JDBC 드라이버를 이용하여 송신 시스템 DB와 연결한다.
Hyper Link	웹 애플리케이션에서 하이퍼링크를 이용하는 방식이다.
Socket	서버는 통신을 위한 socket을 생성하여 포트를 할당하고 클라이언트의 통신 요청 시 클라이언트와 연결하고 통신하는 네트워크 기술이다.

2) 간접 연계 방식

특징	송·수신 현황을 모니터하는 연계 서버를 매개체 활용하여 연계
장점	• 서로 상이한 시스템들을 연계하고 통합 • 인터페이스 변경 시 유연한 대처가 가능 • 보안이나 업무처리 로직 반영이 용이
단점	• 인터페이스 아키텍처와 연계 절차가 복잡 • 연계 서버로 인한 성능 저하 • 개발 및 테스트 기간이 직접 연계 방식보다 오래 소요
방식	EAI, ESB, 웹 서비스 등

3) EAI (Enterprise Application Integration) 방식

기업 내 각종 애플리케이션 및 플랫폼 간 정보 전달, 연계, 통합 등 상호 연동 솔루션으로 비즈니스 간 통합 및 연계성을 증대시켜 효율성 향상한다.

유형	기능	형태
Point-to-Point	• 가장 기본적인 애플리케이션 통합 방식으로, 애플리케이션을 1:1로 연결한다.	
Hub & Spoke	• 단일 접점인 허브 시스템을 통해 데이터를 전송하는 중앙 집중형 방식이다. • 확장 및 유지 보수가 용이하다. • 허브 방애 발생 시 시스템 전체에 영향을 미친다.	

Message Bus (ESB 방식)	• 애플리케이션 사이에 미들웨어를 두어 처리하는 방식이다. • 확장성이 뛰어나며 대용량 처리가 가능하다.	
Hybrid	• Hub & Spoke와 Message Bus의 혼합 방식이다. • 그룹 내에서는 Hub & Spoke 방식을, 그룹 간에는 Message Bus 방식을 사용한다. • 필요한 경우 한 가지 방식으로 EAI 구현이 가능하다. • 데이터 병목 현상을 최소화할 수 있다.	

4) ESB (Enterprise Service Bus) 방식

① 애플리케이션 간 연계, 데이터 변환, 웹서비스 지원 등 표준 기반의 인터페이스 제공 솔루션이다.

② 애플리케이션 통합 측면에서 EAI와 유사하지만 애플리케이션보다 서비스 중심 통합을 지향한다.

③ 범용성을 위해 애플리케이션과의 결합도를 약하게 유지한다.

④ 보안 및 유지 관리가 용이하다.

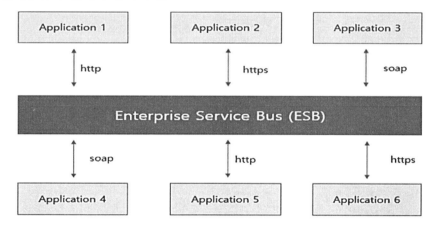

▶ EAI와 ESB 특징 비교

기능	EAI	ESB
통합 형태	Application 통합	Process 통합
아키텍처	벤더 종속적 기술	표준 기술(Web Services, XML)
수행 목적	기업 내부의 이기종 응용 모듈 간 통합	기업 간의 서비스 교환을 위해 표준 API로 통합
목적	시스템 사이의 연계중심	서비스 중심으로 프로세스 진행
핵심 기술	어댑터, 브로커, 메시지 큐	웹서비스, 지능형 라우터, 포맷 변화, 개방형 표준
통합범위	기업내부	기업 내·외부

5) 웹 서비스 (Web Service) 방식

- 네트워크에 분산된 정보를 서비스 형태로 개방하여 표준화된 방식으로 공유하는 기술이다.
- 서비스 지향 아키텍처 (SOA) 개념을 실현하는 대표적 기술이다.

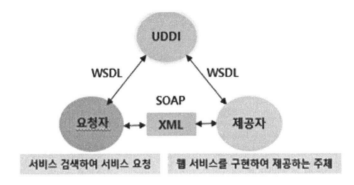

SOAP	HTTP, HTTPS,SMTP 등을 활용하여 XML 기반의 메시지를 네트워크 상에서 교환하는 프로토콜
UDDI	웹 서비스 정보를 WSDL로 등록하여 서비스와 서비스 제공자를 검색, 접근하는데 사용하는 저장소
WSDL	웹 서비스명, 서비스 제공 위치, 프로토콜 등 웹서비스에대한 상세정보를 XML 형식으로 구현한 언어

6) 인터페이스 통신 유형

통신 유형은 단방향 통신과 양방향 통신, 동기 방식과 비동기 방식으로 구분된다.

구분	통신 유형	내용
실시간	단방향 (Notify)	- 데이터를 이용하고자 하는 시스템에서 거래를 요청하는 방식이다. - 실시간 File, 실시간 DB 연계에 사용
	동기 (Sync)	- 데이터를 이용하고자 하는 시스템에서 거래 요청을 하고 응답이 올 때까지 대기하는 방식이다. - 응답을 바로 처리해야 하거나 거래량이 적고 상대 시스템의 응답 속도가 빠를 경우 사용
	비동기 (Async)	- 데이터를 이용하고자 하는 시스템에서 거래를 요청하는 서비스와 응답을 받아 처리하는 서비스가 분리되는 방식이다. - 거래량이 많거나 데이터를 전송하는 시스템의 처리가 오래 걸리는 업무에 사용
	지연 처리 (Deferred)	- 순차 처리 및 지연 처리가 필요한 업무에 사용
배치	DB/File 거래	정해진 시간에 수행되는 방식이다.

(2) 오류 처리방안 명세화

오류 처리 방안 명세화는 내 · 외부 각 인터페이스 수행 시 발생하는 오류를 식별하고 오류 처리 방안에 대한 명세를 작성하는 것이다.

1) 인터페이스 오류 유형

구분	오류 내용
연계 서버	- 연계 서버의 실행 여부, 송·수신, 전송 형식 변환 등 연계 서버의 기능과 관련된 장애 또는 오류 - 연계 서버 다운, 송·수신 시스템 접속 오류 등
송신 시스템 연계 프로그램	- 연계 데이터 추출을 위한 DB접근 권한 오류, 데이터 변환 시 예외 상황 미처리 등으로 인한 연계 프로그램 오류 - 미등록 코드로 인한 코드 매핑 오류
연계 데이터	- 연계 데이터값이 유효하지 않음으로 인해 발생하는 오류 - 일자 데이터값에 유효하지 않는 일자 값 입력
수신 시스템 연계 프로그램	- 수신받은 데이터를 운영 DB에 반영하는 과정에서 접근권한 문제, 데이터 변환 시 예외 상황 미처리 등으로 인한 연계 프로그램 오류 - 데이터 등록/갱신 오류

2) 오류 처리 명세서

오류 메시지	설명	처리방안
연계 서버 접속오류	연계서버 회선 이상, 접속 IP 상실 등	회선 확인, 로그인 확인
연계 서버 변환 오류	유효하지 않는 코드로 데이터 매핑 오류	미등록 코드확인
연계 데이터 오류	DB접근 오류,데이터 상실	DB 접근권한, 데이터확인

(3) 인터페이스 설계

인터페이스 설계서는 인터페이스 목록과 인터페이스 정의서로 구성된다.

1) 인터페이스 목록

연계 업무와 연계에 참여하는 송수신 시스템의 정보, 연계 방식과 통신 유형 등에 대한 정보를 포함한다.

주요 항목	내용
인터페이스 ID	인터페이스를 구분하기 위한 식별자, 명명 표준에 맞게 부여
인터페이스명	인터페이스의 목적을 나타내는 이름
송신 시스템	인터페이스를 통해 데이터를 전송하는 시스템
수신 시스템	인터페이스를 통해 전송된 데이터를 이용하는 시스템
대내외 구분	인터페이스가 기업 내부 시스템 간 또는 내·외부 시스템 간 발생여부

연계 방식	웹 서비스, FTP, DB Link, Socket 등 아키텍처에서 정의한 인터페이스 방식
통신 유형	동기(Request-Reply), 비동기(Send-Receive, Send-Receive-Acknowledge, Publish-Subscribe) 등 아키텍처에서 정의한 통신 유형
처리 유형	실시간 배치, 지연 처리 등의 인터페이스 처리 유형
주기	인터페이스가 발생하는 주기
데이터 형식	인터페이스 항목의 데이터 포맷
관련 요구사항 ID	해당 인터페이스와 관련된 요구사항 식별 정보

2) 인터페이스 정의서

인터페이스 명세는 데이터 송신 시스템과 수신 시스템 간의 데이터 저장소와 속성 등의 상세 내역을 포함한다.

주요 항목	내용
인터페이스 ID	- 인터페이스를 구분하기 위하여 식별자, 명명 표준에 맞게 부여한다. - 일반적으로 인터페이스 식별성을 강화하기 위하여 업무 분류 코드와 연속 번호를 같이 활용한다.
최대 처리 횟수	- 단위 시간당 처리될 수 있는 해당 인터페이스 최대 수행 건수
데이터 크기 (평균/최대)	- 해당 인터페이스 1회 처리 시 소요되는 데이터의 평균 크기와 최대 크기
시스템 정보 (송수신 시스템 각각 작성)	- 시스템명, 업무, 서비스명/프로그램 ID, 연계 방식, 담당자/연락처
데이터 정보 (송수신 시스템 각각 작성)	- 번호, 필드, 식별자 여부, 데이터 타입, 데이터 크기, NULL 허용 여부, 설명, 조건, 매핑 규칙, Total Length, 추출 조건/SQL

(4) 미들웨어 솔루션

1) 미들웨어의 정의

미들웨어(Middleware)는 운영체제와 응용 프로그램 중간에 위치하여, 응용 프로그램에게 운영체제가 제공하는 서비스를 추가하거나 확장하는 소프트웨어로 서로 다른 컴퓨팅 환경을 연결하여 데이터 처리의 일관성을 제공한다.

2) 미들웨어의 이점

① 부하의 분산 가능
② 표준화된 인터페이스 제공 가능
③ 다양한 환경 지원, 체계가 다른 업무와 상호 연동 가능
④ 분산된 업무를 동시 처리로 자료의 일관성 유지

3) 미들웨어의 종류

구분	내용
DB (DataBase)	애플리케이션과 데이터베이스 서버를 연결해주는 미들웨어 (ODBC)
RPC (Remote Procedure Call)	클라이언트가 원격에서 동작하는 프로시저를 호출하는 시스템
MOM (Message Oriented Middleware)	클라이언트가 생성한 메시지는 메시지 큐를 이용해 저장소에 저장하고, 다른 업무를 지속할 수 있도록 하는 비동기식 미들웨어
ORB (Object Request Broker)	객체지향 시스템에서 객체 및 서비스를 요청하고 전송할 수 있도록 지원하는 미들웨어
TP-Monitor (Transaction Processing monitor)	분산 시스템의 애플리케이션을 지원하는 미들웨어, 주로 사용자가 많거나 안정적이고 빠른 처리가 필요한 업무 프로그램의 개발에 많이 사용된다.
WAS (Web Application Server)	웹 환경을 구현하기 위해 지원하는 미들웨어

1. 다음 중 요구사항 개발 프로세스를 순서대로 나열한 것은?

> ㄱ. 명세(Specification)　　　　　　ㄴ. 확인(Validation)
> ㄷ. 분석(Analysis)　　　　　　　　ㄹ. 도출(Elicitation)

① ㄱ→ㄴ→ㄷ→ㄹ　　　　　　② ㄴ→ㄹ→ㄱ→ㄴ

③ ㄹ→ㄷ→ㄱ→ㄴ　　　　　　④ ㄱ→ㄷ→ㄴ→ㄹ

정답　③
해설　*요구사항 개발 프로세스
> 도출(Elicitation) → 분석(Analysis) → 명세(Specification) → 확인(Validation)

2. 요구사항 분석에서 비기능적(Nonfunctional) 요구에 대한 설명으로 옳은 것은?

① 시스템의 처리량(Throughput), 반응 시간 등의 성능 요구나 품질 요구는 비기능적 요구에 해당하지 않는다.

② '차량 대여 시스템이 제공하는 모든 화면이 3초 이내에 사용자에게 보여야 한다'는 비기능적 요구이다.

③ 시스템 구축과 관련된 안전, 보안에 대한 요구사항들은 비기능적 요구에 해당하지 않는다.

④ '금융 시스템은 조회, 인출, 입금, 송금의 기능이 있어야 한다'는 비기능적 요구이다.

정답　②
해설　비기능적 요구사항은 성능, 품질, 보안, 인터페이스 등으로 화면 처리 시간은 성능과 관련되는 비기능적 요구사항이다.

3. 요구 사항 명세기법에 대한 설명으로 틀린 것은?

① 비정형 명세기법은 사용자의 요구를 표현할 때 자연어를 기반으로 서술한다.
② 비정형 명세기법은 사용자의 요구를 표현할 때 Z 비정형 명세기법을 사용한다.
③ 정형 명세기법은 사용자의 요구를 표현할 때 수학적인 원리와 표기법을 이용한다.
④ 정형 명세기법은 비정형 명세기법에 비해 표현이 간결하다.

정형 명세	비정형 명세
• 수학적 원리와 표기법 이용 • 수학 기호로 표현이 간결하다 • Z, CSP 등 정형 명세 기법을 사용	자연어 기반, 다이어그램 이용 이해가 쉬워 의사소통이 용이 FSM, UseCase 모델링을 사용

4. 요구사항 검증(Requirements Validation)과 관련한 설명으로 틀린 것은?

① 요구사항이 고객이 정말 원하는 시스템을 제대로 정의하고 있는지 점검하는 과정이다.

② 개발 완료 이후에 문제점이 발견될 경우 막대한 재작업 비용이 들 수 있기 때문에 요구사항 검증은 매우 중요하다.

③ 요구사항이 실제 요구를 반영하는지, 문서상의 요구사항은 서로 상충되지 않는지 등을 점검한다.

④ 요구사항 검증 과정을 통해 모든 요구사항 문제를 발견할 수 있다.

5. 다음 중 요구사항 품질 평가 주요 항목이 아닌 것은?

① 표준성   ② 완전성

③ 정확성   ④ 일관성

6. 다음 중 요구사항 검토하는 방법에 대한 설명으로 옳지 않은 것은?

① 동료 검토 : 요구사항 명세서 작성자가 요구사항 명세서를 설명하고 이해관계자들이 설명을 들으면서 결함을 발견하는 형태로 진행한다.
② Walk Through : 다양한 운영 방법에 따라 하나의 시점으로 하나의 목적으로 실시한다.
③ CASE 도구활용 : 요구사항 변경 사항을 추적하고 분석 및 관리한다.
④ Prototyping : 시연을 통하여 최종 사용자 대상으로 시스템을 경험할 수 있게 하고 요구사항을 확인한다.

정답 ②
해설 Walk Through : 일정한 운영방법에 따라 여러 시점에 여러 가지 목적으로 실시하는 검토 기법

7. 다음 중 시스템 인터페이스 요구사항에 명시해야 할 항목이 아닌 것은?

① 연계 범위 및 내용   ② 연계 대상 시스템
③ 송·수신 데이터   ④ 연계 방식

정답 ③
해설 시스템 인터페이스 요구사항에 명시해야 할 항목은 인터페이스 이름, 연계 대상 시스템, 연계 범위 및 내용, 연계 방식, 송신 데이터, 인터페이스 주기, 기타 고려 사항이다.

8. 다음 중 인터페이스 요구사항 검증에 대한 설명으로 옳지 않은 것은?

① 요구사항 검토 계획 수립 시 선정한 검토 방법과 검토 기준에 따라 요구사항 명세서를 검토한다.
② 품질 관리자 또는 프로젝트 관리자와 같이 품질 관리 담당자가 요구사항 검토 계획을 수립한다.
③ 요구사항 검토를 통해 검증된 요구사항을 공식적으로 승인하고 SW 설계와 구현이 가능 하도록 요구사항 명세서의 베이스라인을 설정한다.
④ 베이스라인 설정 → 요구사항 검토 계획 수립 → 검토 및 오류 수정 순서를 거친다.

정답 ④
해설 요구사항 검증은 사용자의 요구가 요구사항 명세서에 올바르게 기술되었는지 검토하고 베이스라인을 설정하는 것이다.

요구사항 검토 계획 수립 → 검토 및 오류 수정 → 베이스라인 설정

9. 다음 중 요구사항 검토 기법 중 옳지 않은 것은?

① 동료 검토(Peer Review):　　② 워크 스루(Walk Through)
③ 인스펙션(Inspection)　　　④ 스토리보드

정답 ④
해설 요구사항 검토 기법 : 동료 검토, 워크 스루, 인스펙션, 프로토타이핑, 테스트 설계, CASE 등

10. 다음 중 연계시스템 식별 정보와 내용으로 옳지 않은 것은?

① 기관명 – 대외 기관일 경우 기관명을 기술
② DB정보 – 시스템 로그인 ID와 암호
③ 담당자 정보 – 해당 시스템의 인터페이스 담당자 연락처
④ 시스템 위치 – 시스템이 설치된 노드 정보

정답 ②
해설 DB정보– 데이터베이스 연계 시 필요한 DBMS 유형, DBMS 로그인 정보

11. 다음 중 인터페이스 시스템 구성 방식이 아닌 것은?

① 송신 시스템　　　　② 수신 시스템
③ AP 서버　　　　　④ 중계 서버

정답 ③
해설 시스템 인터페이스를 구성하는 시스템은 송신 시스템, 수신 시스템, 연계 방식에 따라 중계 서버로 구성된다. AP(Access Point) 서버 즉, 공유서버는 관련 없다.

12. 다음 설명에 해당하는 시스템으로 옳은 것은?

> 시스템 인터페이스를 구성하는 시스템으로, 연계할 데이터베이스와 애플리케이션으로부터 연계 테이블 또는 파일 형태로 생성하며 송신하는 시스템이다.

① 연계 서버　　　　② 중계 서버
③ 송신 시스템　　　④ 수신 시스템

정답 ③
해설 ② 중계 서버 : 송신 시스템과 수신 시스템 사이에서 데이터를 송수신하고, 송수신 상황을 모니터링
하는 시스템이다.
④ 수신 시스템 : 수신한 연계 테이블 또는 데이터 파일을 데이터 형식에 맞게 변환하여 DB에 저장하
거나 애플리케이션에서 활용할 수 있도록 제공하는 시스템이다.

13. 다음 응용 소프트웨어의 내·외부 송·수신 연계기술에 대한 설명으로 옳지 않은 것은?

① JDBC : 수신 시스템의 프로그램에서 JDBC 드라이버를 이용하여 송신 시스템
DB와 연결한다.

② Socket : 서버는 통신을 위한 socket을 생성하여 포트를 할당하고 클라이언트의
통신 요청 시 클라이언트와 연결하고 통신하는 네트워크 기술이다.

③ Hyper Link : DB에서 제공하는 DB Link 객체를 이용하는 방식이다.

④ DB Connection : 수신 시스템의 WAS에서 송신 시스템 DB로 연결하는 DB 커
넥션 풀(DB Connection Pool)을 생성하고 연계 프로그램에서 해당 DB
Connection Pool명을 이용하는 방식이다.

정답 ③
해설 Hyper Link : 웹 애플리케이션에서 하이퍼링크를 이용하는 방식이다.

14. 다음 내·외부 송·수신 연계기술 중 〈보기〉에서 설명하는 기술은?

─── 〈 보기 〉 ───

송신 시스템의 데이터베이스에서 데이터를 읽어와 제공하는 애플리케이션 프로그래밍 인터페이스
프로그램이다.

① API/OpenAPI　　　　　　② Web Service

③ Hyper Link　　　　　　　④ DB Link

정답 ①
해설 ② Web Service : 웹 서비스(Web Service)에서 WSDL(Web Services Description
Language)과 UDDI(Universal Description, Discovery and Integration), SOAP(Simple
Object Access Protocol) 프로토콜을 이용하여 연계하는 서비스
③ Hyper Link : 웹 애플리케이션에서 하이퍼링크를 이용하는 방식
④ DB Link : DB에서 제공하는 DB Link 객체를 이용하는 방식

15. EAI(Enterprise Application Integration)의 구축 유형이 아닌 것은?

① Point-to-Point

② Hub & Spoke

③ Message Bus

④ Tree

정답 | ④

해설 | EAI 구축 형태 : Point-to-Point, Hub & Spoke, Message Bus, Hybrid

16. EAI(Enterprise Application Integration) 구축 유형 중 Hybrid에 대한 설명으로 틀린 것은?

① Hub & Spoke.와 Message Bus의 혼합방식이다.

② 필요한 경우 한 가지 방식으로 EAI 구현이 가능하다.

③ 데이터 병목 현상을 최소화할 수 있다.

④ 중간에 미들웨어를 두지 않고 각 애플리케이션을 point to point로 연결한다.

정답 | ④

해설 | Hybrid 방식은 Hub와 Spoke 등 미들웨어를 이용해 애플리케이션을 연결한다.

17. 웹서비스 정보를 WSDL로 등록하여 서비스와 서비스 제공자를 검색, 접근하는데 사용하는 저장소를 의미하는 것은 ?

① UDDI

② SOAP

③ WSDL

④ XML

정답 | ①

해설 |
- SOAP : HTTP, HTTPS,SMTP 등을 활용하여 XML 기반의 메시지를 네트워크 상에서 교환하는 프로토콜
- UDDI :웹 서비스 정보를 WSDL로 등록하여 서비스와 서비스 제공자를 검색, 접근하는데 사용하는 저장소
- WSDL :웹 서비스명, 서비스 제공 위치, 프로토콜 등 웹서비스에대한 상세정보를 XML 형식으로 구현한 언어

18. 다음 인터페이스 통신 유형 중 〈보기〉에서 설명하는 유형은?

┌─────────────── 〈 보기 〉 ───────────────┐
│ 데이터를 이용하고자 하는 시스템에서 거래 요청을 하고 응답이 올 때까지 대기하는 방식이다. 응 │
│ 답을 바로 처리해야 하거나 거래량이 적고 상대 시스템의 응답 속도가 빠를 경우 사용한다. │
└───┘

① 단방향(Notify)   ② 동기(Sync)
③ 비동기(Async)   ④ DB/File 거래

정답 ②
해설 동기(sync) : 데이터를 이용하고자 하는 시스템에서 거래 요청을 하고 응답이 올 때까지 대기하는 방식

---

19. 분산 컴퓨팅 환경에서 서로 다른 기종 간의 하드웨어나 프로토콜, 통신환경 등을 연결하여 응용 프로그램과 운영 환경 간에 원만한 통신이 이루어질 수 있게 서비스를 제공하는 소프트웨어는?

① 미들웨어   ② 하드웨어
③ 오픈허브웨어   ④ 그레이웨어

정답 ①
해설 미들웨어 : 서로 다른 기종 간의 원만한 통신이 이루어질 수 있게 서비스를 제공하는 소프트웨어

---

20. 다음 미들웨어의 종류 중 〈보기〉에서 설명하는 것은?

┌─────────────── 〈 보기 〉 ───────────────┐
│ 클라이언트가 생성한 메시지는 저장소에 요청할 때 저장하고, 다른 업무를 지속할 수 있도록 하는 │
│ 비동기식 미들웨어 │
└───┘

① 원격 프로시저 호출(Remote Procedure Call; RPC)
② TP 모니터(Transaction Processing monitor)
③ 웹 애플리케이션 서버(Web Application Server)
④ 메시지 지향 미들웨이(Message Oriented Middleware; MOM)

정답 ④
해설 ① 원격 프로시저 호출(Remote Procedure Call; RPC) : 클라이언트가 원격에서 동작하는 프로시저를 호출하는 시스템
② TP 모니터(Transaction Processing monitor) : 분산 시스템의 애플리케이션을 지원하는 미들웨어,
③ 웹 애플리케이션 서버(Web Application Server) : 웹 환경을 구현하기 위해 지원하는 미들웨어

21. 메시지 지향 미들웨어(Message-Oriented Middleware,MOM)에 대한 설명으로 틀린 것은?

① 느리고 안정적인 응답보다는 즉각적인 응답이 필요한 온라인 업무에 적합하다.
② 독립적인 애플리케이션을 하나의 통합된 시스템으로 묶기 위한 역할을 한다.
③ 송신측과 수신측의 연결 시 메시지 큐를 활용하는 방법이 있다.
④ 상이한 애플리케이션 간 통신을 비동기 방식으로 지원한다.

정답	①
해설	메시지 큐를 통해 저장하고 요청시에 응답하는 미들웨어로 온라인 업무에는 부적합하다.

22. 다음 인터페이스 오류 유형과 설명으로 옳지 않은 것은?

① 연계 데이터 오류 : 연계 데이터값이 유효하지 않음으로 인해 발생하는 오류
② 연계 서버 오류 : 연계 서버의 실행 여부, 송·수신, 전송 형식 변환 등 연계 서버의 기능과 관련된 장애 또는 오류
③ 연계 서버 오류 : 연계 서버 다운, 송·수신 시스템 접속 오류 등이 해당
④ 수신 시스템 연계 프로그램 오류 : 연계 데이터 추출을 위한 DB접근 권한 오류, 데이터 변환 시 예외 상황 미처리 등으로 인한 연계 프로그램 오류

정답	④
해설	수신 시스템 연계 프로그램 오류 : 수신 받은 데이터를 운영 DB에 반영하는 과정에서 접근 권한 문제, 데이터 변환 시 예외 상황 미처리 등으로 인한 연계프로그램 오류

제2과목
소프트웨어 개발

Chapter 01 데이터 입출력 구현

1. 자료구조

(1) 자료구조(Data structure)

자료구조란 자료를 기억공간에 어떻게 표현하고 저장할 것인가를 결정하는 것으로 객체나 객체 집합뿐만 아니라 그들의 관계까지 기술하는 것을 의미한다.

자료구조는 선형 구조와 비선형 구조로 나뉜다.

(2) 선형구조

1) 배열(Array)

① 배열이란 연속되는 기억 공간에 자료가 저장되는 구조이다.
② 기억 공간의 밀도가 좋고 액세스 시간이 빠르다.
③ 삽입, 삭제가 어렵고 기억 공간이 인접해 있어야 한다.

2) 스택(stack)

① 리스트의 한쪽 끝에서만 자료의 삽입(push)과 삭제(pop)가 이루어진다.

② 마지막에 입력한 데이터가 먼저 출력되는 후입선출(LIFO ; Last In First Out) 구조이다.

③ 자료의 위치를 지정하기 위해 TOP 포인터(스택 포인터)를 사용한다.

④ 스택의 크기보다 삽입 자료가 많으면 오버플로우(overflow), 더 이상 삭제할 자료가 없으면 언더플로우(underflow)가 발생한다.

⑤ 응용 : 서브루틴 호출 시 복귀주소저장, 후위표기식 연산, 0번지 주소지정

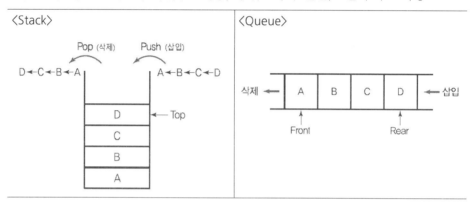

3) 큐 (Queue)

① 리스트의 한쪽에서 자료 삽입이, 반대쪽에서 삭제가 이루어지는 구조이다.

② 먼저 입력한 자료가 먼저 출력되는 선입선출 (FIFO ; First In First Out) 구조를 갖는다.

③ 자료의 위치를 지정하기 위해 Front 포인터와 Rear 포인터를 이용한다.

④ 응용 : 운영체제의 작업 스케줄링

4) 데크 (Deque)

① 리스트의 양쪽 끝에서 삽입과 삭제가 모두 가능한 구조이다.

② 스택과 큐의 장점을 이용해 구현되었다.

5) 연결 리스트 (linked list)

① 연속공간이 아닌 임의의 공간에 자료 저장이 가능한 선형 구조이다.

② 자료값 뿐 아니라 다음 자료 주소를 가리키는 포인터로 구성된다.

③ 포인터의 변경만으로 데이터의 삽입과 삭제가 용이하다.

④ 단점 : 포인터를 연결하는 시간이 소요되므로 접근속도가 느리다.

(2) 비선형 구조

1) 트리(Tree)

① 트리는 비선형 자료구조이다.

② 트리는 정점과 선분으로 형성된 계층구조로 사이클을 허용하지 않는다.

③ 하나의 루트노드는 반드시 존재해야 하며 루트를 제외한 노드는 서브트리로 구성된다.

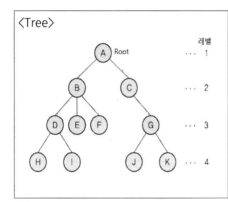

〈Tree〉	〈Tree 용어〉
	• 차수 : 각 노드의 하위 노드수 　예 A의 차수 : 2, B의 차수 : 3 • 트리의 차수 : 노드 차수 중 가장 큰 수 　예 B의 차수가 가장 크므로 트리의 차수는 3 • 단말 노드 : 차수가 0인 노드 　예 H, I, E, F, J, K • 레벨 수 : root를 기준으로 하위 계층 수 • 트리의 높이 : 가장 큰 레벨 수로 4

2) 이진트리(Binary Tree)

① 이진트리 특성

- 이진트리는 모든 노드의 차수가 2를 넘지 않는 트리이다.
- 레벨 i에서의 최대 노드 수 : 2^{i-1}
- 높이가 K인 2진 트리가 가질 수 있는 최대 노드 수 : $2^k - 1$

  예 트리의 높이가 7일 때 이진트리의 최대 노드수는 $2^7 - 1 = 128 - 1 = 127$

② 이진트리 순회

- 이진트리의 각 노드를 한 번씩만 방문하는 방법이다,
- 루트노드의 탐색순서에 따라 전위순회(preorder), 중위순회(inorder), 후위순회(postorder) 방식으로 구분된다.

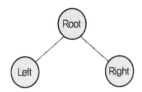

① 전위(preorder) 순회 : Root → Left → Right 순
② 중위(inorder) 순회 : Left → Root → Right 순
③ 후위(postorder) 순회 : Left → Right → Root 순

예 다음 트리를 preorder, inorder, postorder로 운행한 결과는?

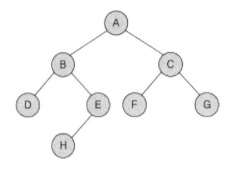

〈해설〉

탐색 전에 Root 아래 만들어지는 모든 서브트리를 원으로 묶고 큰 서브트리에서 작은 서브트리 순으로 순회 방식에 따라 탐색한다.

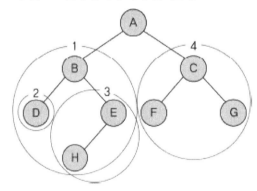

① 전위순회(preorder)

　㉠ 트리를 각 서브트리 구성 후 루트(root) → 왼쪽(L) → 오른쪽(R) 노드 순으로 탐색한다.

　㉡ 첫 번째 서브트리 A-1-4에서 먼저 최상위 루트A를 탐색 후 왼쪽 서브트리 1로 이동

　㉢ 서브트리 1에서는 먼저 루트B 탐색 후 왼쪽 서브트리 2로 이동

　㉣ 서브트리 2에서는 왼쪽D 탐색 후 오른쪽 서브트리 3으로 이동

ⓜ 서브트리 3에서는 루트E, 왼쪽H, 오른쪽없음 탐색 후(왼쪽 서브트리1 모두 탐색) 다시 오른쪽 서브트리 4로 이동

ⓑ 서브트리 4에서 루트C, 왼쪽F, 오른쪽G를 탐색 후 종료한다.

　　탐색순서 : A-B-D-E-H-C-F-G

② 중위순회(inorder)

　ⓐ 트리를 각 서브트리 구성 후 왼쪽(L) → 루트(root) → 오른쪽(R) 노드 순으로 탐색한다.

　ⓛ 첫 번째 서브트리 A−1−4에서 먼저 왼쪽 서브트리 1로 이동

　ⓒ 서브트리 1에서 B-2-3 의 서브트리가 존재하므로 왼쪽 서브트리 2로 이동

　ⓡ 왼쪽D 탐색 후 루트B로 이동하여 B를 탐색, 다시 오른쪽 서브트리 3으로 이동

　ⓜ 서브트리 3에서 왼쪽H, 루트E 탐색 후(왼쪽 서브트리1 모두 탐색) 상위노드 A로 이동

　ⓑ 최상위 루트A를 탐색하고 오른쪽 서브트리 4로 이동

　ⓢ 서브트리4에서 왼쪽F, 루트C, 오른쪽G를 탐색 후 종료한다.

　　탐색순서 : D-B-H-E-A-F-C-G

③ 후위순회(postorder)

　ⓐ 트리를 각 서브트리 구성 후 왼쪽(L) → 오른쪽(R) → 루트(root)노드 순으로 탐색한다.

　ⓛ 첫 번째 서브트리 A−1−4에서 먼저 왼쪽 서브트리 1로 이동

　ⓒ 서브트리 1에서 B-2-3 의 서브트리가 존재하므로 왼쪽 서브트리 2로 이동

　ⓡ 왼쪽D 탐색 후 오른쪽 서브트리 3으로 이동

　ⓜ 서브트리 3에서 왼쪽H, 오른쪽없음, 루트E 탐색 후 상위노드 B로 이동

　ⓑ 루트B를 탐색 후 (왼쪽 서브트리 모두 탐색) 오른쪽 서브트리 4로 이동

　ⓢ 서브트리4에서 왼쪽F, 오른쪽G, 루트C를 탐색하고 상위노드 A로 이동

　ⓞ 최상위 루트 A를 탐색하고 종료한다.

　ⓩ 탐색순서 : D-H-E-B-F-G-C-A

3) 산술식의 표현

컴퓨터에서 산술식은 연산자를 기준으로 3가지 형식으로 표현된다.

① 전위식(Prefix) : 연산자를 피연산자 앞에 위치   예 +AB
② 중위식(Infix) : 연산자를 피연산자 중간에 위치   예 A+B
③ 후위식(postfix): 연산자를 피연산자 뒤에 위치   예 AB+

〈예제1〉 아래 중위식을 후위식으로 변환하시오.

$$A * (B - C) + D / E$$

❶ 연산자 우선순위에 따라 연산순서를 지정한다.

$$A * (B - C) + D / E$$

❷ 연산순서에 따라 연산을 수행하면서 후위식이므로 연산자를 뒤에 둔다.
1️⃣ B−C ➡ BC−
2️⃣ A * BC− ➡ ABC−*
3️⃣ D / E ➡ DE /
4️⃣ ABC−* + DE / ➡ A B C−* D E / +

〈예제2〉 아래 후위식을 중위식으로 변환하시오.

$$A B C + * D / E -$$

후위식은 중위식에서 연산자를 두 개의 피연산자 사이에서 뒤로 이동했으므로 중위식으로 바꾸기 위해서는 해당 연산자를 앞쪽의 두 개 피연산자 중간으로 옮기면 된다. 연산자는 후위식의 왼쪽에서 오른쪽으로 이동하면서 찾는다.

❶ 후위식의 왼쪽에서 오른쪽으로 이동하면서 연산자를 만나면 왼쪽의 피연산자 두 개를 묶어 연산순서를 정해준다.

$$A B C + * D / E -$$

❷ 연산순서에 따라 연산을 수행하면서 중위식이므로 연산자를 가운데에 둔다.
1️⃣ B C + ➡ B+C
2️⃣ A B+C * ➡ A * (B+C)
3️⃣ A * (B+C) D / ➡ A * (B+C) / D
4️⃣ A * (B+C) / D E− ➡ A * (B + C) / D−E

※ 2️⃣번 처리 시 B+C가 먼저 처리되었으므로 반드시 괄호로 묶어준다.

〈예제3〉 아래 후위식(Postfix)으로 표기된 수식을 연산한 결과는?

| 4 5 + 2 3 * − |

후위식을 왼쪽에서 오른쪽으로 이동하면서 연산자를 만나면 왼쪽의 피연산자 두 개를 묶어 연산 순서를 정한 후 중위식으로 변환하여 연산하면 된다.

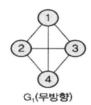

❶ 연산순서를 지정한다.

4 5 + 2 3 * −

❷ 연산순서에 따라 중위식으로 변환하여 연산을 수행한다.

1 4 5 + ➡ 4 + 5 = 9
2 2 3 * ➡ 2 * 3 = 6
3 9 6 − ➡ 9 − 6 = 3

4) 그래프(Graph)

- 그래프 G는 정점(노드) V와 간선 E의 두 집합으로 구성되어 있다.
- 그래프는 트리와 달리 사이클(cycle)을 허용한다.
- 그래프는 정점 간 순서가 없는 무방향 그래프와 순서가 있는 방향 그래프로 구분한다.

G_1(무방향) G_2(방향)

① 그래프의 특성

노드가 n개 일 때 그래프의 최대 간선수는 다음과 같다.

> - 무방향 그래프 = n(n-1) / 2
> - 방향 그래프   = n(n-1)

② 그래프의 순회

그래프 순회는 한 정점에서 시작하여 그래프의 모든 노드를 한 번씩만 방문하는 방법으로 깊이우선 탐색, 너비우선 탐색 방식이 있다.

- 깊이 우선 탐색 (DFS) : 스택을 이용, 아래 방향 탐색, 진행 중 막히면 가까운 상위로 복귀하여 재탐색
- 너비 우선 탐색 (BFS) : 큐를 이용, 레벨(행) 단위로 탐색

〈예제〉 아래 그래프를 정점 A를 시작으로 깊이우선탐색(DFS), 너비우선탐색(BFS)
으로 탐색했을 때 순서는?

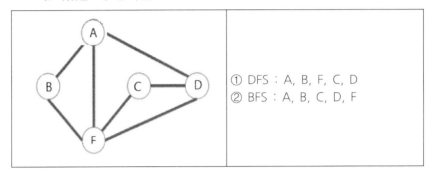

① DFS : A, B, F, C, D
② BFS : A, B, C, D, F

(3) 정렬(Sort)

정렬은 불규칙하게 배열된 자료를 특정 항목을 기준으로 오름차순 또는 내림차순으로
순서 있게 재배열하는 방법이다.

정렬 알고리즘	시간 복잡도	특징
삽입정렬 (Insert Sort)	$O(n^2)$	가장 단순
버블정렬 (Bubble Sort)	$O(n^2)$	인접 자료 비교
선택정렬 (Select Sort)	$O(n^2)$	기준값과 비교
쉘 정렬 (Shell Sort)	$O(n^{1.5})$	부분파일
퀵 정렬 (Quick Sort)	$O(nlog_2 n)$	피봇, 재귀호출
힙 정렬 (Heap Sort)	$O(nlog_2 n)$	완전이진트리
2-way 합병 정렬 (Merge)	$O(nlog_2 n)$	분할과 정복
기수 정렬 (Radix Sort)	$O(nlog_2 n)$	비교하지않고 정렬

1) 삽입정렬(Insertion Sort)

. ① 삽입정렬은 가장 간단한 정렬 알고리즘이다.

② 두 번째 데이터를 키로 선정한 후 키값과 키값 이전의 데이터 값을 비교하여 순서에 맞게 삽입하는 방식이다. 이후 키를 증가시키고 키값과 이전 데이터 값을 비교하여 삽입하는 동작을 반복한다.

③ 평균 시간복잡도 : $O(n^2)$, 최악 시간 복잡도 : $O(n^2)$

[두 번째 값 3을 키로 정한 후 키 이전 첫 번째 값 (8)과 비교하면 킷값이 8보다 작으므로 해당 위치에 삽입하기 위해 8을 뒤로 이동하고 8 위치에 키값 3을 삽입]

[세 번째 값 4를 키로 정한 후 키 앞쪽의 값 (8, 3)과 비교하면 3보다 크고 8보 다 작으므로 8을 뒤로 이동하고 8 위치에 키값 4를 삽입]

[네 번째 값 1을 키로 정한 후 키 이전의 값 (8, 4, 3)과 비교하면 3보다 작으므로 8, 4, 3을 뒤로 이동하고 3 위치에 키값 1을 삽입]

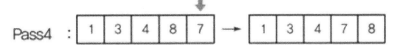

[다섯 번째 값 7을 키로 정한 후 키 이전의 값 (8, 4, 3, 1)과 비교하면 8보다는 작고 4, 3, 1보다는 크므로 8을 뒤로 이동하고 8 위치에 키값 7을 삽입]

2) 선택 정렬(Selection Sort)

① 첫 번째 자료를 기준으로 정한 후 다른 모든 자료들과 비교하여 가장 작은 값을 기준값과 교환한다. 이후 다음 자료를 기준으로 정한 후 반복 정렬한다.

② 평균 시간복잡도 : $O(n^2)$, 최악 시간 복잡도 : $O(n^2)$

예제 자료 8, 3, 4, 1, 7을 선택 정렬을 이용하여 오름차순으로 정렬하시오.

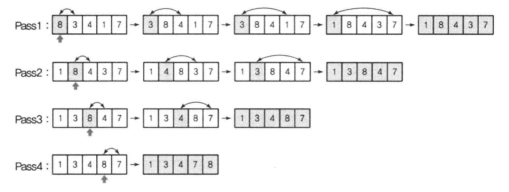

3) 버블 정렬(Bubble Sort)

① 주어진 파일에서 인접한 자료의 두 개의 키를 비교하여 그 크기에 따라 자료의 위치를 서로 교환 해 준다.

② 오름차순 정렬일 경우 매회 가장 큰 값이 맨 끝에 위치한다.

③ 교환을 확인하기 위한 스위치(Flag) 변수를 이용하기도 한다.

④ 평균 시간복잡도 : $O(n^2)$, 최악 시간 복잡도 : $O(n^2)$

예제 자료 8, 3, 4, 1, 7을 버블 정렬을 이용하여 오름차순으로 정렬하시오.

Pass1 : | 8 | 3 | 4 | 1 | 7 | → | 3 | 8 | 4 | 1 | 7 | → | 3 | 4 | 8 | 1 | 7 | → | 3 | 4 | 1 | 8 | 7 | → | 3 | 4 | 1 | 7 | 8 |

Pass2 : | 3 | 4 | 1 | 7 | 8 | → | 3 | 4 | 1 | 7 | 8 | → | 3 | 1 | 4 | 7 | 8 | → | 3 | 1 | 4 | 7 | 8 |

Pass3 : | 3 | 1 | 4 | 7 | 8 | → | 1 | 3 | 4 | 7 | 8 | → | 1 | 3 | 4 | 7 | 8 |

Pass4 : | 1 | 3 | 4 | 7 | 8 | → | 1 | 3 | 4 | 7 | 8 |

4) 퀵 정렬(Quick Sort)

① 피봇(pivot)을 기준으로 작은 값은 왼쪽에, 큰 값은 오른쪽에 배치하고, 다시 파일을 부분적으로 나누어 분할 부분들을 같은 방법으로 재귀호출(recursive call)하여 정렬하는 방식이다.

② 분할과 정복(divide & conquer) 기법을 이용한다.

③ 빠른 정렬 방식이지만, 값이 n개 일 때 최악의 경우 $\frac{n(n-1)}{2}$ 회 비교한다.

④ 평균 시간복잡도 : $O(nlogn)$, 최악 시간복잡도 : $O(n^2)$

5) 힙 정렬(Heap Sort)

① 완전이진트리(complete binary tree)로 입력 자료의 레코드를 구성한다.

② 정렬할 입력 레코드들로 최대 힙을 구성하고 가장 큰 키 값을 갖는 루트노드를 제거하는 과정을 반복하여 정렬하는 기법이다.

③ 평균 시간복잡도 : $O(nlogn)$, 최악 시간복잡도 : $O(nlogn)$

6) 기수 정렬(Redix Sort)

① 기수 정렬은 레코드의 키값을 분석하여 같은 수 또는 같은 문자끼리 자릿수나 순서에 맞는 버킷에 분배하였다가 버킷의 순서대로 꺼내어 정렬하는 기법이다.

② 값에 대한 비교 연산 없이 분배와 취합만 반복하므로 대용량 데이터 정렬 시 유용하다.

(4) 검색(Serch)

1) 선형검색

① 파일의 처음부터 순서대로 검색하여 일치하는 값을 찾는 순차 검색 방식이다.

② n개 자료 시 평균 검색 횟수 : (n+1)/2 , 시간 복잡도 : O(n)

2) 이진검색

① 정렬된 자료를 대상으로 하는 검색 방법이다.

② 대상이 되는 중간값(m)을 계산한 후 찾고자 하는 키 값과 비교하여 대소 판단에 따라 선택한 후 받은 자료를 대상으로 다시 중간값을 구하여 키 값과 비교하는 과정을 반복하는 방법이다.

예 아래 데이터서 'K'을 이분검색(binary search) 할 경우 몇 번 만에 검색이 가능한가?

번호	1	2	3	4	5	6	7	8	9	10	11	12	13	14
데이터	A	B	C	D	F	G	H	J	K	M	Q	T	V	X

1회 : 중간값 $m = \lfloor \dfrac{high+low}{2} \rfloor = \lfloor \dfrac{1+14}{2} \rfloor = \lfloor 7.5 \rfloor = 7$: 'H'이므로 실패

2회 : 중간값 $m = \lfloor \dfrac{high+low}{2} \rfloor = \lfloor \dfrac{8+14}{2} \rfloor = 11$: 'Q'이므로 실패

3회 : 중간값 $m = \lfloor \dfrac{high+low}{2} \rfloor = \lfloor \dfrac{8+10}{2} \rfloor = 9$: 'K'이므로 성공

3) 해싱(Hashing)

- 레코드가 검색 또는 저장될 주소를 산출하기 위한 방법으로, 해시 함수를 이용하여 주소를 산정한다.
- 계산에 의해 키에 대한 주소(address)를 빠르게 산출하므로 디스크 저장된 직접파일에 주로 적용된다.
- 특정 레코드 검색 시 속도가 가장 빠른 방식이지만 기억공간이 많이 요구된다.
  ① 해시함수의 종류

제산법	키 값을 적당한 수로 나눈 후 그 나머지를 저장 주소로 사용하는 방법
중간 제곱법	키 값을 제곱한 후 중간 부분의 수치를 선택하여 저장 주소로 사용하는 방법
폴딩법	키 값을 몇 개의 부분으로 나눈 후 각 부분의 값을 더하거나 XOR 연산값을 주소로 사용하는 방법
숫자 분석법	키 값이 되는 숫자의 분포를 이용하여 저장 주소를 산출하는 방법
기수 변환	어떤 진법으로 표현된 레코드 키값을 다른 진법고 키 값을 변환하여 주소로 취하는 방법

  ② 해시함수의 문제점
  - Collision(충돌) : 서로 다른 레코드가 같은 해시 주소를 갖게 되는 현상
  - Synonym(동거자) : 동일한 해시 주소를 갖는 서로 다른 레코드들의 집합
  - Overflow(오버플로우) : 버킷 내에 저장할 공간이 없는 상태

2. 데이터 조작 프로시저 작성

(1) 프로시저

프로시저는 데이터 처리를 수행하는 여러 개의 SQL명령문을 하나의 프로시저 이름으로 미리 컴파일 하여 SQL서버에 미리 저장해두고 필요 시 호출하여 사용하는 기법이다.

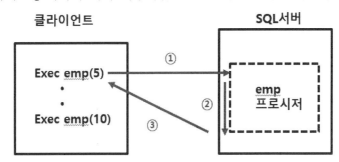

① 프로시저 호출 시 컴파일 없이 즉시 재사용 가능하므로 처리 속도가 빠르다.

② 매개변수와 return값만을 사용하므로 네트워크 트래픽을 줄일 수 있다.

③ 프로시저 작성시 DCL(데이터 제어어) 명령도 가능하다.

④ 반복 처리하는 일괄작업이나 일일 마감 업무 등에 사용된다.

(2) 프로그램 디버깅

① 프로시저가 입력 자료를 받아 출력을 올바르게 도출하는지에 관한 확인 과정

② 데이터베이스 프로시저에 대한 검증작업을 프로그램 디버깅이라 한다.

③ SQL*Plus 도구를 이용하여 디버깅

④ SQL*Plus는 SQL을 DBMS 서버에 전송하여 처리할 수 있도록 하는 Oracle에서 제공하는 도구

⑤ 주요 명령어로는 파일 명령어, 편집 명령어, 실행 명령어, 환경 명령어, 형식 명령어, 대화 명령어 등이 있다.

3. 데이터 조작 프로시저 최적화

(1) 쿼리(Query) 성능 측정

쿼리 성능 최적화는 데이터 입,출력 애플리케이션 성능 향상을 위해 SQL 코드를 최적화하는 것이다.
- 사용자 질의를 효율적으로 실행 가능한 동등한 내부 질의로 변경하는 작업
- 질의 처리 과정에서 중간 결과는 적게 산출하면서 빠른 응답시간을 제공

1) 최적화 쿼리 선정

① 쿼리 성능을 최적화하기 전에 성능 측정 도구인 APM을 사용하여 최적화 할 쿼리를 선정

② 최적화 할 쿼리에 대해 옵티마이저(최적화기)가 수립한 실행 계획을 검토하고 SQL 코드와 인덱스를 재구성

2) 최적화 연산

① 실렉트(select)연산은 가능한 빨리 수행한다. - 튜플수를줄인다.

② 프로젝트(project) 연산은 먼저 구한다. - 속성수를 줄인다.

③ 조인(join)연산 순서를 최적화 한다.
- 실렉트 연산과 프로젝트 연산후에 조인 실행
- 크기가 작은 릴레이션을 먼저 조인
- 교환법칙, 결합법칙 등을 활용

(2) 소스 코드 인스펙션

데이터베이스 성능 향상을 위하여 프로시저 코드를 보면서 성능 문제점을 개선하는 활동으로 SQL 코드 인스펙션이 있다.

1) SQL 코드 인스펙션 대상

① 미사용 변수 : 프로시저에서 선언은 되었지만 본문에서는 전혀 사용되지 않는 변수

② 미사용 Sub Query : 컬럼이 선언은 되었지만 외부 Query에서 참조가 되지 않음

③ Null 값 비교 : Null 값과 비교하는 프로시저 소스가 있는 경우

④ 과거의 데이터 타입 사용 : 데이터 타입이 바뀌었지만 과거의 타입을 그래도 쓰는 소스가 있는 경우

2) SQL 코드 인스펙션 절차

> • 계획 → 개관 → 준비 → 검사 → 재작업 → 추적

1. 다음 중 선형 구조와 비선형 구조가 옳게 짝지어진 것은?

> ㉠ 스택(stack)　　　　　　　　　　㉡ 큐(Queue)
> ㉢ 트리(Tree)　　　　　　　　　　　㉣ 연결리스트(Linked List)
> ㉤ 그래프(Graph)

① 비선형 구조 : ㉠, ㉡, ㉤　　　선형구조 : ㉢, ㉣
② 비선형 구조 : ㉢, ㉤　　　　　선형구조 : ㉠, ㉡, ㉣
③ 비선형 구조 : ㉠, ㉡, ㉢　　　선형구조 : ㉣, ㉤
④ 비선형 구조 : ㉢　　　　　　　선형구조 : ㉠, ㉡, ㉣, ㉤

정답 ②
해설 선형 구조: 배열(Array), 스택(Stack), 큐(Queue), 데크(Deque), 연결리스트
비선형 구조 : 그래프(Graph), 트리(Tree)

2. 스택에 대한 설명으로 틀린 것은?

① 입출력이 한쪽 끝으로만 제한된 리스트이다.
② Head(front)와 Tail(rear)의 2개 포인터를 갖고 있다.
③ LIFO 구조이다.
④ 더이상 삭제할 데이터가 없는 상태에서 데이터를 삭제하면 언더플로(Underflow)가 발생한다.

정답 ②
해설 Head(front)와 Tail(rear)의 2개 포인터를 갖는 것은 큐(queue)이다.

3. 자료구조에 대한 설명으로 틀린 것은?

① 큐는 포인터(pointer)를 이용해 삽입, 삭제를 쉽게 처리한다.
② 큐는 운영체제 스케줄링에 응용된다.
③ 스택은 Last In – First out 처리를 수행한다.
④ 스택은 서브루틴 호출, 인터럽트 처리, 수식 계산 및 수식 표기법에 응용된다.

4. 메모리 상에 같은 타입의 자료가 연속적으로 저장되는 데이터의 구조는?

① 연결 리스트   ② 배열
③ 스택   ④ 큐

5. 순서가 A, B, C, D로 정해진 입력 자료를 스택에 입력한 후 출력한 결과로 불가능한 것은?

① D, C, B, A   ② B, C, D, A
③ C, B, A, D   ④ D, B, C, A

6. 다음 트리의 차수(degree)와 단말 노드(terminal node)의 수는?

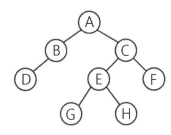

① 차수:4, 단말 노드: 4   ② 차수:2, 단말 노드: 4
③ 차수:4, 단말 노드: 8   ④ 차수:2, 단말 노드: 8

7. 깊이가 8인 이진 트리에서 가질 수 있는 노드의 최대 수는?

① 127   ② 128

③ 255   ④ 256

정답 ③

해설 깊이가 k일 때 트리의 최대 노드 수 = $2^k - 1 = 2^8 - 1 = 256-1 = 255$

8. 다음 트리를 중위순회(inorder) 운행법으로 운행할 경우 가장 먼저 탐색되는 것은?

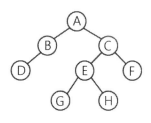

① A   ② B

③ D   ④ G

정답 ③

해설 inorder (중위 순회) : left - root - right 순으로 탐색하므로 가장 하위의 왼쪽 노드인 D부터 탐색

9. 다음 트리를 전위 순회(preorder traversal)한 결과는?

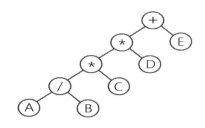

① + * A B / * C D E   ② A B / C * D * E +

③ A / B * C * D + E   ④ + * * / A B C D E

정답 ④

해설 전위 순회는 root - left - right 순으로 탐색하므로 가장 상위 노드인 +부터 탐색

10. 다음 중위식(infix)을 후위식(postfix)으로 변환한 결과는?

A / B * C * D + E

① + * * / A B C D E   ② A / B * C * D + E

③ A B / C * D * E +   ④ A B C D E / * * +

정답 | ③
해설 | 연산자 우선순위에 따라 괄호로 묶는다.
((((A / B) * C) * D) + E) 각 연산자를 대응하는 오른쪽 괄호와 대체한다. 따라서
A B / C * D * E +

11. 다음 Postfix(후위식)에 대한 연산 결과로 옳은 것은?

3　4　*　5　6　*　+

① 35   ② 42

③ 77   ④ 360

정답 | ②
해설 | 후위식을 중위식으로 변환하여 계산하면 된다.
먼저 왼쪽에서 오른쪽으로 진행하면서 연산자가 나오면 연산 순서를 결정한다.
(3 4 *)(5 6 *)+ = (3*4)(5*6)+ = (12)(30)+ = 12+30=42

12. 다음 중 n개의 노드로 구성된 무방향 그래프의 최대 간선 수로 옳은 것은?

① n   ② n-1

③ n(n-1)/2   ④ n(n+1)/2

정답 | ③
해설 | n(n-1)/2가 된다.

13. 다음 그래프에서 정점A를 선택하여 깊이우선탐색(DFS)으로 운행한 결과는?

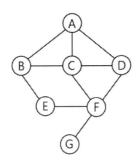

① ABECDFG

② ABECFDG

③ ABCDEFG

④ ABEFGCD

14. 알고리즘과 관련한 설명으로 틀린 것은?

① 주어진 작업을 수행하는 컴퓨터 명령어를 순서대로 나열 한 것으로 볼 수 있다.

② 검색(Searching)은 정렬이 되지 않은 데이터 혹은 정렬이 된 데이터 중에서 키 값에 해당되는 데이터를 찾는 알고리즘이다.

③ 정렬(Sorting)은 흩어져있는 데이터를 키값을 이용하여 순서대로 열거하는 알고리즘이다.

④ 선형검색은 검색을 수행하기 전에 반드시 데이터의 집합이 정렬되어 있어야 한다.

15. 다음 자료에 대하여 "Selection Sort"를 사용하여 오름차순으로 정렬한 경우 PASS 3의 결과는?

> 8, 3, 4, 9, 7

① 3, 4, 7, 9, 8

② 3, 4, 8, 9, 7

③ 3, 8, 4, 9, 7

④ 3, 4, 7, 8, 9

정답 ①

해설 선택 정렬 : 기준값을 선택한 후 비교대상과 비교하여 작은 값을 기준값으로 교체하는 방법
- pass1 : 3, 8, 4, 9, 7
- pass2 : 3, 4, 8, 9, 7
- pass3 : 3, 4, 7, 9, 8

---

16. 다음 자료를 버블 정렬을 이용하여 오름차순으로 정렬할 경우 Pass2의 결과는?

> 9, 6, 7, 3, 5

① 3, 5, 6, 7, 9

② 6, 7, 3, 5, 9

③ 3, 5, 9, 6, 7

④ 6, 3, 5, 7, 9

정답 ④

해설 버블 정렬 : 인접 두 개의 자료를 상호 비교하여 작은 값을 앞으로 교체하는 방법
- pass1 : 6, 7, 3, 5, 9
- pass2 : 6, 3, 5, 7, 9

---

17. 힙 정렬(Heap Sort)에 대한 설명으로 틀린 것은?

① 정렬할 입력 레코드들로 힙을 구성하고 가장 큰 키 값을 갖는 루트노드를 제거하는 과정을 반복하여 정렬하는 기법이다.

② 평균 수행 시간은 O(nlog2n)이다.

③ 완전이진트리(complete binary tree)로 입력 자료의 레코드를 구성한다.

④ 최악의 수행 시간은 O(2n4)이다.

정답 ④

해설 힙 정렬 평균 시간복잡도 : $O(nlogn)$, 최악 시간복잡도 : $O(nlogn)$

18. 탐색 방법 중 키 값으로부터 레코드가 저장되어 있는 주소를 직접 계산하여, 산출된 주소로 바로 접근하는 방법으로 키-주소 변환 방법이라고도 하는 것은?

① 이진 탐색
② 피보나치 탐색
③ 해싱 탐색
④ 블록 탐색

정답 ③
해설 해싱 탐색 : 킷값을 해시함수를 이용하여 레코드 주소를 계산하고 탐색하는 방식

19. 다음과 같이 레코드가 구성되어 있을 때, 이진 검색 방법으로 14를 찾을 경우 비교되는 횟수는?

1 2 3 4 5 6 7 8 9 10 11 12 13 14 15

① 2
② 3
③ 4
④ 5

정답 ②
해설 1회 : (1+15)/2 =16/2=8, 찾고자 하는 값은 14이므로 9부터 다시 중간값 계산
2회 : (9+15)/2 =24/2=12, 찾고자 하는 값은 14이므로 13부터 다시 중간값 계산
3회 : (13+15)/2 =28/2=14, 탐색 완료

20. 키값을 여러 부분으로 분류하여 각 부분을 더하거나 XOR하여 주소를 계산하는 해싱 함수의 종류는?

① 제산법
② 폴딩법
③ 중간 제곱법
④ 숫자 분석법

정답 ②
해설 제산법 : 킷값을 특정수로 나는 나머지를 주소로 이용
중간 제곱법 : 킷값에 대하여 제곱한 값의 일부를 주소로 이용
숫자 분석법 : 키 값이 되는 숫자의 분포를 이용하여 주소로 이용

Chapter 02   통합 구현

1. 모듈 구현

(1) 단위 모듈 구현

단위 모듈 구현은 생성된 설계 명세서를 바탕으로 단위 모듈의 코딩과 컴파일,디버깅 및 단위 테스트가 진행된다. 구현 작업 절차는 다음과 같다.

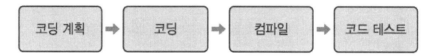

1) 단위 모듈 구현의 원리

단위 모듈은 한 가지 동작을 수행하는 기능을 구현한 프로그램 코드의 집합으로 독립적인 컴파일이 가능하고, 다른 모듈에 호출되거나 삽입되어 사용되기도 한다. 단위 모듈 구현 원리는 추상화, 정보은닉, 단계적 분해, 모듈화이다.

① 추상화

구체적인 사항은 되도록 생략하고, 핵심이 되는 요소와 원리만을 추구하는 개념이다. 추상화는 세 가지 형태로 구분한다.

과정 추상화	자세한 수행 과정을 정의하지 않고 전반적인 흐름만 파악할 수 있게 설계
제어 추상화	이벤트 발생의 정확한 절차나 방법을 정의하지 않고 대표할 수 있는 표현으로 대체
자료 추상화	자료의 세부적인 속성이나 용도를 정의하지 않고 데이터 구조를 대표할 수 있는 표현으로 대체

② 정보은닉

각 모듈 내부 내용을 비밀로 하고 인터페이스를 통해서만 메시지를 전달하도록 하는 개념이다.

③ 단계적 분해

문제를 상위 개념부터 구체적인 단계로 분할하는 기법의 원리이다.

④ 모듈화

- 모듈의 응집력 : 모듈이 이루고 있는 요소들의 관련 정도를 말한다.
- 모듈의 결합도 : 모듈 간의 상호 의존 정도를 말한다.

2) 단위 모듈의 구현 단계

| 단위 기능 명세서 작성 | → | 입·출력 기능 구현 | → | 알고리즘 구현 |

① 단위 기능 명세서 작성

기본 및 상세 설계를 통해 산출된 기능 및 코드 명세서를 구현한다.

② 입/출력 기능 구현

단위 기능 명세서에서 작성한 데이터 형식에 맞추어 입/출력 기능을 위한 알고리즘 및 데이터를 구현한다.

③ 알고리즘 구현

입·출력 데이터 및 입력 인자들에 대한 명세서 및 설계 지침을 통해 구현 가능한 언어로 구현하여 단위 모듈을 구현한다.

(2) 단위 모듈 테스트

① 단위 모듈 테스트는 프로그램의 단위 기능을 구현하는 모듈이 정해진 기능을 정확하게 수행하는지 검증하는 것이다.

② 모듈을 단독적으로 실행할 수 있는 환경과 테스트에 필요한 테스트 케이스가 모두 준비되어야 한다.

③ 단위 모듈 테스트는 모듈 조립 전에 미리 테스트하는 것이 좋다.

④ 단위 모듈에 대한 코드를 테스트하므로, 모듈 간의 오류, 시스템 오류는 발견할 수 없다.

⑤ 논리 구조 흐름에 대한 검사(화이트박스 테스트). 기능 검사(블랙박스 테스트)등을 수행한다.

(3) 통합 구현

통합 구현은 사용자의 요구사항을 해결하고, 새로운 서비스 창출을 위해 단위 모듈간의 연계와 통합이다.

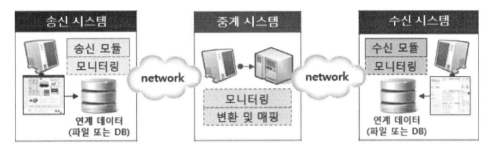

① 송신 시스템과 모듈 : 전송할 데이터를 생성하여 필요에 따라 변환 후 송신하는 송신 모듈과 데이터 생성 및 송신 상태를 모니터링하는 기능으로 구성된다.
② 중계시스템 : 외부 시스템 간의 연계 시에 적용되는 아키텍처로, 내외부 구간의 분리로 보안성이 강화되고, 인터넷망과 인트라넷 망을 연결한다. 중계 모듈은 송신된 데이터의 오류 처리 및 수신 시스템의 데이터 형식으로 변환 또는 매핑 등을 수행한다.
③ 수신 시스템과 모듈 : 수신받은 데이터를 정제하고, 응용 애플리케이션이나 데이터베이스의 테이블에 적합하도록 변환하여 반영하는 수신 모듈과 연계 데이터의 수신 현황 및 오류 처리, 데이터 반영을 모니터링 하는 기능으로 구성된다.
④ 연계 데이터 : 송수신되는 데이터로 의미를 갖는 속성, 길이, 타입 등이 포함된다.
⑤ 네트워크 : 송신 시스템과 수신 시스템, 송신 시스템과 중계시스템, 중계 시스템과 수신 시스템을 연결해주는 통신망을 의미한다.

2. 통합 구현 관리

(1) IDE 도구

1) IDE(Integrated Development Environment) 도구

통합 개별 환경(IDE)은 소프트웨어 개발 기능에 필요한 편집기, 컴파일러, 디버거 등의 다양한 도구들을 하나의 인터페이스로 통합하여 제공하는 소프트웨어를 말한다. 소프트웨어 개발 기능은 아래와 같다,

① Coding - 프로그래밍 언어로 프로그램을 작성할 수 있는 환경을 제공
② Compile – 고급 언어 프로그램을 저급언어 프로그램으로 변환하는 기능
③ Debugging - 프로그램에서 발견되는 버그를 찾아 수정할 수 있는 기능
④ Deployment - 소프트웨어를 최종 사용자에게 전달하기 위한 기능

2) IDE 도구의 종류

프로그램	플랫폼	운영체제	개발사	지원언어
비주얼 스튜디오 (Visual Studio)	크로스 플랫폼	Win32, Wind64	마이크로소프트 (Microsoft)	C, C++, C#, F# 등
이클립스 (Eclipse)	크로스 플랫폼	Windows, Linux	IBM, 이클립스재단	Java, C, C++, 웹, 안드로이드
엑스 코드 (Xcode)	애플 플랫폼	MacOS, iOS	Apple	swift3/4, cocoa 등
IDEA	크로스 플랫폼	Windows, Linux, MacOS	jetbrain사	Java, JSP, XML, PHP 등

(2) 협업 도구

개발자와 다른 개발자 간의 서로 다른 작업 환경에서도 원활한 작업 수행을 위해 혹은 개발자들 간의 유대감을 형성하거나 유지하기 위해서 지속적으로 커뮤니케이션을 수행하기 위한 도구이다. PC, 스마트폰 등 다양한 플랫폼을 통해 활용할 수 있다.

① 프로젝트 및 일정 관리 : 구글캘린더, 트렐로, 지라, 플로우
② 정보 공유 및 커뮤니티 : 슬랙, 잔디, 태스크 월드
③ 디자인 공유 : 스케치, 제플린
④ 아이디어 공유 : 에버노트
⑤ 문서화 공유 : 스웨거
⑥ Git웹 호스팅서비스 : 깃허브

(3) 형상 관리 도구

1) 형상 관리의 의미

형상 관리(Configuration Management)는 소프트웨어 개발 및 유지보수 과정에서 발생하는 소스코드, 문서, 인터페이스 등 각종 결과물에 대한 변경 사항을 체계적으로 관리하기 위한 일련의 활동이다.

① 변경 원인을 알아내고 적절히 변경되고 있는지 확인, 담당자에게 통보
② 소프트웨어 개발의 모든 단계 및 유지보수 단계에서도 수행
③ 소프트웨어 개발 비용을 줄이고, 방해 요인을 최소화하도록 보증
④ 가시성과 추적성을 보장함으로써 소프트웨어의 생산성과 품질을 향상

2) 형상 관리 항목

① 소스 코드
② 프로젝트 요구 분석서
③ 설계서, 테스트케이스
④ 운영 및 설치 지침서 등

3) 형상 관리 절차

① 형상 식별 : 형상 관리 계획을 근거로 형상관리의 대상이 무엇인지 식별하는 활동
② 버전 제어 : 유지 보수과정에서 생성된 다른 버전 형식을 관리하는 활동
③ 형상 통제 : 변경 요구를 검토하여 현재의 기준선이 잘 반영되도록 조정
④ 형상 감사 : 형상 관리 계획대로 진행되고 있는지, 형상 항목의 변경이 요구사항에 맞도록 제대로 이뤄졌는지 등을 살펴보는 활동
⑤ 형상 기록 : 형상 관리 작업의 결과를 기록하고 보고서를 작성하는 활동

4) 형상 관리 도구 = 버전관리 도구

① 공유 폴더 방식 : SCCS, RCS, PVCS, QVCS 등
② 서버/클라이언트 방식: CVS, SVN, CVSNT, Clear Case, Perfoce 등
③ 분산 저장소 방식 : Git, DCVS, Bazzar, Mercurial, Bitkeeper 등

5) 형상 관리 도구의 주요 기능

저장소(Repository)	최신 버전의 파일들과 변경 내역에 대한 정보들이 저장되어 있는 공간
체크아웃(Check-Out)	저장소에서 변경할 파일을 받아오는 것
체크인(Check-In)	파일의 수정을 완료한 후 저장소에 새로운 버전의 파일로 갱신하는 것
커밋(Commit)	체크인 수행 시 이전에 갱신된 내용이 있는 경우 충돌을 알리고 Diff 도구로 수정 후 갱신 완료

6) 형상 관리 도구 사용 시 장점

① 이전 버전과 버전에 대한 정보에 접근하여 배포본 관리에 유용

② 소스 코드의 변경 이력을 관리

③ 소스 코드를 공유해서 여러 개발자가 동시 개발이 가능

④ 불필요한 사용자의 소스 수정을 제한

⑤ 버그, 수정 사항 추적 가능

⑥ 소프트웨어 진행 정도에 대한 기준으로 사용

⑦ 장애 혹은 기능상 필요할 때 이전 버전으로 원상 복구 가능

7) 위험관리(Risk Management)

① 위험관리는 프로젝트 추진 과정에서 예상되는 각종 돌발 상황을 미리 예상하고 이에 대한 적절한 대책을 수립하는 일련의 활동이다.

② 위험관리를 통해서 위험의 불확실성과 손실을 감소시키고, 대비하게 한다.

③ 위험관리 절차는 다음과 같다.

ⓐ 위험 식별 : 위험 발생 요소를 파악

ⓑ 위험 분석 : 위험 요소를 인식하고 그 영향을 분석하는 활동

ⓒ 위험 대책 : 비용 대비 효율적인 위험 대책을 수행

ⓓ 위험 모니터링 및 조치 : 위험 요소 징후들에 대하여 계속적으로 인지

1. 다음 중 단위 모듈 구현의 원리가 아닌 것은?

① 모듈화   ② 단계적 통합
③ 정보은닉   ④ 추상화

정답 | ②
해설 | 단위 모듈 구현의 원리 : 추상화, 정보은닉, 단계적 분해, 모듈화 등

2. 시스템의 설계 명세서를 바탕으로 모듈 단위의 코딩과 디버깅 및 단위 테스트가 이루어지는 소프트웨어 개발 단계는?

① 분석   ② 구현
③ 테스트   ④ 프로그램 설계

정답 | ②
해설 | 구현 단계 : 설계 명세서를 바탕으로 모듈 단위의 코딩과 단위 테스트가 이루어지는 과정으로 코딩 단계 라고도 한다.

3. 다음 중 추상화 원리에 해당하지 않는 것은?

① 개념 추상화   ② 과정 추상화
③ 제어 추상화   ④ 데이터 추상화

정답 | ①
해설 | ② 과정 추상화 : 수행 과정의 자세한 단계를 고려하지 않고, 상위 수준에서 수행 흐름만 먼저 설계하는 것이다.
③ 제어 추상화 : 이벤트에 대한 각 반응을 모두 대표할 수 있는 표현으로 대체하는 것이다.
④ 데이터 추상화 : 데이터 구조를 대표할 수 있는 표현으로 대체하는 것이다.

4. 다음 중 단위 모듈을 구현하는 단계에 해당하지 않는 것은?

① 단위 기능 명세서 작성   ② 알고리즘 구현 단계

③ 입/출력 기능 구현   ④ 베이스라인 설정

정답 ④

해설 단위 모듈 구현 단계는 단위 기능 명세서 작성→입/출력 기능 구현→알고리즘 구현 단계를 거친다.

5. 다음 〈보기〉에서 설명하는 것은?

─────────────── 〈 보기 〉───────────────

이것은 개발을 하면서 사용되는 여러 가지 도구들을 하나의 인터페이스로 집합하여 하나의 프로그램 안에서 처리할 수 있는 환경을 제공하는 소프트웨어를 말한다.

① IDE   ② 협업도구

③ 형상 관리 도구   ④ 모듈

정답 ①

해설 IDE, 통합 개별 환경에 대한 설명이다.

6. 구현 단계에서의 작업 절차를 순서에 맞게 나열한 것은?

⊙ 코딩한다.	ⓒ 코딩 작업을 계획한다.
ⓒ 코드를 테스트한다.	ⓔ 컴파일한다.

① ⊙-ⓒ-ⓒ-ⓔ   ② ⓒ-⊙-ⓔ-ⓒ

③ ⓒ-⊙-ⓒ-ⓔ   ④ ⓔ-ⓒ-⊙-ⓒ

정답 ②

해설 구현 작업 절차 : 코딩계획-코딩-컴파일-코드테스트

7. IDE(Integrated Development Environment) 도구의 각 기능에 대한 설명으로 틀린 것은?

① Coding - 프로그래밍 언어를 가지고 컴퓨터 프로그램을 작성할 수 있는 환경을 제공
② Compile - 저급언어의 프로그램을 고급언어프로그램으로 변환하는 기능
③ Debugging - 프로그램에서 발견되는 버그를 찾아 수정할 수 있는 기능
④ Deployment - 소프트웨어를 최종사용자에게 전달하기 위한 기능

정답 | ②
해설 | Compile : 고급언어를 기계어로 변환하는 기능

8. 다음 중 협업 도구의 활용 분야가 아닌 것은?

① 프로젝트 업무   ② 정보 공유
③ 디자인 공유   ④ 개인일정 공유

정답 | ④
해설 | 협업도구는 개발자와 다른 개발자간의 서로 다른 작업 환경에서도 원활한 작업 수행을 위해 혹은 개발자들 간의 유대감을 형성하거나 유지하기 위해서 지속적으로 커뮤니케이션을 수행하기 위한 도구이다.

9. 소프트웨어 형상 관리에서 관리 항목에 포함되지 않는 것은?

① 프로젝트 요구 분석서   ② 소스 코드
③ 운영 및 설치 지침서   ④ 프로젝트 개발 비용

정답 | ④
해설 | 형상 관리 항목 : 소스 코드, 요구 분석서, 설계서, 운영 지침서 등의 개발 문서

10. 소프트웨어 형상 관리(Configuration management)에 관한 설명으로 틀린 것은?

① 소프트웨어에서 일어나는 수정이나 변경을 알아내고 제어하는 것을 의미한다.
② 소프트웨어 개발의 전체 비용을 줄이고, 개발 과정의 여러 방해 요인이 최소화되도록 보증하는 것을 목적으로 한다.
③ 형상 관리를 위하여 구성된 팀을 "chief programmer team"이라고 한다.
④ 형상 관리의 기능 중 하나는 버전 제어 기술이다.

11. 다음 중 형상관리 도구가 아닌 것은?

① SVN   ② Git

③ CVS   ④ 구글 캘린더

12. 다음 중 형상 관리 도구 사용 시 장점으로 옳지 않은 것은?

① 서버나 클라이언트에 배포할 때에도 유용하게 사용된다.

② 소스 코드의 변경 이력을 관리하기 어렵다.

③ 소스 코드를 프로젝트 팀원 및 관계자들과 공유할 수 있다.

④ 동일한 SW를 여러 개의 버전으로 분기해서 개발할 필요가 있는 경우에 유용하
게 사용된다.

13. 형상 관리 도구의 주요 기능으로 거리가 먼 것은?

① 정규화(Normalization)   ② 체크인(Check-in)

③ 체크아웃(Check-out)   ④ 커밋(commit)

14. 소프트웨어 형상 관리에 대한 설명으로 거리가 먼 것은?

① 소프트웨어에 가해지는 변경을 제어하고 관리한다.

② 프로젝트 계획, 분석서, 설계서, 프로그램, 테스트 케이스 모두 관리 대상이다.

③ 대표적인 형상관리 도구로 Ant, Maven, Gradle 등이 있다.

④ 유지보수 단계뿐만 아니라 개발단계에도 적용할 수 있다.

정답	③
해설	Ant, Maven, Gradle 은 빌드 자동화 도구이다

15. 위험 모니터링의 의미로 옳은 것은?

① 위험을 이해하는 것

② 첫 번째 조치로 위험을 피할 수 있도록 하는 것

③ 위험 발생 후 즉시 조치하는 것

④ 위험 요소 징후들에 대하여 계속적으로 인지하는 것

정답	④
해설	위험 모니터링 : 위험 요소 징후들에 대하여 계속적으로 인지하는 것

Chapter 03   제품소프트웨어 패키징

1. 제품소프트웨어 패키징

제품 소프트웨어 패키징은 고객 편의성 중심으로 진행되며, 이를 위한 매뉴얼 및 버전 관리를 포함한다. 따라서 전체적인 개념을 먼저 이해하고 작업을 진행한다.

(1) 애플리케이션 패키징

1) 애플리케이션 패키징 개념

애플리케이션 패키징은 개발이 완료된 애플리케이션을 고객에게 배포하기 위해 설치파일을 만들고 설치에 필요한 매뉴얼을 작성하며, 차후 패치 및 업그레이드를 위해 버전 관리 정보를 제공하는 것을 의미한다.

① 패키징 진행 시 중점 사항
- 패키징은 개발자가 아닌 사용자 중심으로 진행한다.
- 신규 및 변경 소스를 식별하고, 이를 모듈화하여 상용 제품으로 패키징한다.
- 고객의 편의성을 위해 매뉴얼 및 버전 관리를 지속적으로 한다.
- 범용 환경에서 사용이 가능하도록 일반적인 배포 형태로 패키징을 진행된다.
② 모듈 단위 패키징
- 패키징은 모듈 단위로 애플리케이션을 이해하고 각 기능에 맞게 모듈 단위로 패키징을 수행한다.
- 패키징 배포 시 제품 소프트웨어의 성능을 향상시킬 수 있고, 테스트 및 수정 등의 작업 진행에서도 모듈 단위로 작업을 진행한다.

③ 패키징 프로세스

| 1. 기능 식별
Ex) I/O 데이터,
Function Data
Flow | 2. 모듈화
Ex) 응집도 및
결합도 | 3. 빌드 진행
Ex) Complie/W
Build Tool | 4.사용자 환경
분석
Ex) User
configure file | 5. 패키징 적용
테스트
Ex) UI 편의성
체크 | 6. 패키징 변경
개선
Ex) 개선 변경점
재배포 |

2) 릴리즈 노트 작성

릴리즈 노트는 소프트웨어 개발 과정에서 정리된 개선 사항과 추가 기능 등에 대한 요약 정보를 고객에게 제공하는 문서이다. 초기 배포 혹은 개선 사항이 적용된 추가 배포 시 제공한다.

① 릴리즈 노트의 중요성
- 소프트웨어에 대한 기능, 서비스, 개선 사항 등을 사용자와 공유 할 수 있음
- 소프트웨어의 버전 관리나 릴리즈 정보를 체계적으로 관리
- 테스트 진행 방법에 대한 결과/소프트웨어 사양에 대한 준수 확인
- 소프트웨어 출시 후 개선된 작업이 있을 때마다 관련 내용을 제공
- 철저한 테스트 후 소프트웨어 사양에 대한 최종 승인 얻은 문서

② 릴리즈 노트 작성 항목

작성항목	설명
머리말	문서 이름, 제품이름, 버전 번호, 릴리즈 날짜, 참고 날짜, 노트 버전
개요	제품 및 변경에 대한 간략한 전반적 개요
목적	릴리즈 버전의 새로운 기능 목록과 릴리즈 노트의 목적에 대한 간략한 개요 버그 수정 및 새로운 기능 기술
이슈 요약	버그의 간단한 설명 또는 릴리즈 추가 항목 요약
재현 항목	버그 발견에 따른 재현 단계 기술
수정/개선 내용	수정 / 개선의 간단한 설명 기술
사용자 영향도	버전 변경에 따른 최종 사용자 기준의 기능 및 응용 프로그램 상의 영향도 기술

SW 지원 영향도	버전 변경에 따른 SW의 지원 프로세스 및 영향도 기술
노트	SW 및 HW Install 항목, 제품, 문서를 포함한 업그레이드 항목 메모
면책 조항	회사 및 표준 제품과 관련된 메시지, 프리웨어, 불법 복제 방지, 중복 등 참조에 대한 고지 사항
연락 정보	사용자 지원 및 문의 관련한 연락처 정보

③ 릴리즈 노트 작성 프로세스

(2) 애플리케이션 배포 도구

1) 애플리케이션 패키징 도구의 개념

배포를 위한 패키징 시에 디지털 컨텐츠의 지적 재산권을 보호하고 관리하는 기능을 제공하며, 안전한 유통과 배포를 보장하는 도구이자 솔루션이다. 불법 복제로부터 디지털 컨텐츠의 지적 재산권을 보호해 주는 사용 권한제어 기술, 패키징 기술, 라이선스 관리, 권한통제 기술 등을 포함한다.

2) 패키징 도구 활용 시 고려사항

① 내부 콘텐츠에 대한 암호화 및 보안을 고려
② 소프트웨어 종류에 적합한 암호화 알고리즘을 적용한다.
③ 사용자 편의성을 위한 복잡성 및 비효율성 문제를 고려한다.
④ 보안을 위해서 이 기종 간 연동을 고려한다.

(3) 애플리케이션 모니터링 도구

1) 애플리케이션 모니터링 도구 개념

애플리케이션을 사용자 환경에 설치 이후 기능 및 성능, 운영 현황을 모니터링하여 제품을 최적화하기 위한 도구이다.

2) 애플리케이션 모니터링 도구의 기능

기능	설명	도구
변경 관리	• 애플리케이션 간 종속관계 모니터링 • 애플리케이션의 변경이 있을 경우 변경의 영향도 파악에 활용	ChangeMiner
성능 관리	• 애플리케이션 서버로 유입되는 트랜잭션 수량, 처리 시간, 응답시간 등을 모니터링	Jeniffer, Nmon
정적 분석	• 소스 코드의 잠재적인 문제 발견 기능 • 코딩 규칙 오류 발견	PMD, Cppcheck
동적 분석	• 프로그램에 대한 결함 및 취약점 동적 분석 도구 • 메모리 및 오류 문제 발견	Avalanche, Valgrind

3) 애플리케이션 모니터링 도구 활용에 따른 효과

효과	설명
서비스 가용성	• 모니터링 자동화 및 관련 데이터 생성 • 시스템에 의한 서비스 모니터링
서비스 성능	• 24시간 대상 애플리케이션 측정 • 다양한 서비스 대상 측정 • 시스템에 의한 객관적 측정
장애인지/리소스 측정	• 서비스 24시간 모니터링 • 가용성 데이터 및 관련 자료 생성 • 성능 저하 발생 시 자동 열람 가능
근본 원인 분석	• 사용자 입장에서 원인 분석 • 사용자 영역(End-to-End) 분석으로 누구나 공감 • 문제 분석을 위한 시간의 획기적 단축 • 문제 분석 후 객관적인 원인 분석 자료 제공

(4) DRM

1) DRM(Digital Rights Management)의 개념

디지털 저작권 관리(DRM)은 저작권자가 배포한 디지털 컨텐츠가 저작자가 의도한 용도로만 사용하도록 디지털 콘텐츠의 생성, 유통, 이용의 전 과정에 걸쳐 적용되는 모든 보호 기술을 지칭한다.

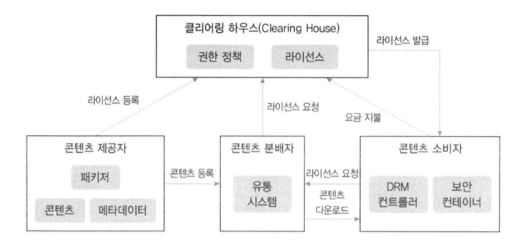

2) DRM의 구성 요소

구성 요소	설명
컨텐츠 제공자	컨텐츠를 제공하는 저작권자
컨텐츠 분배자	암호화된 컨텐츠를 유통하는 업체나 사람
패키저	컨텐츠를 메타 데이터와 함께 배포 가능한 단위로 묶는 기능
보안 컨테이너	원본을 안전하게 유통하기 위한 전자적 보안 장치
DRM 컨트롤러	배포된 컨텐츠의 이용 권한을 통제
클리어링 하우스	키 관리 및 라이선스 발급 관리

3) DRM의 기술 요소

구성 요소	설명
암호화(Encryption)	콘텐츠 및 라이선스를 암호화하고 전자 서명을 할 수 있는 기술
키 관리(Key Management)	콘텐츠를 암호화한 키에 대한 저장 및 분배 기술
암호화 파일 생성(Packager)	콘텐츠를 암호화된 콘텐츠로 생성하기 위한 기술
식별 기술(Identification)	콘텐츠에 대한 식별 체계 표현 기술
저작권 표현(Right Expression)	라이선스의 내용 표현 기술
정책 관리(Policy Management)	라이선스 발급 및 사용에 대한 정책 표현 및 관리 기술
크랙 방지(Tamper Resistance)	크랙에 의한 콘텐츠 사용 방지 기술
인증(Authentication)	라이선스 발급 및 사용의 기준이 되는 사용자 인증 기술

2. 애플리케이션 매뉴얼 작성

(1) 애플리케이션 매뉴얼 작성

애플리케이션의 매뉴얼은 개발단계부터 적용한 기준이나 패키징 이후 설치 및 사용자 측면의 주요 내용 등을 문서로 기록한 것으로 설치 매뉴얼과 사용자 매뉴얼로 구분한다.

1) 설치 매뉴얼 작성

① 설치 매뉴얼은 개발자의 기준이 아닌 사용자의 기준으로 작성
② 설치 시작부터 완료까지 순서대로 전부 캡처하여 설명
③ 오류 메시지 및 예외상황에 대한 내용을 별도로 분류하여 설명
④ 목차 및 개요, 서문, 기본 사항 등이 기본적으로 포함되어야 함

2) 설치 매뉴얼의 작성 항목

작성 항목	설명
목차 및 개요	• 매뉴얼 전체 내용을 순서대로 요약 • 설치 매뉴얼의 주요 특징, 구성과 설치 방법, 순서 등에 대해 기술
서문	• 문서 이력 정보 • 설치 매뉴얼 주석 • 설치 도구의 구성
기본 사항	• 소프트웨어 개요 • 설치 관련 파일 • 설치 아이콘 • 프로그램 삭제 방법 • 설치 외 관련 추가정보

3) 사용자 매뉴얼 작성

① SW 사용에 필요한 제반 사항이 모두 포함되도록 작성
② 배포 후 오류에 대한 패치, 기능 업그레이드를 위해 매뉴얼 버전을 관리
③ 독립적 동작이 가능한 컴포넌트 단위로 매뉴얼 작성
④ 컴포넌트 명세서, 컴포넌트 구현 설계서를 토대로 작성
⑤ 목차 및 개요, 서문, 기본 사항 등이 기본적으로 포함돼야 함

4) 사용자 매뉴얼 작성 절차

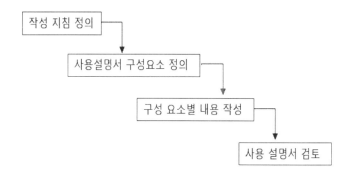

3. 국제 표준 제품 품질 특성

소프트웨어 품질은 시스템, 구성 요소, 프로세스가 사용자 요구나 기대를 충족시키는 정도를 의미한다.

(1) 소프트웨어 품질 목표

품질표준	의 미
신뢰성(Reliability)	정확하고 일관된 결과를 얻기 위하여 요구된 기능을 오류없이 수행하는 정도
정확성(Correctness)	사용자의 요구 기능을 충족시키는 정도
유연성(Flexibility)	소프트웨어를 얼마만큼 쉽게 수정 할 수 있는가의 정도
무결성(Integrity)	허용되지 않는 사용이나 자료의 변경을 제어하는 정도
사용용이성(Usability)	소프트웨어를 쉽게 배우고 사용할 수 있는 정도
효율성(Efficiency)	소프트웨어 제품의 일정한 성능과 자원 소요 정도의 관계에 관한 속성. 요구되는 기능을 수행하기 위해 필요한 자원의 소요 정도
이식성(Portability)	하나 이상의 하드웨어 환경에서 운용되기 위해 쉽게 수정될 수 있는 시스템 능력
재사용성(Reuseability)	소프트웨어 일부나 전체를 다른 목적으로 사용 할 수 있는가 하는 정도
유지보수성 (Maintainability)	변경 및 오류 사항의 교정에 대한 노력을 최소화 하는 정도 사용자의 기능 변경을 만족시키고 소프트웨어를 진화하는 것이 가능해야 한다.
상호운용성 (Interoperability)	다른 소프트웨어와 정보를 교환 할 수 있는 정도

(2) 소프트웨어 국제 품질 표준

ISO/IEC 9126	소프트웨어의 품질 특성과 평가를 위한 국제 표준
ISO/IEC 25010	ISO/IEC 9126에 호환성과 보안성 항목을 추가한 국제표준
ISO/IEC 12119	제품 품질 요구사항 및 테스트를 위한 국제 표준
ISO/IEC 14598	소프트웨어 품질 측정과 평가에 필요 절차를 규정한 표준

(3) ISO/IEC 9126 표준 품질 특성

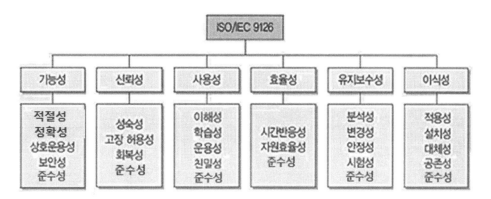

3. 제품 소프트웨어 버전 관리

(1) 소프트웨어 버전관리 도구

- 버전 관리 도구는 기존의 개발 도구에 단순히 포함하는 형태에서 벗어나 소프트웨어의 전체 생명주기를 관리하는 방향으로 진행 중이다.
- 버전 관리는 향상관리의 한 부분으로 버전 관리 도구는 형상 관리 도구로도 사용된다.

1) 버전 관리 요소

저장소(Repository)	최신 버전의 파일들과 변경 내역에 대한 정보들이 저장되어 있는 공간
체크아웃(Check-Out)	저장소에서 변경할 파일을 받아오는 것
체크인(Check-In)	파일의 수정을 완료한 후 저장소에 새로운 버전의 파일로 갱신하는 것
커밋(Commit)	체크인 수행 시 이전에 갱신된 내용이 있는 경우 충돌을 알리고 Diff 도구로 수정 후 갱신 완료

2) 버전 관리 방식과 도구별 특징

① 버전 관리 방식

관리 방식	설명
공유 폴더 방식	• 버전 관리 자료가 로컬 컴퓨터의 공유 폴더에 저장되어 관리되는 방식 • 매일 개발 완료 파일은 약속된 위치의 공유 폴더에 복사 • 적용 도구 : RCS, SCCS, PVS 등
클라이언트/서버 방식	• 버전 관리 자료가 중앙 서버에 저장되어 관리되는 방식 • 개발자들이 개별 작업한 내용을 중앙 서버에 반영 • 서로 다른 개발자가 같은 파일을 작업했을 때는 경고 출력 • 적용 도구 : CVS , SVN 등
분산 저장소 방식	• 버전 관리 자료가 하나의 원격 저장소와 분산된 로컬 저장소에 함께 저장되어 관리되는 방식 • 개발자별로 변경을 완료한 파일을 먼저 로컬 저장소 반영하고 이후 원격 저장소에 반영하는 방식 • 적용 도구 : Git 등

② 버전 관리 도구

관리 도구	특징
RCS (Revision Control System)	• 소스 파일의 수정을 한 사람만으로 제한하여 동시에 수정하는 것을 방지하며, 진행이 다른 개발 결과를 합치거나 변경 내용을 추적할 수 있다.
CVS (Concurrent Versions System)	• 서버와 클라이언트로 구성되어 다수의 인원이 동시에 소스 파일에 접근 가능하여 버전 관리를 가능케 한다. • Client가 이클립스에 내장되어 있다.
SVN (Subversion)	• GNU의 버전 관리 시스템으로 CVS의 장점은 이어받고 단점은 개선하여 2000년에 발표 되었다. 업계 표준으로 사용되고 있다
Git	• 분산 버전 관리 시스템으로 2개의 저장소, 즉 지역 저장소와 원격 저장소가 존재 • 지역 저장소는 개발자들이 실제 개발을 진행하는 장소로 버전관리가 수행 • 원격 저장소는 여러 사람들이 협업을 위해 버전을 공동 관리하는 곳으로, 자신의 버전 관리 내역을 반영하거나 다른 개발자의 변경 내용을 가져올 때 사용

3) 버전 관리 도구 사용 시 유의점

① 형상 관리 지침에 의거 버전에 대한 정보를 언제든지 접근할 수 있어야 한다.

② 제품 소프트웨어 개발자, 배포자 이외의 불필요한 사용자가 소스를 수정할 수 없도록 해야 한다.

③ 버전 관리의 기본 개념, 동일한 프로젝트에 대해서 여러 개발자가 동시에 개발할 수 있어야 한다.

④ 에러 발생 시 최대한 빠른 시간 내에 복구한다.

(2) 빌드 자동화 도구

1) 빌드 자동화 도구 개념

① 빌드란 소스 코드를 생성하고, 컴파일하여 실행 파일을 만드는 과정으로 이러한 빌드 과정 뿐 아니라 테스트 및 배포까지 자동화 하는 도구를 빌드 자동화 도구라고 한다.

② 빌드 자동화 도구에는 Ant, Maven, Gradle, Jenkins 등이 사용된다.

2) 대표적인 빌드 자동화 도구

Gradle	• Groovy를 기반으로 한 오픈 소스 형태의 자동화 도구 • 안드로이드 앱 개발 환경에서 사용 • JAVA, C/C++, Python 등의 언어도 빌드가 가능 • DSL(Domain Specific Language)을 스크립트 언어로 사용 • 실행할 처리 명령들을 모아 태스크 단위로 실행
Jenkins	• JAVA 기반의 오픈 소스 도구 • 서블릿 컨테이너에서 실행되는 서버 기반 도구 • SVN, Git 등 대부분의 형상 관리 도구와 연동이 가능 • Web GUI 제공으로 사용이 쉬움 • 분산 빌드나 테스트가 가능

1. 다음 중 애플리케이션 패키징 프로세스를 올바르게 나열한 것은?

> ㄱ. 모듈화 ㄴ. 패키징 적용 테스트
> ㄷ. 사용자 환경 분석 ㄹ. 기능 식별
> ㅁ. 빌드 진행 ㅂ. 패키징 변경 개선

① ㄱ→ㄷ→ㄹ→ㅁ→ㄴ→ㅂ　　② ㄷ→ㄱ→ㅁ→ㄹ→ㄴ→ㅂ

③ ㄹ→ㄱ→ㅁ→ㄷ→ㄴ→ㅂ　　④ ㄷ→ㄹ→ㅁ→ㄱ→ㄴ→ㅂ

정답 ③
해설 애플리케이션 패키징 프로세스

1. 기능 식별 Ex) I/O 데이터, Function Data Flow
2. 모듈화 Ex) 응집도 및 결합도
3. 빌드 진행 Ex) Compile/W Build Tool
4. 사용자 환경 분석 Ex) User configure file
5. 패키징 적용 테스트 Ex) UI 편의성 체크
6. 패키징 변경 개선 Ex) 개선 변경점 재배포

2. 다음 중 패키징 도구 활용 시 고려사항으로 볼 수 없는 것은?

① 다양한 이기종 연동 고려
② 애플리케이션 종류에 적합한 암호화 알고리즘 적용
③ 사용자 편의성을 위한 복잡성 및 비효율성 문제 고려
④ 암호화/보안은 상황에 맞추어 선택 사항으로 고려

정답 ④
해설 암호화/보안은 필수 고려사항이다.

3. 다음 중 패키징 도구 기술 내용으로 잘못 연결된 것은?

① 암호화 파일 생성 : 컨텐츠를 암호화된 컨텐츠로 생성하기 위한 기술
② 정책 관리 : 라이선스 발급 및 사용에 대한 정책표현 및 관리기술
③ 인증 : 컨텐츠에 대한 식별체계 표현 기술
④ 키 관리 : 컨텐츠를 암호화한 키에 대한 저장 및 배포 기술

정답 ③
해설 식별 기술 : 컨텐츠에 대한 식별체계 표현기능
인증 : 라이선스 발급 및 사용의 기준이 되는 사용자 인증 기술

4. 릴리즈 노트 작성 항목이 아닌 것은 ?

① 머리말   ② 영향도
③ 연락처   ④ 암호 알고리즘

정답 ④
해설 릴리즈 노트는 소프트웨어 개발 과정에서 정리된 개선사항과 추가 기능 등에 대한 요약 정보를 고객에게 제공하는 문서로 암호 알고리즘은 항목은 없다.

5. 소프트웨어 설치 매뉴얼에 대한 설명으로 틀린 것은?

① 설치과정에서 표시될 수 있는 예외 상황에 관련 내용을 별도로 구분하여 설명한다.
② 설치 시작부터 완료할 때까지의 전 과정을 빠짐없이 순서대로 설명한다.
③ 설치 매뉴얼은 개발자 기준으로 작성한다.
④ 설치 매뉴얼에는 목차, 개요, 기본사항 등이 기본적으로 포함되어야 한다.

정답 ③
해설 설치 매뉴얼은 사용자 기준으로 작성한다.

6. 소프트웨어 설치 매뉴얼에 포함될 항목이 아닌 것은?

① 제품 소프트웨어 개요   ② 설치 관련 파일

③ 프로그램 삭제   ④ 소프트웨어 개발 기간

정답 ④

해설 설치 매뉴얼은 프로그램을 사용자 컴퓨터에 설치를 위한 매뉴얼로 소프트웨어 개요, 설치 관련 파일 및 아이콘, 프로그램 삭제 방법등이 기술된다.

7. 제품 소프트웨어의 사용자 매뉴얼 작성 절차로 (가)~(다)와 [보기]의 기호를 바르게 연결한 것은?

작성 지침 절차 → (가) → (나) → (다)
〈보기〉 ㉠ 사용 설명서 검토 ㉡ 구성 요소별 내용 작성 ㉢ 사용 설명서 구성 요소 정의

① (가)-㉠, (나)-㉡, (다)-㉢   ② (가)-㉢, (나)-㉡, (다)-㉠

③ (가)-㉠, (나)-㉢, (다)-㉡   ④ (가)-㉢, (나)-㉠, (다)-㉡

정답 ②

해설 사용자 매뉴얼 작성 절차 : 작성지침 절차 - 사용 설명서 구성 요소 정의 - 구성 요소별 내용 작성 - 사용 설명서 검토

8. 다음 중 애플리케이션 모니터링 도구와 기능이 잘못 연결된 것은?

① 동적 분석-Avalanche   ② 성능 관리-Jeniffer

③ 변경 관리-ChangeMiner   ④ 정적 분석-Nmon

정답 ④

해설 정적 분석 : 소스 코드의 잠재적인 문제를 발견하는 기능으로 PMD, Cppcheck가 있다.

9. 저작권 관리 구성 요소에 대한 설명이 틀린 것은?

① 콘텐츠 제공자 : 콘텐츠를 제공하는 저작권자
② 보안 컨테이너 : 콘텐츠를 메타 데이터와 함께 배포 가능한 단위로 묶는 기능
③ 클리어링하우스 : 키 관리 및 라이선스 발급 관리
④ DRM 컨트롤러 : 배포된 콘텐츠의 이용 권한을 통제

정답 | ②
해설 | • 패키저 : 콘텐츠를 메타 데이터와 함께 배포 가능한 단위로 묶는 기능

10. 디지털 저작권 관리(DRM)의 기술 요소가 아닌 것은?

① 크랙 방지 기술   ② 정책 관리 기술
③ 암호화 기술   ④ 방화벽 기술

정답 | ④
해설 | DRM의 기술요소
암호화, 키 관리, 암호화 파일 생성, 식별 기술, 저작권 표현, 정책 관리, 크랙 방지, 인증

11. 디지털 저작권 관리(DRM) 기술과 거리가 먼 것은?

① 콘텐츠 암호화 및 키 관리   ② 콘텐츠 식별체계 표현
③ 콘텐츠 오류 감지 및 복구   ④ 라이센스 발급 및 관리

정답 | ③
해설 | DRM은 컨텐츠의 불법 복제와 저작권 보호를 위한 관리 활동으로 컨텐츠의 오류 감지 및 복구와는
관련이 없다.

12. 패키지 소프트웨어의 일반적인 제품 품질 요구사항 및 테스트를 위한 국제 표준은?

① ISO/IEC 2196   ② IEEE 19554
③ ISO/IEC 12119   ④ ISO/IEC 14959

정답 | ③
해설 | ISO/IEC 12119 : 품질 요구사항 및 테스트를 위한 국제 표준

13. 소프트웨어 품질 목표 중 주어진 시간동안 주어진 기능을 오류없이 수행하는 정도를 나타내는 것은?

① 직관성   ② 사용 용이성

③ 신뢰성   ④ 이식성

정답 ③
해설 신뢰성은 주어진 기능을 오류없이 수행하는 정도를 나타낸다.

14. 소프트웨어 품질 목표 중 쉽게 배우고 사용할 수 있는 정도를 나타내는 것은?

① Correctness   ② Reliability

③ Usability   ④ Integrity

정답 ③
해설 Correctness: 정확성, Reliability: 신뢰성, Usability : 사용의 용이성, Integrity: 무결성

15. 다음 〈보기〉에서 설명하는 버전 관리 도구 유형은 무엇인가?

─────────〈 보기 〉─────────

• 로컬 저장소와 원격저장소 구조
• 로컬 저정소에서 버번관리가 가능하므로 원격 저장소에 문제가 생겨도 로컬 저장소의 자료를 이용하여 작업할 수 있다.
• 대표적인 버전 관리 도구로 Git이 있다.

① 공유 폴더 방식   ② 클라이언트 방식

③ 서버 방식   ④ 분산 저장소 방식

정답 ④
해설 분산 저장소 방식(Git, Bikeeper 등)에 대한 설명이다.

16. 다음 〈보기〉에서 설명하는 버전 관리 도구 유형에서 [_____]에 들어갈 공통 내용으로
올바른 것은?

〈 보기 〉

- 매일 개발 완료 파일은 약속된 위치의 [_____]에 복사
- 담당자 한 명이 매일 [_____]의 파일을 자기 PC로 복사하고 컴파일하여 에러 확인과 정상
  동작 여부 확인
- 정상 동작일 경우 다음날 각 개발자들이 동작 여부 확인
- 대표적인 도구로 RCS, SCCS, PVS 등이 있다.

① 클라이언트   ② 분산 저장소
③ 공유 폴더   ④ 서버

정답 | ③
해설 | 공유 폴더 방식에 대한 설명으로 대표적으로 RCS, SCCS가 있다.

17. 동시에 소스를 수정하는 것을 방지하며 다른 방향으로 진행된 개발 결과를 합치거나 변경
내용을 추적할 수 있는 소프트웨어 버전 관리 도구는?

① RCS(Revision Control System)
② RTS(Reliable Transfer Service)
③ RPC(Remote Procedure Call)
④ RVS(Relative Version System)

정답 | ①
해설 | RCS : 여러 개발자가 동시에 소스를 수정하는 것을 방지하고, 변경 내용을 추적 가능한 버전 관리
도구

18. 다음 중 빌드 자동화 도구의 종류가 아닌 것은?

① Jenkins   ② Maven
③ DRM   ④ Gradle

정답 | ③
해설 | DRM은 디지털 저작권 관리로 빌드 자동화와는 관련이 없다. 빌드 자동화 도구에는 Ant, Make,
Maven, Gradle, Jenkins 등이 있다.

19. 다음 중 빌드 도구의 기능이 아닌 것은?

① 데이터베이스 생성   ② 배포 기능

③ 코드 컴파일   ④ 컴포넌트 패키징

정답 ①

해설 빌드 도구의 기능

기능	설명
코드 컴파일	테스트를 포함한 소스코드 컴파일
컴포넌트 패키징	자바의 jar 파일이나 윈도우의 exe 파일 같은 배포할 수 있는 컴포넌트를 묶는 작업
파일 조작	파일과 디렉토리를 만들고 복사하고 지우는 작업
개발 테스트 실행	자동화된 테스트 진행
버전관리 도구 통합	버전관리 시스템 지원
문서 생성	API문서를 생성
배포 기능	테스트 서버 배포 지원
코드품질분석	자동화된 검사도구를 통한 코드 품질 분석

20. 빌드 자동화 도구에 대한 설명으로 틀린 것은?

① Gradle은 실행할 처리 명령들을 모아 태스크로 만든 후 태스크 단위로 실행한다.

② 빌드 자동화 도구는 지속적인 통합 개발 환경에서 유용하게 활용된다.

③ 빌드 자동화 도구에는 Ant, Gradle, Jenkins등이 있다.

④ Jenkins는 Groovy기반으로 한 오픈소스로 안드로이드 앱 개발 환경에서 사용된다.

정답 ④

해설 Groovy기반으로 한 오픈소스로 안드로이드 앱 개발 환경에서 사용되는 것은 Gradle이다.

Chapter 04 애플리케이션 테스트 관리

1. 애플리케이션 테스트 케이스 설계

(1) 테스트 케이스

1) 소프트웨어 테스트의 개념

소프트웨어 테스트는 소프트웨어에 내재된 결함을 발견하는 일련의 과정으로 고객의 요구사항이 만족 되었는지 확인(Validation)하고, 기능이 정상 수행되어 개발자의 기대를 충족하였는지를 검증(Verification)하는 것이다.

2) 소프트웨어 테스트의 필요성

① 오류 발견 관점 : 테스트는 프로그램에 잠재된 오류를 발견하는 작업이다. 반면에 오류를 수정하는 것은 디버깅이다.
② 오류 예방 관점 : 프로그램 실행 전에 코드 리뷰, 동료 검토, 인스펙션 등을 통해 오류를 사전에 발견하는 예방 차원 활동
③ 품질 향상 관점 : 사용자의 요구사항 및 기대 수준을 만족하도록 반복적인 테스트를 거쳐 제품의 신뢰도를 향상하는 품질보증 활동
④ 비용 관점 : 테스트 케이스를 수행하여 최소의 시간과 노력으로 결과를 확인 가능

3) 소프트웨어 테스트의 기본 원칙

① 테스트는 결함이 존재함을 밝히는 활동이다.
② 완벽한 테스팅은 불가능하다.
③ 결함 집중 : 파레토 법칙처럼 결함은 특정 모듈에서 집중적으로 발생한다.
④ 살충제 패러독스 : 동일한 테스트 케이스를 적용 경우는 결함을 찾지 못한다.
⑤ 테스팅은 정황에 의존적 : 소프트웨어 정황(환경)에 맞게 테스트를 수행해야 한다.
⑥ 오류 및 부재의 궤변 : 결함이 없다고 소프트웨어 품질이 좋은 건 아니다.

> 파레토(Pareto)의 법칙 : 오류의 80%는 전체 모듈의 20% 내에서 발견된다는 법칙

4) 테스트 프로세스

① 테스트 계획 : 테스트 목표를 정의하고 테스트 대상 및 범위 결정
② 테스트 분석 및 설계 : 테스트 요구사항 분석하여 테스트 도구 준비
③ 테스트 케이스 및 시나리오 작성 : 테스트 케이스, 시나리오 작성
④ 테스트 수행 : 테스트 환경에서 테스트를 수행하고 결과 기록
⑤ 테스트 결과 평가 및 보고 : 테스트 결과를 비교, 분석하여 보고서 작성
⑥ 결함 추적 및 관리 : 결함 발생 부분과 종류를 추적, 관리

5) 테스트 케이스

① 테스트 케이스는 구현된 소프트웨어가 사용자의 요구사항을 정확하게 준수했는지 확인하기 위해 설계된 명세서이다.
② 테스트 케이스는 입력값, 실행 조건, 예상 결과 등으로 구성된다.
③ 명세 기반 테스트의 설계 산출물에 해당된다.
④ 프로그램에 결함이 있더라도 입력에 대해 정상적인 결과를 낼 수 있기 때문에 결함을 검사할 수 있는 테스트 케이스를 찾는 것이 중요하다.

〈예시〉 테스트 케이스

단위테스트 ID	TC-IF-002	단위 테스트명	채용공고 연계 프로그램
테스트 일시	2022.09.18 13:00	시험자명	손흥민
		확인자명	이강인
설명	채용정보 연계 데이터 추출, 코드 변환 및 연계 파일 생성 등 확인		
프로그램명	채용공고 등록, 수정, 삭제		

테스트케이스 ID	입력데이터	테스트 항목 및 처리 조건	예상결과	검증방법	테스트 결과
003	22.09.18.13시	테스트 일자, 시간 갱신 정보검색	100 조회	SQL	

6) 테스트 시나리오

① 테스트 시나리오는 테스트 케이스를 적용 순서에 따라 여러 테스트 케이스를 묶은 집합
② 테스트 케이스들을 적용하는 구체적 절차를 명세한 문서
③ 테스트 순서에 대한 구체적 절차, 사전 조건, 입력 데이터 등을 설정

〈예시〉 테스트 시나리오

테스트 ID	A-001		세부 항목	사용자 MAIN
담당자	홍길동		테스트 횟수	
테스트 영역	사용자 페이지		테스트 조건	ID/PW 일치
테스트 개요	각 정보 링크 확인			
NO	테스트케이스		확인 사항	예상 결과
1	패스워드 로그인		ID/PW 입력 여부	로그인 성공/실패
2	공인인증서 로그인		공인인증서 등록 여부	로그인 성공/실패
3	개인/기업 서비스		개인/기업 서비스 링크	각 페이지 이동
4	공지 사항		해당 정보 이동 여부	페이지 이동

7) 테스트 오라클

테스트 결과의 올바른 판단을 위해 사전에 정의된 참값을 대입하여 비교하는 기법 및 활동으로 결과 판단을 위해 테스트케이스에 대한 예상 결과를 계산하거나 확인한다.

① 테스트 오라클의 특징
 • 제한된 검증 : 테스트 오라클을 모든 테스트케이스에 적용할 수 없음
 • 수학적 기법 : 테스트 오라클의 값을 수학적 기법을 이용하여 산출
 • 자동화 가능 : 테스트 대상 프로그램의 실행, 결과 비교, 커버리지 측정등을 자동화할 수 있음

② 테스트 오라클의 종류

참 오라클	모든 테스트 케이스의 입력값에 대해 기대하는 결과를 제공하는 오라클로 모든 오류검출이 가능
샘플링오라클	특정 몇몇 테스트 케이스의 입력값에 대해서만 기대하는 결과를 제공하는 오라클
추정오라클	특정 테스트 케이스의 입력값에 대해서는 기대 결과를 제공하고 나머지 입력값들에 대해서는 추정(Heuristic)으로 처리하는 오라클로 샘플링 오라클을 개선
일관성검사 오라클	애플리케이션의 변경이 있을 때, 테스트 케이스의 수행 전과 후 결과값이 동일한지 확인하는 오라클

8) 테스트 방식의 분류

① 프로그램 실행 여부에 따른 테스트

정적 테스트	• 프로그램을 실행하지 않고 명세서나 소스 코드를 대상으로 테스트 • 소프트웨어 개발 초기 결함을 발견할 수 있어 개발 비용을 절감 • 종류 : 워크스루, 인스펙션, 코드 검사 등
동적 테스트	• 프로그램을 실행하여 오류를 찾는 테스트 • 소프트웨어 개발 전 단계에서 테스트 수행 가능 • 종류 :블랙박스 테스트, 화이트박스 테스트

② 실행 주체에 따른 테스트

검증(Verification)	• 개발자 관점에서 소프트웨어 개발 과정을 테스트 • 제품이 기능, 비기능 요구사항을 잘 준수했는지를 테스트
확인(Validation)	• 사용자 관점에서 소프트웨어 결과를 테스트 • 사용자 요구에 적합한 제품이 완성되었는지를 테스트

③ 테스트 기반에 따른 테스트

명세 기반 테스트	사용자 요구사항에 대한 명세를 빠짐없이 테스트케이스로 만들어 구현
구조 기반 테스트	소프트웨어 내부의 논리 흐름에 따라 테스트케이스를 작성하고 확인
경험 기반 테스트	유사 소프트웨어나 기술에 대한 테스터의 경험을 기반으로 수행

④ 목적에 따른 테스트

복구(Recovery)	시스템에 여러 결함을 주어 장애를 발생시킨 후 올바르게 복구되는지 확인
보안(Security)	허가받지 않은 불법 침입으로부터 시스템의 보안 장비가 정상적으로 작동하는지를 확인
강도(Stress)	과도한 정보량이나 빈도 등을 부과하여 과부하 시에도 소프트웨어가 정상적으로 작동하는지를 확인
성능(Performance)	소프트웨어의 실시간 성능이나 전체적 효율성을 진단하는 테스트로, 소프트웨어의 응답시간, 처리량 등을 점검
구조(Structure)	소프트웨어 내부의 논리적 경로, 소스 코드의 복잡도 등을 평가
회귀(Regression)	소프트웨어의 변경, 수정된 코드에 새로운 결함이 없음을 확인
병행(Parallel)	변경된 소프트웨어와 기존 소프트웨어에 동일한 결과를 입력하여 결과를 비교

(2) 테스트 레벨

테스트 레벨은 개발단계와 대응하는 단위 테스트, 통합 테스트, 시스템 테스트, 인수 테스트를 의미한다. 단계별로 진행 함으로써 코드 오류뿐 아니라 요구 분석 오류, 설계 오류, 인터페이스 오류 등을 발견할 수 있다.

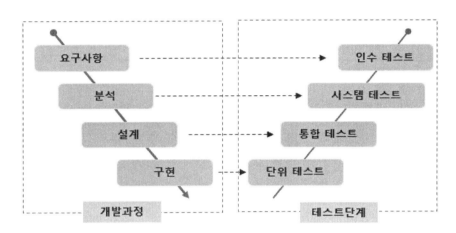

1) 단위 테스트 (Unit Test)

① 구현 단계에서 각 모듈의 개발을 완료한 후 개발자가 명세서의 내용대로 정확히 구현되었는지를 테스트를 수행한다.
② 모듈 내부의 구조를 구체적으로 볼 수 있는 구조적 테스트를 시행한다.
③ 테스트할 모듈을 호출하는 모듈도 있고, 테스트할 모듈이 호출하는 모듈도 있다.
④ 단위 테스트 케이스는 독립적이어야 한다.
⑤ 단위 테스트 도구(xUnit) : JUnit, Nunit, JMockit, EMMA 등

2) 통합 테스트 (Integration Test)

① 단위 테스트가 끝난 모듈들을 결합하면서 테스트를 수행한다.
② 시스템을 구성하는 모듈의 인터페이스와 결합을 테스트하는 것이다.
③ 통합 방향에 따라 하향식, 상향식, 혼합식, 빅뱅 통합 테스트로 구분한다.

3) 시스템 테스트 (System Test)

① 개발된 소프트웨어가 시스템의 기능적, 비기능적 성능을 테스트한다.
② 성능, 복구, 보안, 강도(stress) 테스트 등을 수행한다.

4) 인수 테스트 (Acceptance Test)

① 개발한 소프트웨어가 사용자 요구사항을 충족하는지를 테스트한다.
② 알파 테스트, 베타 테스트 등으로 구분한다.

알파 테스트	• 개발자의 장소에서 사용자가 개발자 앞에서 수행하는 테스트 • 통제된 환경에서 사용자와 개발자가 사용상 문제점을 함께 확인
베타 테스트	• 여러 사용자 중 선정된 최종사용자가 수행하는 필드 테스트 • 개발자를 제외하고 사용자가 직접 수행하고 문제점을 확인

(3) 테스트 시나리오

정적 테스트는 프로그램을 실행하지 않고 명세 기반 테스트를 하는 것으로 정형 기술 검토(FTR)인 워크스루, 인스펙션 등이 있고 테스트 시 프로그램을 실행하는 동적 테스트는 화이트박스 테스트와 블랙박스 테스트로 구분한다.

1) 정적 테스트 = 정형 기술 검토(FTR)

Walkthrough (워크스루)	• 개발자와 전문가들이 같이 검토하는 기술적 검토회의 • 검토를 위한 자료를 미리 배포하여 검토 • 사용사례를 확장하여 명세하거나 설계 다이어그램, 원시코드, 테스트 케이스 등에 적용 • 오류의 조기 검출이 목적이며 발견된 오류는 문서화
Inspections (인스펙션)	• 개발 단계의 산출물에 대한 품질을 평가하는 검열과정 • 개발자 없이 관련 분야에 대해 훈련을 받은 전문팀에서 검열 • 검열 항목에 대한 체크 리스트를 이용하여 작업을 수행

① 정형 기술 검토 지침
- 제품의 검토에만 집중하고 해결책에 대해서는 논하지 않는다.
- 문제영역을 명확히 표현한다.
- 의제와 참가자의 수를 제한한다.
- 논쟁과 반박을 제한한다.
- 각 체크리스트를 작성하고 자원과 시간 일정을 할당한다.
- 참가자들은 사전에 작성한 메모들을 공유한다.

② 인스펙션 과정

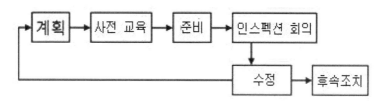

2) 동적 테스트

구분	화이트박스 테스트	블랙박스 테스트
정의	• 제품 내부 논리 구조 검사 • 소스 코드가 필요	• 제품 외부의 기능 검사 • 소스 코드가 불필요
특징	제어 흐름에 초점을 둔 구조 검사	정보 영역에 초점을 둔 기능검사
시험 방법	• 원시 코드의 모든 문장을 한 번 이상 수행 • 모듈 안 작동을 직접 관찰	• 기능별 입력에 대한 출력 정확성 검사 • 부정확하거나 잘못된 기능, 누락 된 기능검사
기법	• 기초경로 검사 • 조건 검사 • 루프 검사 • 데이터 흐름검사	• 동치 분할 검사 • 경계값 검사 • 원인-효과 그래프 • 오류 예측 검사 • 비교 검사
시점	검사단계 전반부	검사단계 후반부

3) 테스트 검증 기준(Coverage)

문장 검증 기준 (Statement Coverage)	소스 코드의 모든 구문이 한 번 이상 수행되도록 테스트케이스를 설계
분기 검증 기준 (Branch Coverage)	소스 코드의 모든 조건문이 한 번 이상 수행되도록 테스트 케이스를 설계
조건 검증 기준 (Condition Coverage)	소스 코드의 모든 조건문에 대해 조건이 Ture인 경우와 False인 경우가 한 번 이상 수행되도록 테스트케이스 설계
분기/조건 기준 (Brach / Condition Coverage)	소스 코드의 모든 조건문과 각 조건문에 포함된 개별 조건식의결과가 True인 경우와 False인 경우가 한 번 이상 수행되도록 테스트케이스 설계

4) 순환 복잡도 (Cyclomatic Complexity)= 맥케이브 순환도

① 한 프로그램의 논리적인 복잡도를 측정하기 위한 소프트웨어의 척도

② 기초경로 검사를 이용해 복잡도 확인이 가능

③ 제어흐름도 G에서 순환 복잡도 V(G)는 다음 방법으로 계산 가능함

　〈방법1〉 제어 흐름도의 내부영역 수와 외부영역 수 더한 영역수를 계산

　〈방법2〉 제어 흐름도에서 V(G) = E-N+2 (E는 화살표 수, N은 노드수)

※ 아래 제어 흐름도에서 순환 복잡도를 계산하시오.

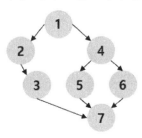

방법①: 복잡도=내부영역+외부영역=2+1=3

방법②: 복잡도=화살표(E)-노드수(N)+2=8-7+2=3

5) 경계값 분석 테스트 케이스

대표적인 명세기반 테스트로 입력 조건의 경계값 부근에서 결함 발생이 높기 때문에 경계값 앞, 경계값, 경계값 뒤로 테스트 케이스를 선정하여 테스트를 수행한다.

〈예제〉 입력값 X를 기준으로, 입력 조건이 min〈=X〈=max 일 때 테스트 케이스는 다음과 같다.

테스트 케이스 : min-1, min, min+1, max-1, max, max+1

(4) 테스트 지식 체계

ISO/IEC 29119 테스트 관련 지식체계의 목적은 모든 형태의 소프트웨어 테스트를 수행할 때, 어떤 조직도 사용할 수 있는 국제적으로 합의된 테스팅 표준을 정하는 것이다.

2. 애플리케이션 통합 테스트

(1) 결함관리 도구

1) 결함관리 개요

① 결함(fault)은 소프트웨어가 개발자가 의도한 바와 다르게 동작하여 원하지 않는 다른 결과가 발생하는 것으로 결함은 변경을 필요로 한다.

② 결함 관리는 발생한 결함의 재발 방지를 위해, 유사 결함 발견 시 처리 시간 단축을 위해 결함을 추적하고 관리하는 활동이다.

2) 결함 판단 기준

① 기능 명세서에 가능하다고 명시한 기능이 수행되지 않는 경우

② 기능 명세서에 명시되어 있지 않지만 수행해야만 하는 기능이 수행되지 않는 경우

③ 테스터 시각에서 보았을 때 문제가 있다고 판단되는 경우

3) 결함 관리 프로세스

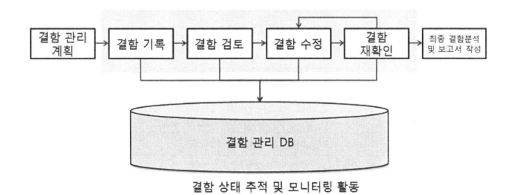

결함 상태 추적 및 모니터링 활동

① 결함 관리 계획 : 전체 프로세스에 대한 결함 관리 일정, 인력, 업무 프로세스 등을 확보하여 계획을 수립하는 단계
② 결함 기록 : 테스터는 발견된 결함을 결함관리 DB에 등록
③ 결함 검토 : 테스터, 품질 관리 담당자 등은 등록된 결함을 검토하고 결함을 수정할 개발자에게 전달
④ 결함 수정 : 개발자는 전달받은 결함을 수정
⑤ 결함 재확인 : 테스터는 개발자가 수정한 내용을 확인하고 다시 테스트를 수행
⑥ 결함 상태 추적 및 모니터링 활동 : 결함관리 DB를 이용하여 프로젝트별 결함 유형, 발생률 등을 한눈에 볼 수 있는 대시보드 또는 게시판 형태의 서비스를 제공
⑦ 최종 결함 분석 및 보고서 작성 : 발견된 결함에 대한 정보와 이해관계자들의 의견이 반영된 보고서를 작성하고 결함관리를 종료

4) 결함 상태

테스트 완료 후 발견된 결함의 분포, 추세, 에이징 분석등의 관리 측정 지표의 속성 값들을 분석하고, 향후 애플리케이션의 어떤 모듈 또는 컴포넌트에서 결함이 발생할지를 추정하는 작업이다.

① 결함 분포 : 각 애플리케이션 모듈 또는 컴포넌트의 특정 속성에 해당하는 결함의 수를 측정하여 결함의 분포를 분석
② 결함 추세 : 테스트 진행 시간의 흐름에 따른 결함의 수를 측정하여 결함 추세를 분석
③ 결함 에이징 : 등록된 결함에 대해 특정한 결함 상태의 지속 시간을 측정하여 분석

5) 결함 상태 추적

상태	내용
Open	결함이 보고되고 등록된 상태
Assigned	결함 분석 및 수정을 위해 담당자에게 결함이 전달된 상태
Fixed	결함 수정이 완료된 상태
Deferred	결함 수정이 연기된 상태
Closed	결함이해결되어 테스터와 담당자가 종료를 승인한 상태
Clarified	종료 승인한 결함을 검토하여 결함이 아니라고 확인된 상태

6) 결함의 식별

① 결함 심각도별 분류
- 결함 심각도의 각 단계별 표준화된 용어를 사용하여 정의하여야 한다,
- 심각도 : 긴급(Critical) 〉 주요(Major) 〉 보통(Normal) 〉 경미(Minor) 〉 단순(Simple)

② 결함 우선순위
- 결함 우선순위는 발생한 결함이 얼마나 빠르게 처리되어야 하는지를 결정하는 척도로, 결함 심각도가 높아도 우선순위가 반드시 높은 것은 아니며, 프로그램의 특성에 따라 우선순위가 결정될 수 있다.
- 우선순위 : 긴급(Critical) 〉 높음(High) 〉 보통(Medium) 〉 낮음(Low)

7) 결함 조치 관리

결함 조치 관리는 결함 조치로 변경된 코드의 버전과 이력을 관리하는 것으로 결함을 수정하는 코드 인스펙션과 변경 이력을 관리하는 형상 관리를 통해 진행된다.

① 코드 인스펙션
- 코드 인스펙션은 프로그램을 수행하지 않고 코드를 읽어보고 눈으로 확인하는 정적 테스트에 활용
- 코드를 분석하여 결함, 코딩 표준 준수 여부, 효율성 등을 확인
- 코드 인스펙션 수행 시 사전 검토 작업이 요구됨
- 코드 인스펙션은 다른 개발자에게 기술 습득의 기회를 제공
- 코드 인스펙션을 수행하면 90%까지 오류 검색 및 품질 향상 가능

② 코드 검사 대상
- 개발 가이드라인 및 코딩 표준 위반
- 소스 코드 보안 취약점
- 사용되지 않은 변수, 코드(Dead Code)
- 일관되지 않은 인터페이스

(2) 테스트 자동화 도구

테스트 자동화는 사람 대신 테스트 도구를 이용하여 반복적인 테스트 작업을 효율적으로 수행하는 것이다. 테스트 자동화 도구를 이용하여 인간의 판단이나 조작 실수에서 발생하는 휴먼에러(human error)를 줄일 수 있다.

1) 테스트 자동화 도구 유형

정적 분석 도구	• 프로그램을 실행하지 않고 분석하는 도구 • 코드에 대한 오류나 잠재적 오류를 찾아내기 위한 활동 • 자료흐름이나 논리 흐름을 분석하여 비정상적인 패턴을 검출
테스트 케이스 생성 도구	• 자료흐름도 : 원시 프로그램을 입력받아 자료흐름도 작성 • 기능테스트 : 주어진 기능을 상태를 파악하여 입력을 작성 • 입력 도메인 분석 : 입력 변수 도메인 분석 • 랜덤테스트 : 입력값을 무작위 추출
테스트 실행 도구	스크립트 언어를 사용하여 테스트를 실행
성능 테스트 도구	가상의 사용자를 만들어 처리량, 응답 시간, 자원 사용률 등을 인위적으로 적용 후 테스트
테스트 통제 도구	테스트 계획 및 관리, 결함 관리 등을 수행하는 도구
테스트 하네스 도구	테스트 실행 환경을 시뮬레이션하여 테스트를 지원할 코드와 데이터를 생성하는 도구

2) 테스트 하네스 도구

테스트 하네스란 애플리케이션 컴포넌트 및 모듈을 테스트하는 환경의 일부분으로, 테스트를 지원하기 위한 코드와 데이터를 말하며, 단위 또는 모듈 테스트에 사용하기 위해 코드 개발자가 작성한다.

① 테스트 드라이버 : 테스트 대상 하위 모듈을 호출하고, 파라미터를 전달하고, 모듈 테스트 수행 후의 결과를 도출하는 등 상향식 테스트에 필요
② 테스트 스텁 : 제어 모듈이 호출하는 타 모듈의 기능을 단순히 수행하는 도구로 하향식 테스트에 필요
③ 테스트 슈트 : 테스트 대상 컴포넌트나 모듈, 시스템에 사용되는 테스트 케이스의 집합
④ 테스트 케이스 : 입력 값, 실행 조건, 기대 결과 등의 집합
⑤ 테스트 스크립트 : 자동화된 테스트 실행 절차에 대한 명세

⑥ Mock 오브젝트 : 사용자의 행위를 조건부로 사전에 입력해 두면, 그 상황에 예정된 행위를 수행하는 객체

(3) 통합 테스트

애플리케이션 통합 테스트는 단위 테스트가 끝난 모듈들을 통합해 가면서 테스트를 수행한다. 각 모듈 간의 인터페이스 관련 오류 및 결함을 찾아내기 위한 테스트 기법으로 통합 방향에 따라 하향식, 상향식, 혼합식 통합 테스트로 구분한다.

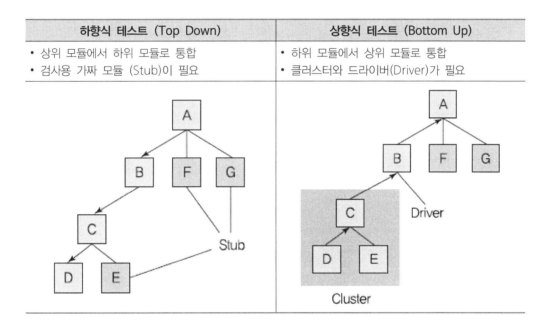

하향식 테스트 (Top Down)	상향식 테스트 (Bottom Up)
• 상위 모듈에서 하위 모듈로 통합 • 검사용 가짜 모듈 (Stub)이 필요	• 하위 모듈에서 상위 모듈로 통합 • 클러스터와 드라이버(Driver)가 필요

3. 애플리케이션 성능 개선

(1) 알고리즘

알고리즘은 어떤 문제를 해결하기 위한 절차와 순서를 기술해 놓은 것으로 자료구조를 이용하여 특정한 일을 수행하는 명령어들의 집합이다. 이러한 알고리즘을 프로그래밍 언어를 이용하여 구현한 것이 프로그램(program)이다.

1) 알고리즘의 요건

① 입력 : 0 또는 그 이상의 외부에서 제공된 자료가 존재
② 출력 : 최소 1개 이상의 결과를 가짐
③ 명확성 : 알고리즘의 의미가 명확
④ 유한성(종결성) : 정해진 단계를 지나면 종료
⑤ 효율성 : 유한한 시간에 수행 가능 하도록 단순화

2) 알고리즘의 성능 분석

① 알고리즘 성능 분석에는 시간 복잡도를 사용한다.
② 시간 복잡도는 프로그램 문장의 실행 빈도수를 측정한 값이다.
③ 시간 복잡도는 일반적으로 O(Big-oh) 표기 방식으로 나타낸다.

$$O(1) < O(\log n) < O(n) < O(n\log n) < O(n^2) < O(n^3) < O(2^n) < O(n!)$$

효율적 ◄─────────────────────────► 비효율적

3) 알고리즘의 설계 기법

① 선형계획법(Linear programming)
한정된 자원 상태에서 제약조건들을 일차 방정식(선형)으로 나타내고 최적화를 수행하는 가장 일반적인 방법이다.
② 동적계획법(Dynamic programming)
문제를 부분 문제들로 나누고 각 부분 문제의 해결책을 이용해 상위의 다음 문제를 해결하는 상향식 방법으로, 이때 부분 문제의 해결책은 저장되어 같은 문제가 중복되는 경우 재활용이 가능하다.
③ 탐욕적 알고리즘(Greedy Algorithm)
문제를 해결하기 위해 여러 경우 중 하나를 결정해야 할 때마다 다음을 생각하지 않고 그 순간에 최적이라고 생각되는 것을 선택해 나가는 방식이다.
④ 분할/정복 알고리즘(Divide & Conquer Algorithm)
주어진 문제의 입력을 더 이상 나눌 수 없을 때까지 순환적으로 분할하고 분할된 작은 문제들을 해결한 후 그 해를 결합하여 원래 문제의 해를 구하는 하향식 방식이다.

⑤ 백 트래킹 (Back Tracking)

해를 구할 때 까지 모든 가능성을 조사하는 방법으로 진행 도중 더 이상 진행하지 못하고 막히면 되돌아와서 다른 경로를 선택하는 방법이다.

4) 애플리케이션 성능 지표

애플리케이션 성능은 사용자가 요구한 기능을 최소한의 자원을 사용하여 최대한 많은 기능을 처리하는 정도를 나타내는 것으로 애플리케이션 성능 측정 지표는 아래와 같다.

처리량 (Throughput)	일정 시간 내 애플리케이션이 처리하는 일의 양
응답 시간 (ResponseTime)	애플리케이션에 요청을 전달한 시간부터 응답이 도착할 때까지 걸린 시간
경과 시간 (TurnAround Time)	애플리케이션에 작업을 의뢰한 시간부터 처리가 완료될 때까지 걸린 시간
자원 사용률 (ResourceUsage)	애플리케이션이 의뢰한 작업을 처리하는 동안의 CPU, 메모리,네트워크 사용량 등 자원 사용률

(2) 코드 최적화

애플리케이션의 성능 저하는 애플리케이션 로직이 복잡한 나쁜 코드(Bad Code)에서 많이 발생하므로 소스 코드 최적화와 리팩토링을 통해서 소스 코드 구조를 개선할 필요성이 있다. 소스 코드 최적화는 읽기 쉽고 변경 및 추가가 쉬운 클린 코드(Clean Code)를 작성하는 것으로, 소스 코드 품질을 위해 기본적인 원칙과 기준을 정의하고 있다.

1) Bad Code

프로그램의 로직이 복잡하고 이해하기 어렵게 작성된 코드

① 스파게티 코드 : 코드의 로직이 복잡하게 얽혀 있는 코드

② 외계인 코드 : 아주 오래되거나 참고문서, 개발자가 없어 유지보수 작업이 어려운 코드

2) Clean Code

가독성이 좋아 누구나 쉽게 이해하고, 수정 및 추가를 할 수 있는 단순한 코드로 의존성을 줄이고, 중복을 최소화할 수 있다.

3) 클린 코드 작성원칙

가독성	• 누구든지 쉽게 코드를 읽을 수 있도록 작성 • 작성 시 이해하기 쉬운 용어를 사용 • 들여쓰기 기능 사용
단순성	• 코드를 간단하게 작성 • 한번에 한 가지를 처리하도록 코드를 작성하고 클래스/메소드/함수 등을 최소 단위로 분리
의존성 배제	• 코드가 다른 모듈에 미치는 영향을 최소화 • 코드 변경 시 다른 부분에 영향이 없도록 작성
중복성 최소화	• 코드 중복 최소화 • 중복 코드는 삭제하고 공통된 코드를 사용
추상화	상위 클래스에서는 간략하게 애플리케이션의 특징을 나타내고,상세 내용은 하위 클래스에서 구현

4) 리팩토링(refactoring)

리팩토링은 기능의 변경 없이 복잡한 코드 구조를 이해하기 쉽고 가독성이 높은 코드 구조로 재구성하는 활동으로 버그를 제거하거나 새로운 기능을 추가하는 행위가 아니다.

① 리팩토링의 목적
- 나쁜 코드를 정리하여 소프트웨어의 디자인을 개선
- 프로그램 코드를 이해하기 쉽게 함
- 버그를 쉽게 발견하게 함
- 프로그램을 빨리 작성할 수 있음

② 리팩토링 방법

나쁜 코드	설명	리팩토링
중복된 코드	기능, 코드 중복	중복 제거
긴 메소드	메소드가김	메소드분할
큰 클래스	속성과 메소드가많음	클래스의 크기 축소

5) 재사용(Reuse)

① 소프트웨어 재사용은 새로 개발할 소프트웨어의 모듈이 기존 소프트웨어와동일하여 새로 작성하지 않고 재사용하는 것을 의미한다.

② 기존에 개발된 소프트웨어의 개발 경험 및 지식을 새로운 소프트웨어에 적용함으로써 품질과 생산성을 향상한다.

③ 소프트웨어 재사용 단위로 객체들의 모임인 컴포넌트(Component)를 사용한다.

④ 재사용률을 높이기 위해서는 모듈의 크기가 작을수록 좋다.

6) 재공학(Reengineering)

① 소프트웨어 재공학은 기존 시스템의 데이터와 기능의 개선 및 개선을 통해 소프트웨어 유지보수성과 품질을 향상하는 기술이다.

② 재공학 활동은 분석→ 재구성→ 역공학→ 이식 순으로 진행된다.

분석(Analysis)	기존 소프트웨어 명세서를 확인하여 소프트웨어 동작을 이해하고 재공학 대상을 선정하는 것
재구성(Restructuring)	소프트웨어 기능 변경없이 형태에 맞게 수정하는 활동이다
역공학(Reverse Enginnering)	기존 소프트웨어를 분석하여 설계, 분석 정보를 생성하는 기술
이식(Migration)	기존 소프트웨어를 다른 운영체제나 하드웨어 환경에서 사용할 수 있도록 변환하는

(3) 소스코드 품질분석 도구

- 소스 코드의 코딩 스타일, 코드에 설정된 코딩 표준, 코드의 복잡도, 코드에 존재하는 메모리 누수 현상, 스레드결함 등을 발견하기 위해 사용하는 도구이다.
- 프로그램을 실행하지 않는 정적 분석 도구와 프로그램을 실행하는 동적 분석 도구로 구분한다.

1) 정적 분석 도구

구분	도구명	설명	지원 환경	도구 지원
정적 분석 도구	pmd	자바 및 타 언어 소스코드에 대한 버그, 데드코드 분석	Linux, Windows	Eclipse, NetBeans
	cppcheck	C/C++ 코드에 대한 메모리누수, 오버플로우 등 문제 분석	Windows	Eclipse, gedit
	SonarQube	소스코드 품질 통합 플랫폼, 플러그인 확장 가능	Cross-Platform	Eclipse
	checkstyle	자바 코드에 대한 코딩 표준 준수 검사 도구	Cross-Platform	Ant, Eclipse, NetBeans

2) 동적 분석 도구

구분	도구명	설명	지원 환경	도구 지원
동적 분석 도구	Avalanche	Valgrind 프레임워크 및 STP 기반 소프트웨어 에러 및 취약점 동적 분석 도구	Linux Android	-
	Valgrind	자동화된 메모리 및 스레드 결함 발견 분석 도구	Cross-Platform	Eclipse, NetBeans

1. 다음 중 소프트웨어 테스트의 기본 원칙으로 옳지 않은 것은?

① 동일한 테스트 케이스로 반복하여 테스팅
② 오류 및 부재의 궤변
③ 테스트는 결함이 존재함을 밝히는 활동
④ 완벽한 테스팅은 불가능

정답   ①
해설   살충제 패러독스 : 동일한 테스트 케이스에 의한 반복적 테스트로는 더 이상 결함을 발견하지 못함

2. 소프트웨어 테스트에서 검증(Verification)과 확인(Validation)에 대한 설명으로 틀린 것은?

① 소프트웨어 테스트에서 검증과 확인을 구별하면 찾고자 하는 결함 유형을 명확하게 하는 데 도움이 된다.
② 검증은 소프트웨어 개발 과정을 테스트하는 것이고, 확인은 소프트웨어 결과를 테스트 하는 것이다.
③ 검증은 작업 제품이 요구 명세의 기능, 비기능 요구사항을 얼마나 잘 준수하는지 측정하는 작업이다.
④ 검증은 작업 제품이 사용자의 요구에 적합한지 측정하며, 확인은 작업 제품이 개발자의 기대를 충족시키는지를 측정한다.

정답   ④
해설   검증은 작업 제품이 개발자의 기대를 충족시키는지를 측정하는 것이고, 확인은 작업 제품이 사용자의 요구에 적합한지를 측정하는 것이다.

3. 다음 중 테스트의 종류와 내용이 잘못 연결된 것은?

① Structure Test - 시스템 내부 논리 경로, 소스 코드의 복잡도를 평가 하는 테스트
② Performance Test - 응답시간, 특정 시간 내 처리 업무량, 반응속도 등을 테스트
③ Security Test - 변경 또는 수정된 코드에 대한 새로운 결함 발견 여부 평가 테스트
④ Stress Test - 과부화에 대한 내구성을 테스트

4. 테스트 케이스에 일반적으로 포함되는 항목이 아닌 것은?

① 테스트 조건 ② 테스트 데이터
③ 테스트 비용 ④ 예상 결과

5. 다음이 설명하는 테스트 용어는?

- 테스트의 결과가 참인지 거짓인지를 판단하기 위해서 사전에 정의된 참값을 입력하여 비교하는 기법 및 활동을 말한다.
- 종류에는 참, 샘플링, 휴리스틱, 일관성 검사가 존재한다.

① 테스트 케이스 ② 테스트 시나리오
③ 테스트 오라클 ④ 테스트 데이터

6. 테스트 케이스와 관련한 설명으로 틀린 것은?

① 테스트의 목표 및 테스트 방법을 결정하기 전에 테스트 케이스를 작성해야 한다.
② 프로그램에 결함이 있더라도 입력에 대해 정상적인 결과를 낼 수 있기 때문에 결함을 검사할 수 있는 테스트 케이스를 찾는 것이 중요하다.
③ 개발된 서비스가 정의된 요구사항을 준수하는지 확인하기 위한 입력 값과 실행 조건, 예상 결과의 집합으로 볼 수 있다.
④ 테스트 케이스 실행이 통과되었는지 실패하였는지 판단하기 위한 기준을 테스트 오라클(Test Oracle)이라고 한다.

7. 다음 중 블랙박스 검사 기법은?

① 경계값 분석   ② 조건 검사
③ 기초 경로 검사   ④ 루프 검사

8. White Box Testing에 대한 설명으로 옳지 않은 것은?

① Base Path Testing, Boundary Value Analysis가 대표적인 기법이다.
② Source Code의 모든 문장을 한 번 이상 수행함으로써 진행 된다.
③ 모듈 안의 작동을 직접 관찰할 수 있다.
④ 산출물의 각 기능별로 적절한 프로그램의 제어구조에 따라 선택, 반복 등의 부분들을 수행함으로써 논리적 경로를 점검한다.

9. 평가 점수에 따른 성적 부여는 다음 표와 같다. 이를 구현한 소프트웨어를 경계 값 분석 기법으로 테스트하고자 할 때 다음 중 테스트 케이스의 입력 값으로 옳지 않은 것은?

평가 점수	성적
80~100	A
60~79	B
0~59	C

① 59   ② 80   ③ 90   ④ 101

해설 경계값 분석은 입력값이 x라면 x-1, x, x+1 의 값을 테스트케이스로 만든다. 따라서 점수가
      80~100이면 79,80,81/99,100,101을 테스트케이스로 만든다.

10. 제어흐름그래프가 다음과 같을 때 McCabe의 cyclomatic 수는 얼마인가?

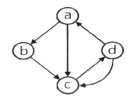

① 3

② 4

③ 5

④ 6

정답 ②
해설 순환 복잡도(cyclomatic) = 화살표수 - 노드수 +2 = 6-4+2=4.

11. 다음 중 소프트웨어 개발 단계가 순서대로 나열된 것은?

① 단위 테스트→시스템 테스트→인수 테스트→통합 테스트
② 단위 테스트→통합 테스트→시스템 테스트→인수 테스트
③ 통합 테스트→시스템 테스트→단위 테스트→인수 테스트
④ 시스템 테스트→단위 테스트→인수 테스트→통합 테스트

정답 ②
해설 소프트웨어 개발 단계는 단위 테스트 → 통합 테스트 → 시스템 테스트 → 인수 테스트의 순서를 거친다.

12. 검증 검사 기법 중 개발자의 장소에서 사용자가 개발자가 앞에서 행하는 기법이며, 일반적
    으로 통제된 환경에서 사용자와 개발자가 함께 확인하면서 수행되는 검사는?

① 동치 분할 검사   ② 형상 검사
③ 알파 검사   ④ 베타 검사

정답 ③
해설 • 알파 테스트 : 통제된 장소에서 사용자가 개발자 앞에서 테스트
      • 베타 테스트 : 개발자없이 사용자 환경에서 사용자끼리 테스트

13. 다음 중 단위 테스트를 통해 발견할 수 있는 오류가 아닌 것은?

① 알고리즘 오류에 따른 원치 않는 결과
② 탈출구가 없는 반복문의 사용
③ 모듈 간의 비정상적 상호작용으로 인한 원치 않는 결과
④ 틀린 계산 수식에 의한 잘못된 결과

정답 ③
해설 • 단위 테스트는 모듈간의 테스트가 아닌 하나의 단위 모듈에서 테스트를 수행한다.

14. 통합 테스트(Integration Test)와 관련한 설명으로 틀린 것은?

① 시스템을 구성하는 모듈의 인터페이스와 결합을 테스트하는 것이다.
② 하향식 통합 테스트의 경우 넓이 우선(Breadth First) 방식으로 테스트를 할 모듈을 선택할 수 있다.
③ 상향식 통합 테스트의 경우 시스템 구조도의 최상위에 있는 모듈을 먼저 구현하고 테스트한다.
④ 모듈 간의 인터페이스와 시스템의 동작이 정상적으로 잘되고 있는지를 빨리 파악하고자 할 때 상향식 보다는 하향식 통합 테스트를 사용하는 것이 좋다.

정답 ③
해설 상향식 통합은 애플리케이션 구조에서 최하위 레벨의 모듈 또는 컴포넌트로부터 위쪽 방향으로 제어의 경로를 따라 이동하면서 구축과 테스트를 시작한다.

15. 하향식 통합에 있어서 모듈 간의 통합 시험을 위해 일시적으로 필요한 조건만을 가지고 임시로 제공되는 시험용 모듈을 무엇이라고 하는가?

① Stub   ② Driver
③ Procedure   ④ Function

정답 ①
해설 Stub(스텁) : 하향식 통합 테스트에서 사용하는 시험용 모듈

16. 소프트웨어 개발 활동을 수행함에 있어서 시스템이 고장(Failure)을 일으키게 하며, 오류 (Error)가 있는 경우 발생하는 것은?

① Fault   ② Testcase

③ Mistake   ④ Inspection

정답 | ①
해설 | Fault는 결함으로 시스템이 고장(Failure)을 일으키게 하며, 오류(Error)가 있는 경우 발생한다.

17. 테스트와 디버그의 목적으로 옳은 것은?

① 테스트는 오류를 찾는 작업이고 디버깅은 오류를 수정하는 작업이다.

② 테스트는 오류를 수정하는 작업이고 디버깅은 오류를 찾는 작업이다.

③ 둘 다 소프트웨어의 오류를 찾는 작업으로 오류 수정은 하지 않는다.

④ 둘 다 소프트웨어 오류의 발견, 수정과 무관하다.

정답 | ①
해설 | 테스트는 오류를 찾는 작업이고 디버깅은 오류를 수정하는 작업이다.

18. 소프트웨어 공학에서 워크스루(Walkthrough)에 대한 설명으로 틀린 것은?

① 사용사례를 확장하여 명세하거나 설계 다이어그램, 원시코드, 테스트 케이스 등에 적용할 수 있다.

② 복잡한 알고리즘 또는 반복, 실시간 동작, 병행 처리와 같은 기능이나 동작을 이해하려고 할 때 유용하다.

③ 인스펙션(Inspection)과 동일한 의미를 가진다.

④ 단순한 테스트 케이스를 이용하여 프로덕트를 수작업으로 수행해 보는 것이다.

정답 | ③
해설 | • 워크스루는 사전에 요구 명세서를 배포하고 개발자를 포함하여 오류를 검출
      • 인스펙션은 개발자를 제외하고 전문 테스트 팀이 오류를 검출

19. 코드 인스펙션과 관련한 설명으로 틀린 것은?

① 프로그램을 수행시켜보는 것 대신에 읽어보고 눈으로 확인하는 방법으로 볼 수 있다.

② 코드 품질 향상 기법 중 하나이다.

③ 동적 테스트 시에만 활용하는 기법이다.

④ 결함과 함께 코딩 표준 준수 여부, 효율성 등의 다른 품질 이슈를 검사하기도 한다.

정답 | ③

해설 | 코드 인스펙션은 프로그램을 실행하는 동적 테스트가 아니고 눈으로 확인하는 정적 테스트를 지원한다.

20. 애플리케이션의 처리량, 응답시간, 경과시간, 자원 사용률에 대해 가상의 사용자를 생성하고 테스트를 수행함으로써 성능 목표를 달성하였는지를 확인하는 테스트 자동화 도구는?

① 명세 기반 테스트 설계 도구

② 코드 기반 테스트 설계 도구

③ 기능 테스트 수행 도구

④ 성능 테스트 도구

정답 | ④

해설 | 성능 테스트 도구는 처리량, 응답시간, 경과시간, 자원사용률 등의 성능을 테스트한다.

21. 소프트웨어를 보다 쉽게 이해할 수 있고 적은 비용으로 수정할 수 있도록 겉으로 보이는 동작의 변화 없이 내부구조를 변경하는 것은?

① Refactoring   ② Architecting

③ Specification   ④ Renewal

정답 | ①

해설 | 리팩토링(Refactoring) : 기능의 변경 없이 복잡한 코드 구조를 이해하기 쉽고 가독성이 높은 코드 구조로 재구성하는 활동

22. 알고리즘 설계 기법으로 거리가 먼 것은?

① Divide and Conquer   ② Greedy

③ Static Block   ④ Backtracking

정답	③
해설	Divide and Conquer : 분할/정복 알고리즘 Greedy : 탐욕적 알고리즘 Backtracking : 백트래킹 알고리즘

23. 정형 기술 검토(FTR)의 지침으로 틀린 것은?

① 의제를 제한한다.

② 논쟁과 반박을 제한한다.

③ 문제영역을 명확히 표현한다.

④ 참가자의 수를 제한하지 않는다.

정답	④
해설	- 정형기술 검토 지침 의제를 제한한다. 논쟁과 반박을 제한한다. 문제영역을 명확히 표현한다. 참가자의 수를 제한한다.

24. 클린코드 작성 원칙에 대한 설명으로 틀린 것은?

① 코드의 중복을 최소화한다.

② 코드가 다른 모듈에 미치는 영향을 최대화하도록 작성한다.

③ 누구든지 코드를 쉽게 읽을 수 있도록 작성한다.

④ 한 번에 한 가지 처리만 수행한다.

정답	②	
해설	클린코드 작성원칙	
	가독성	누구든지 쉽게 코드를 읽을 수 있도록 작성 작성 시 이해하기 쉬운 용어를 사용 들여쓰기 기능 사용
	단순성	한번에 한 가지를 처리하도록 코드를 작성하고 클래스/메소드/함수 등을 최소 단위로 분리

의존성 배제	코드가 다른 모듈에 미치는 영향을 최소화 코드 변경 시 다른 부분에 영향이 없도록 작성
중복성 최소화	코드 중복 최소화 중복 코드는 삭제하고 공통된 코드를 사용
추상화	상위 클래스에서는 간략하게 애플리케이션의 특징을 나타내고, 상세 내용은 하위 클래스에서 구현

25. 소프트웨어를 재사용함으로써 얻을 수 있는 이점으로 가장 거리가 먼 것은?

① 생산성 증가

② 프로젝트 문서 공유

③ 소프트웨어 품질 향상

④ 새로운 개발 방법론 도입 용이

정답 ④

해설 - 재사용 이점
• 소프트웨어 품질 및 생산성을 향상시킨다.
• 개발 시간과 비용을 감소시킨다.
• 프로젝트 실패의 위험을 감소시킨다.
• 시스템 구축 방법에 대한 지식을 공유할 수 있다.
• 시스템 명세, 설계, 코드 등의 문서를 공유하게 된다.

26. 외계인코드(Alien Code)에 대한 설명으로 옳은 것은?

① 프로그램의 로직이 복잡하여 이해하기 어려운 프로그램을 의미한다.

② 아주 오래되거나 참고 문서 또는 개발자가 없어 유지보수 작업이 어려운 프로그램을 의미한다.

③ 오류가 없어 디버깅 과정이 필요 없는 프로그램을 의미한다.

④ 사용자가 직접 작성한 프로그램을 의미한다.

정답 ②

해설 외계인코드(Alien Code)는 아주 오래되어 참고할 문서가 없어 유지보수가 어려운 코드를 의미한다.

27. 소스코드 정적 분석(Static Analysis)에 대한 설명으로 틀린 것은?

① 소스 코드를 실행시키지 않고 분석한다.

② 코드에 있는 오류나 잠재적인 오류를 찾아내기 위한 활동이다.

③ 하드웨어적인 방법으로만 코드 분석이 가능하다.

④ 자료 흐름이나 논리 흐름을 분석하여 비정상적인 패턴을 찾을 수 있다.

정답 ③
해설 정적 분석은 명세서나 소스 코드를 분석 방법으로 하드웨어적 방법이 아니어도 코드 분석이 가능하다.

28. 다음 중 소스 코드의 정적 분석 도구에 해당하지 않는 것은?

① SonarQube

② cppcheck

③ Avalanche

④ pmd

정답 ③
해설 정적 분석 도구에는 pmd, cppcheck, SonarQube, checkstyle가 있고, Avalanche는 동적 분석 도구에 해당한다.

29. 다음 중 애플리케이션 성능을 측정하는 기준으로 옳지 않은 것은?

① 응답시간

② 처리량

③ 데이터 사용률

④ 경과시간

정답 ③
해설 애플리케이션 성능을 측정하는 기준에는 처리량(Throughput), 응답시간(Response Time), 자원 사용률(Resource Usage), 경과 시간(Turn Around Time)이 있다.

30. 소프트웨어 재공학의 주요 활동 중 기존 소프트웨어 시스템을 새로운 기술 또는 하드웨어 환경에서 사용할 수 있도록 변환하는 작업을 의미하는 것은?

① Analysis

② Migration

③ Restructuring

④ Reverse Engineering

정답 ②
해설 Migration(이식) : 기존 소프트웨어 시스템을 새로운 기술 또는 하드웨어 환경에서 사용할 수 있도록 변환하는 작업

Chapter 05 인터페이스 구현

1. 인터페이스 설계 확인

(1) 인터페이스 기능 확인

1) 인터페이스 설계서 (= 인터페이스 정의서)

① 인터페이스 구현을 위해서 인터페이스 설계단계에서 작성된 인터페이스 설계서의 기능을 확인한다.

② 인터페이스 설계서는 이 기종 시스템이나 컴포넌트 간에 데이터 교환 및 처리를 위한 문서로, 각 시스템의 교환 데이터 및 업무, 송수신 주체 등이 정의되어 있다. 인터페이스 목록과 인터페이스 명세 부분으로 나누어 정의된다.

2) 인터페이스 설계서 유형

① 시스템 인터페이스 설계서 : 인터페이스 목록, 각 인터페이스의 상세 정보를 명세한다.

② 정적·동적 모형 인터페이스 설계서 : 시스템 구성 요소 간의 트랜잭션을 정의한다.

[시스템 인터페이스 목록 예시]

인터페이스 ID	인터페이스명	송신 기관	송신 시스템	수신 기관	수신 시스템	대내외 구분
ID-001	예금주 조회	당사	회계 시스템	은행	고객 정보 시스템	대외
ID-002	사원 정보 저장	당사	인사 시스템	당사	전자 결재 시스템	대내
ID-003	지급 정보 전송	당사	회계 시스템	은행	수신 시스템	대외
ID-004	잔액 조회	당사	회계 시스템	은행	고객 정보 시스템	대외

3) 인터페이스 설계서별 모듈 기능 확인

① 외부 모듈 기능 : 송신 및 전달 부분, 오퍼레이션과 사전 조건 등

② 내부 모듈 기능 : 수신 부분, 사후 조건 등

③ 공통 모듈 기능 : 내외부 모듈 기능을 통해 공통적으로 제공되는 기능

외부 모듈(인사)	내부 모듈(회계)	공통
급여 계산	전표 발생	전표 발생
전표 발생	지출결의서	
결과 확인		

(2) 데이터 표준 확인

1) 인터페이스 데이터 표준 확인

인터페이스 구현을 위해서는 모듈 간 인터페이스에 사용되는 데이터를 표준화하고 전송할 데이터 형식을 구현한다.

구분	항목	데이터 표준화
입력값	급여 코드	• 급여 지급 연월을 숫자 6자리으로 명시 (ex.20230710) • 정규직은 R, 계약직은 T(ex.202307R)
	급여 일자	• YYYYMMDD 형태의 8자리로 전송 (ex. 202307010)
	계산 결과	• 직원 별 결과 항목 : 사번, 이름. 소속, 총지급액, 공제액, 실급여액 등
	급여액	• 금액은 정수로 표현하되, 3자리마다 쉼표로 표현(ex.2,500,000원)
출력값	전표 정보	• 발생 시기 : YYYYMMDD 형식 • 전표 구분 : 매입 AP, 매출 AR
	차변 대변	• 각 계정별 마스터 정보 발생(급여, 상여, 세금) • 각 귀속 부서별 급여 합계액
	거래처 정보	• 거래처(직원) : 사번_이름 형태로 정의 • 계좌정보 : 은행코드_계좌번호로 정의

2) 인터페이스 데이터 형식 종류

① XML

• 여러 특수 목적의 마크업언어를 만드는 용도에서 권장되는 다목적 마크업언어이다.

• HTML의 단점을 보완하여 구조화된 데이터를 교환하고, 사용자 정의 태그가 가능하다.

② JSON (JavaScript Object Notation)

- 속성-값 쌍(attribute-value pairs) 이루어진 구조적 데이터의 교환을 위해 인간이 읽을 수 있는 텍스트를 사용하는 개방형 표준 포맷이다.
- Javascript에서 객체를 만들 때 사용하는 표현식으로 특정 언어에 종속되지 않는다.
- 비동기 통신(AJAX)을 위해, 넓게는 XML을 대체하는 주요 데이터 포맷이다.

③ YAML (YAML Ain'tMarkup Language)

JSON과 완전히 상호 호환되면서 가독성이 좋고 사용자 친화적이다.

XML	JSON	YAML

`<Servers>`
  `<Server>`
    `<name>Server1</name>`
    `<owner>John</owner>`
    `<created>123456</created>`
    `<status>active</status>`
  `</Server>`
`</Servers>`
	`{`
	  `Servers: [`
	    `{`
	      `name: Server1,`
	      `owner: John,`
	      `created: 123456,`
	      `status: active`
	    `}`
	  `]`
	`}`
		`Servers:`
		  `-` `name: Server1`
		     `owner: John`
		     `created: 123456`
		     `status: active`

[데이터 형식의 비교]

3) AJAX

① JavaScript를 사용한 비동기 통신, 클라이언트와 서버간 XML , JSON 등의 데이터를 주고받는 기술이다.

② 웹 페이지 재 적재시 전체 페이지를 새로 고치지 않고도 페이지의 일부만을 위한 데이터를 적재하는 기법으로 자원 낭비를 줄일 수 있다.

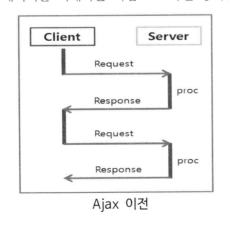

Ajax 이전

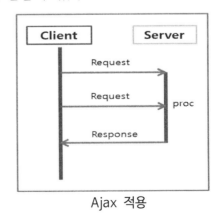

Ajax 적용

2. 인터페이스 기능 구현

(1) 인터페이스 보안

① 인터페이스는 시스템 모듈 간 통신 및 데이터 교환을 위한 통로로 사용되므로 보안의 취약점이 발생할 수 있으며 보안 기능의 적용은 필수이다.

② 보안 기능 적용은 인터페이스 보안 취약점 파악 후 적절한 보안 기능을 선택한다.

1) 인터페이스 보안 취약 분석

• 인터페이스 기능이 수행되는 각 영역들의 구현 현황을 확인하고, 각 영역에 존재할 수 있는 보안 취약점을 분석한다.

• 보안 취약점 영역은 네트워크 영역, 애플리케이션 영역, 데이터베이스 영역으로 구분한다.

① 네트워크 영역의 취약점

• 스니핑(Sniffing) : 네트워크상에서 타인의 패킷 교환을 훔쳐보는 행위

• 스푸핑(Spoofing) : 타인의 신분으로 위장하여 통신 상대방의 정보를 탈취하는 위장 공격으로 위장 형태에 따라 ARP 스푸핑, IP 스푸핑, DNS 스푸핑, 이메일 스푸핑 등으로 구분한다.

• 세션하이재킹 : 이미 인증받은 세션을 TCP 핸드쉐이킹의 취약점을 이용하여 탈취하는 공격

• 서비스거부(Dos) 공격: 목표시스템에 대량의 패킷을 전송하여 자원고갈, 통신 대역폭 낭비 등으로 시스템 기능을 마비시키는 가용성 파괴 공격이다.

② 애플리케이션 영역의 취약점

• 버퍼 오버플로우: 프로그램 취약점을 이용한 공격으로 부프로그램의 복귀 주소 조작하여 시스템 권한을 탈취하는 공격이다.

• XSS(크로스 사이트 스크립트) 공격: 악성 스크립트 파일을 게시판 등에 삽입한 후 사용자 등이 게시물을 열람하거나 다운로드 했을 때 악성 코드가 설치되고 개인정보를 탈취하는 공격이다.

③ 데이터베이스 영역의 취약점
- 비인가 접근, 트리거 : 허가받지 않은 접근 및 DB 변경 동작 시 발생하는 보안 취약점이다.
- SQL Injection (SQL 인젝션) : 변조한 SQL 구문을 삽입하여 DB에 불법 접근하여 정보를 탈취하는 대표적인 웹 공격이다.

2) 인터페이스 보안 기능 적용

인터페이스 보안은 네트워크, 애플리케이션, 데이터 영역별로 취약점에 대응하여 적용한다.

① 네트워크 영역 : 데이터 암호화, 보안 프로토콜 IPsec을 적용한다.
② 애플리케이션 영역 : 소프트웨어 개발 보안 가이드 라인을 준수하여 개발한다.
③ 데이터베이스 영역 : 쥡근 권한을 강화, 중요한 정보에 대하여 암호화 수행

(2) 소프트웨어 연계 테스트

1) 연계 테스트 개념

구축된 연계 시스템과 송신 모듈, 수신 모듈, 연계 서버 및 엔진, 모니터링 현황 등 연계 시스템의 구성 요소가 정상적으로 동작하는지 확인하고 검증하는 활동을 말한다.

2) 연계 테스트 진행 순서

연계 테스트 케이스 작성	송·수신용 연계 응용 프로그램의 단위 테스트 케이스와 연계 테스트 케이스를 각각 작성
연계 테스트 환경 구축	테스트 일정, 방법, 소요시간 등을 송·수신 기관과의 협의를 통해 결정
연계 테스트 수행	연계 프로그램을 실행하여 연계 테스트케이스의 시험 항목 및 처리 절차 등을 실제로 진행
연계 테스트 수행 결과 검증	연계 테스트 케이스의 시험 항목 및 처리 절차를 수행한 결과가 예상 결과와 동일한지 확인

3. 인터페이스 구현 검증

(1) 설계 산출물

1) 인터페이스 구현 검증 도구의 정의

인터페이스 구현 검증 도구와 감시 도구를 통하여 인터페이스의 동작 상태를 검증 및 감시(monitoring)할 수 있다. 테스트 자동화 도구를 사용하여 단위 및 통합 테스트의 효율성을 높일 수 있다.

2) 인터페이스 구현 검증 도구

도구	내용
xUnit	java(Junit), C++(Cppunit), Net(Nunit) 등 다양한 언어를 지원하는 단위 테스트 프레임 워크
STAF	서비스 호출, 컴포넌트 재사용 등 다양한 환경을 지원하는 테스트 프레임워크
FitNesse	웹 기반 테스트 케이스 설계/실행/결과 확인 등을 지원하는 테스트 프레임워크
NTAF	Naver 테스트 자동화 프레임워크이며, STAF와 FiNesse를 통합
Selenium	다양한 브라우저 지원 및 개발언어를 지원하는 웹 애플리케이션 테스트 프레임워크
watir	Ruby 기반 웹 애플리케이션 테스트 프레임워크

3) 인터페이스 감시 도구

- 인터페이스의 동작 여부를 확인하기 위해 애플리케이션 모니터링 툴(APM; Application Perfomance Management)를 이용하여 동작 상태를 감시한다.
- 데이터베이스, 웹 애플리케이션의 트랜잭션과 변수값, 호출 함수, 로그 및 시스템 부하 등 종합적인 정보를 조회하고 분석한다.
- 대표적인 애플리케이션 성능 관리 도구는 스카우터(Scouter), 제니퍼(Jennifer) 등이 있다.

(2) 인터페이스 명세서

1) 인터페이스 오류 처리 방법

인터페이스 오류 처리 방법은 사용자 화면에 오류 메시지를 표시시키는 방법, 인터페이스 오류 시스템 로그를 생성하면 파일로 보관하는 방법, 별도 인터페이스 관련 테이블에 오류 사항을 기록하는 방법으로 나눌 수 있다.

① 사용자 화면에서 오류 메시지를 표시
- 가장 많이 쓰이는 방법으로 가장 직관적으로 오류를 인지할 수 있다.
- 오류 발생 시 알람 형태로 화면에 표시되며, 주로 즉시적으로 데이터가 인터페이스되는 경우에 사용한다.

② 인터페이스 오류 로그 생성
- 시스템 운영 로그에 인터페이스 오류 발생 시 관련 에러 로그가 생성된다.
- 인터페이스 오류의 자세한 내역을 알기 위해 사용된다.
- 시스템 관리자나 운영자가 오류 로그를 확인할 수 있다.

[인터페이스 오류 로그 생성 예시표]

예시
[2020-02-05 04:08:360003][ERRORCODE1000] 인사발령번호 = 2020-424 (EMB_NPC_NM) = xxxxxxx 인사발령 구분 Length Exceed Exception : 발령내역 길이가 초과하였습니다.

③ 인터페이스 관련 테이블에 오류 사항 기록
- 테이블을 통한 인터페이스 기능을 구현하거나, 인터페이스 트랜잭션 기록을 변도로 보관하는 경우 테이블에 오류 사항 기록이 가능하다.
- 이력을 직관적으로 보기 쉽기 때문에 운영자가 관리하기 용이하다.

[인터페이스 오류 로그 테이블 기록 예시 표]

송신 일시	변경 구분	발령 번호	사번	발령 내용	……	처리 일시	처리 상태	오류 코드	오류 내용
20.2.5	입력	2020 -222	20-001 -300	신규 임용	……	20.2.5	실패	E-001	수신 데이터베이스 연결 실패

2) 인터페이스 오류 처리 보고서 작성

정형화된 형식은 없지만 현 조직 및 상황에 맞는 보고서를 작성하여 활용해야 한다. 또한 인터페이스에서 오류가 발생하면 관련 사항을 조직에 정의된 보고 라인으로 인터페이스 오류 처리 보고서를 작성하여 즉시 보고해야 한다.

1. 인터페이스 구현 검증 도구가 아닌 것은?

① ESB   ② xUnit

③ STAF   ④ NTAF

정답 ①
해설 ESB 는 시스템 연계 방식이다.

2. 인터페이스 간의 통신을 위해 이용되는 데이터 포맷이 아닌 것은?

① AJTML   ② JSON

③ XML   ④ YAML

정답 ①
해설 인터페이스 데이터 포맷 : XML, JSON, YAML

3. 다음 〈보기〉가 설명하는 내용으로 옳은 것은?

───〈 보기 〉───

이 기종 시스템이나 컴포넌트 간에 데이터 교환 및 처리를 위한 문서로, 각 시스템의 교환 데이터 및 업무, 송수신 주체 등이 정의되어 있다.

① 인터페이스 설계서   ② UML

③ DBMS   ④ 모듈 설계서

정답 ①
해설 인터페이스 설계서는 각 시스템이나 컴포넌트 간에 데이터 교환 및 처리를 위한 문서를 말한다.

4. 대표적인 애플리케이션 성능 관리 도구는?

① cppcheck   ② Scouter

③ pmd   ④ SonarQube

정답 ②
해설 대표적인 애플리케이션 성능 관리 도구는 스카우터(Scouter), 제니퍼(Jennifer) 등이 있다.

5. 다음 중 인터페이스 정의서의 주요 항목으로 옳지 않은 것은?

① 송수신 시스템 정보
② 최소 데이터 크기
③ 최대 처리 횟수
④ 인터페이스 ID

정답 ②

해설 데이터 크기(평균/최대): 해당 인터페이스 1회 처리 시 소요되는 데이터의 평균 크기와 최대 크기

6. 인터페이스 구현 검증 도구 중 아래에서 설명하는 것은?

> 서비스호출, 컴포넌트 재사용 등 다양한 환경을 지원하는 테스트 프레임워크
> 각 테스트 대상 분산 환경에 데몬을 사용하여 테스트 대상 프로그램을 통해 테스트를 수행하고,
> 통합하여 자동화하는 검증 도구

① xUnit
② STAF
③ FitNesse
④ RubyNode

정답 ②

해설 • xUnit : 단위 테스트 프레임워크
• FitNesse : 웹 기반 테스트 프레임워크
• RubyNode : Ruby 기반 테스트 프레임워크

7. 다음 중 연계 모듈 테스트 케이스(Testcase) 작성 및 명세화 단계에서 진행하는 내용이 아닌 것은?

① 연계 테스트 구간에서의 데이터 및 프로세스 흐름에 따라 테스트 케이스를 작성한다.
② 연계 테스트 케이스는 연계 테이블 단위로 작성한다.
③ 실제 연계 응용프로그램을 실행하여 테스트하고 결과를 확인한다.
④ 송·수신 시스템 간에 연계 데이터 정상 추출 여부, 데이터 형식 체크, 데이터 표준 준수 여부 등을 테스트할 수 있도록 작성한다.

정답 ③

해설 연계 테스트 수행 및 검증 단계에서 실제 연계 응용프로그램을 실행하여 테스트하고 결과를 확인한다.

8. 다음 중 인터페이스 목록에 해당하지 않는 것은?

① 인터페이스 목적
② 송·수신 시스템
③ 연계 방식
④ 관련 요구사항 ID

9. 인터페이스 구현 시 사용하는 기술로 속성-값 쌍(Attribute-Value Pairs)으로 이루어진 데이터 오브젝트를 전달하기 위해 사용하는 개방형 표준 포맷은?

① JSON
② HTML
③ AVPN
④ DOF

10. 다음 중 인터페이스 표준 확인 단계가 아닌 것은?

① 데이터 표준 작성을 위해 데이터 인페이스의 입력 값, 출력 값이 의미하는 내용을 파악한다.
② 식별된 인터페이스트명을 통해 데이터 표준을 확인한다.
③ 필요한 표준 및 조정해야 할 항목들을 검토 및 확인한다.
④ 식별된 인터페이스 기능을 통해 필요 데이터 항목과 이전에 식별된 데이터 인터페이스 항목에서 수정, 추가, 삭제되어야 할 항목들을 검토한다.

3. 데이터 인터페이스 및 식별된 인터페이스 기능을 통해 데이터 표준을 확인한다.
- 필요한 표준 및 조정해야 할 항목들을 검토 및 확인한다.
- 인터페이스 데이터 표준을 최종적으로 확인한다.
- 확인된 데이터 표준을 어디서 도출하였는지를 구분하여 작성한다.

11. 다음 중 XML의 특징으로 옳지 않은 것은?

① 데이터를 보여주지 않고도, 데이터를 전달하고 저장하는 것을 목적으로 한다.
② 다른 목적의 마크업 언어를 만드는 데 사용된다.
③ 다른 시스템끼리 데이터 교환이 어렵다.
④ 새로운 태그를 만들어 추가해도 계속해서 동작하기 때문에 확장성이 좋다.

정답 | ③
해설 | XML은 다른 시스템끼리 다양한 종류의 데이터를 손쉽게 교환할 수 있도록 한다.

12. 인터페이스 구현 시 사용하는 기술 중 다음 내용이 설명하는 것은?

JavaScript를 사용한 비동기 통신기술로 클라이언트와 서버 간에 XML 데이터를 주고받는 기술

① Procedure   ② Trigger
③ Greedy   ④ AJAX

정답 | ④
해설 | AJAX : JavaScript를 사용한 비동기 통신기술로 클라이언트와 서버 간에 XML 데이터를 주고받는 기술

13. 다음 〈보기〉에서 설명하는 인터페이스 구현 검증 도구는 무엇인가?

─── 〈 보기 〉 ───
웹 기반 테스트 케이스 설계/실행/결과 확인 등을 지원하는 테스트 프레임워크

① FitNesse   ② STAF
③ Selenium   ④ xUnit

14. 다음 중 인터페이스 오류 처리 방법이 아닌 것은?

① 사용자 화면에서 오류 메시지를 발생시키는 방법

② 관리자에게만 오류 메시지를 전달하는 방법

③ 별도 인터페이스 관련 테이블에 오류 사항을 기록하는 방법

④ 인터페이스 오류 시스템 로그를 생성하면 파일로 보관하는 방법

15. 다음 〈보기〉에서 설명하는 인터페이스 오류 처리 방법은?

─── 〈 보기 〉 ───

오류 발생 시 알람 형태로 화면에 표시되며, 주로 즉시적으로 데이터가 인터페이스되는 경우에 사용한다.

① 인터페이스 오류 로그 생성

② 사용자 화면에서 오류 메시지를 발생

③ 인터페이스 관련 테이블에 오류 사항 기록

④ 인터페이스 오류 삭제

16. 인터페이스 오류 발생 즉시 처리하는 방법이 아닌 것은?

① 알림 메시지　　　　　　　　　② SMS 전송
③ E메일 전송　　　　　　　　　　④ 로그 분석

정답 ④
해설 | 로그 분석은 오류 발생 시 일정 기간 쌓은 로그를 분석하는 방법으로 주기적인 처리 방법이다.

17. 인터페이스 보안을 위해 네트워크 영역에 적용될 수 있는 솔루션과 거리가 먼 것은?

① IPSec　　　　　　　　　　　② SMTP
③ SSL　　　　　　　　　　　　④ S-HTTPS

정답 ②
해설 | 네트워크 영역 보안 솔루션 : IPsec, SSL, S-HTTPS 등
SMTP : 메일 서비스 프로토콜

18. 다음 인터페이스의 주요 보안 문제점으로 〈보기〉에서 설명하는 것은?

── 〈 보기 〉──

컴퓨터 네트워크 상에서 자신이 아닌 다른 상대방들의 패킷 교환을 훔쳐보는 행위로 수동적 공격의 성격을 지닌다.

① ARP 스푸핑　　　　　　　　　② 스니핑(Sniffing)
③ IP 스푸핑　　　　　　　　　　④ 스푸핑(Spoofing)

정답 ②
해설 | ① ARP 스푸핑 : 근거리 통신망 하에서 주소 결정 프로토콜 메시지를 이용하여 상대방의 데이터 패킷을 중간에 가로채는 중간자 공격 기법
③ IP 스푸핑 : MAC의 위의 단계인 IP 주소를 속이는 방법
④ 스푸핑(Spoofing) : 타인의 IP 주소 등을 자신의 것으로 위장하는 공격

핵심공략 정보처리기사 필기 한권으로 끝내기

제3과목
데이터베이스

Chapter 01   SQL 응용

1. 절차형 SQL 작성

- 절차형 SQL은 일반 개발 언어처럼 프로그래밍이 가능한 SQL을 의미한다.
- 절차형 SQL의 생성 모듈로는 트리거, 이벤트, 사용자 정의 함수 등이 있다

(1) 트리거(TRIGGER)

1) 트리거(Trigger) 개요

① 데이터베이스의 이벤트 프로그래밍으로 일정 조건이 충족될 경우 이벤트(데이터 삽입, 수정, 삭제 등)가 발생하는 것이다.

② 사용자가 직접 호출하는 것이 아니라, 데이터베이스에서 자동적으로 호출되어 실행되는 것을 말한다.

③ 데이터 무결성 유지와 로그 메시지 출력 등의 처리를 위해 사용된다.

2) 트리거 기본문법

①	CREATE [OR REPLACE] TRIGGER 트리거명
②	[BEFORE | AFTER] ON
③	[FOR EACH ROW]
	[WHEN (condition)]
	DECLARE(변수선언)
	BEGIN
④	{SQL 명령 작성}
	{EXCEPTION}
	END;

① 트리거 선언

② BEFORE: INSERT, UPDATE, DELETE 문이 실행되기 전에 트리거 실행명령이다.

③ AFTER: INSERT, UPDATE, DELETE 문이 실행 후 트리거가 실행된다.

④ FOR EACH ROW : 행 트리거 옵션이다.

⑤ 필요한 SQL 명령어 작성

3) 트리거 예제

①	CREATE TRIGGER T_SUBJECT
②	BEFORE INSERT ON SUBJECT
	BEGIN
③	IF(MAT < 60) THEN
④	RAISE_APPLICATION_ERROR
⑤	(-12345, '과락 입니다');
	END IF;
	END;

① T_SUBJECT(과목) 트리거 명 선언

② 삽입(INSERT) 명령어 실행 전

③ 수학 점수가 60점 미만일 경우

④ 에러가 발생

⑤ 12345번 에러 발생하며 '과락입니다' 표시

(2) 이벤트 (EVENT)

1) 이벤트 개요

① 특정 시간대에 일정 기능을 실행시키는 기능이다.

② 특정 기능이란 프로시저, 함수, SQL 쿼리 등을 포함한다.

③ 이벤트가 발생되는 순서를 알면 매크로 또는 이벤트 프로시저가 실행되는 방법 및 시기에 영향을 줄 수 있다.

2) 이벤트 기본문법

①	CREATE EVENT 이벤트명
②	ON SCHEDULE
	[ON COMPLETION [NOT] PRESERVE]
	[ENABLE	DISABLE]
	[COMMENT '주석문']
	DO
	[BEGIN]

```
        {SQL 명령 작성}
        [END]
```

① 이벤트 선언

② 스케줄 시작

3) 이벤트 예제

```
-   CREATE EVENT T_EVENT
-   ON SCHEDULE
-     EVERY 1 MINUTE
-   DO INSERT INTO TEST(ID, PW) VALUES('park', '1234');
```

① T_EVENT 이벤트 명 선언

② 스케줄 시작

③ 1분 마다 한번씩

④ INSERT 명령어 실행

(3) 사용자 정의 함수

1) SQL 데이터베이스에서 사용자 정의 함수 개요

① SQL 문에서 평가할 수 있는 함수를 추가함으로써 데이터베이스 서버의 기능을 확장하기 위한 장치를 제공한다.

② 일련의 SQL명령의 결과를 단일 값으로 변환한다.

③ 사용자가 직접 정의하고 작성 가능하다.

④ SQL 표준은 스칼라와 테이블 함수를 구별한다.

2) 사용자 정의 함수 기본문법

```
①  CREATE [OR REPLACE] FUNCTION
②  IS
   BEGIN

③  RETURN[VALUE]
   END;
```

① 사용자 정의 함수 선언

② 지역변수 선언

③ 반환 값

3) 사용자 정의 함수 예

①	CREATE FUNCTION MyFunction()
②	IS
	BEGIN
③	SELECT TO ....{SQL 명령 작성}
④	RETURN 0;
	END;

① MyFunction 함수 선언, ( ) 안은 파라미터 지정

② 지역변수 선언

③ SQL 명령 작성

④ 0 값을 리턴

(4) SQL 문법

1) SQL(Structured Query Language)의 개념

① 관계데이터베이스 처리를 위한 표준 언어이다.

② 관계 대수와 관계 연산의 특성을 모두 가지는 구조적 질의어이다.

③ 대화식의 비절차적 언어뿐 아니라 응용 프로그램에 삽입되어 사용하는 절차적 언어로도 사용 가능하다.

④ 데이터 정의어(DDL), 데이터 조작어(DML), 데이터 제어어(DCL)의 모든 명령어를 지원한다.

2) SQL 문법의 분류

① 데이터베이스 정의어 (DDL)

• 데이터 정의어는 데이터베이스의 테이블을 만들고, 구조를 변경하고, 지우는 정의 언어이다.

- 테이블 생성(Create), 테이블 변경(Alter), 테이블 삭제(Drop)와 같은 명령어로 구분된다.

명령어	기능
CREATE	테이블을 생성
ALTER	테이블의 구조를 변경, 수정
DROP	테이블을 삭제 RESTRICT : 참조하는 데이터 객체가 존재하면 제거하지 않음 CASCADE : 제거 대상을 참조하는 다른 객체도 연쇄삭제

② 데이터베이스 조작어 (DML)

- DML은 데이터베이스 관리 체계에 저장된 자료에 접근하고 조회하기 위한 데이터 조작어이다.
- 삽입(INSERT), 삭제(DELETE), 갱신(UPDATE), 검색(SELECT)과 같은 데이터베이스 조작 명령이 있다.

명령어	기능
INSERT	테이블에 튜플을 삽입
DELETE	테이블에서 튜플을 삭제
UPDATE	테이블에서 튜플을 변경
SELECT	테이블에서 튜플을 검색

③ 데이터베이스 제어어 (DCL)

- 데이터베이스의 권한, 보안, 병행제어, 무결성, 회복 등을 퍼리하기 위한 데이터 제어어이다.
- 데이터베이스를 올바르게 유지 관리하기 위해 필요한 규칙과 기법에 따라 데이터베이스를 제어하고 보호한다.

명령어	기능
GRANT	데이터베이스 사용자에게 사용 권한을 부여
REVOKE	데이터베이스 사용자의 사용 권한을 취소
COMMIT	작업이 정상적으로 완료되었음을 의미
ROLLBACK	작업이 비정상적으로 종료되었고 원상태로 복구되어야 함을 알림

2. 응용 SQL 작성

(1) DML (Data Manipulation Language)

참조관계인 두 테이블 학생 및 성적 테이블을 이용해 데이터 검색 명령어를 수행하시오

〈학생〉

학번	이름	학년	학과
9001	박찬호	4	전자
9002	손흥민	3	게임
9003	김연아	3	보안
9005	박지성	3	게임
9007	류현진	1	게임

〈성적〉

학번	과목코드	중간고사	기말고사
9001	A002	80	95
9002	B001	70	85
9003	A002	85	70
9005	A001	65	90
9007	B003	95	65

1) INSERT = 튜플 삽입

형식	INSERT INTO 테이블명(속성목록) VALUES(데이터 목록.);

① 속성 목록이 여러개 일 때 데이터는 순서대로 일대일 할당된다.

② 속성 목록이 생략되었을 때는 테이블의 속성 순서대로 일대일 할당된다.

③ 문자 데이터는 반드시 홑따옴표로 묶어서 표시한다.

> 예 "학생" 테이블의 학번, 이름 속성에 (9004,박길동)을 삽입하시오.
> INSERT INTO 학생(학번,이름,) VALUES (9004, '박길동');

> 예 "학생" 테이블에 각 속성에 대응하여 튜플 (9005, '차길동', 3, 보안)을 삽입하시오.
> INSERT INTO 학생 VALUES (9005, '차길동', 3, '보안');

2) DELETE = 튜플 삭제

형식	DELETE FROM 테이블명 [WHERE 조건];

① 테이블 이름은 하나만 기술해야 한다.

② 조건에 맞는 튜플을 삭제시에는 반드시 WHERE 절을 기술한다.

③ WHERE 절 생략 시에는 모든 튜플이 삭제되고 빈 테이블만 남는다.

④ 삭제할 튜플값을 외래키로 가진 테이블에서도 같은 삭제 연산이 수행되어야 한다.

> 예 학생 테이블에서 학번이 9004인 학생을 삭제하시오.
> DELETE FROM 학생 WHERE 학번 = 9004;

> 예 수강 테이블의 모든 튜플을 삭제하시오.
> DELETE FROM 학생 ;

3) UPDATE = 튜플 변경

형식	UPDATE 테이블명 SET 속성명 = 데이터 값 [WHERE 조건];

① SET에 기술된 변경값을 해당 속성값으로 변경한다.

② WHERE 절 기술 시 조건에 만족하는 튜플만 변경되고, WHERE 절 생략시에는 모든 속성값이 변경된다.

③ 기본키 변경시에는 참조하는 외래키도 변경되어야 한다.

> 예 학번이 9003인 학생의 이름을 '박지성'으로 변경하시오.
> UPDATE 학생 SET 이름='박지성' WHERE 학번=9003;

> 예 모든 학생의 점수를 1점씩 더하시오.
> UPDATE 학생 SET 점수=점수+1;

4) SELECT = 튜플 검색

형식	SELECT [DISTINCT] 속성명1, 속성명2 ... FROM 테이블명1, 테이블명2, ... [WHERE 조건] [ORDER BY 속성 [ASC] 또는 [DESC] [GROUP BY 그룹화 속성 [HAVING 그룹조건] ;

① SELECT 절에는 속성, 그룹함수, 산술식, 문자 상수 등이 올 수 있다.

② DISTINCT는 중복된 데이터를 제거하고 표시할 때 사용한다.

③ FROM 절은 질의에 필요한 테이블을 나열한다.

④ WHERE 절은 FROM 절에 명시된 테이블에서 추출할 조건을 기술한다.

⑤ ORDER BY 절은 검색 결과에 대해 속성별로 오름차순, 내림차순을 지정할 수 있다.

⑥ GROUP BY 절은 그룹화할 기준 속성을 기술한다.

⑦ HAVING 절은 그룹들 중에서 선택할 조건을 기술하며 내장된 그룹함수와 함께 기술한다.

------------------- 〈기본 검색〉 ---

❶ 학생 테이블에서 모든 학생 정보를 검색하시오. (결과는 모두 동일)
• SELECT * FROM 학생;
• SELECT 학번, 이름, 학년, 학과 FROM 학생;
• SELECT 학생.학번, 학생.이름, 학생,학년 학생.학과 FROM 학생;

❷ 학생 테이블에서 중복이 배제된 학과를 검색하시오.
  SELECT DISTINCT FROM 학생 ;

------------------- 〈조건 검색〉 ---

• 조건 검색은 WHERE절을 이용해 표현한다.
• 이상(>=), 이하(<=) 표현은 BETWEEN ~ AND ~와 동등하다.

❶ 학생 테이블에서 '게임'과 학생의 학번, 이름, 학과을 검색하시오.
  SELECT 학번, 이름, 학과 FROM 학생 WHERE 학과='게임';

❷ 학생 테이블에서 2학년 이상이면서 '게임'과 학생의 이름, 학년, 학과를 검색하시오.
  SELECT 이름, 학년, 학과 FROM 학생
  WHERE 학년 >=2 AND 학과='게임';

❸ 성적 테이블에서 중간고사 점수가 70 이상~90 이하인 학생의 정보를 검색하시오.
  . SELECT * FROM 성적 WHERE 중간고사 >=70 AND 중간고사 <=90;
  . SELECT * FROM 성적 WHERE 중간고사 BETWEEN 70 AND 90;

속성X의 조건이 A이상~ B이하 일 때 SQL로 표현은 두 가지로 서로 동등하다.
① where X>=A AND X<=B
② where X BETWEEN A AND B

------------------ 〈부분 문자열 검색〉 ---

- 부분 문자열 표현은 '%'(모든 문자 대체), '_'(한 문자 대체)가 있다.
- 부분 문자열 검색 시 연산자는 반드시 LIKE 연산자를 사용한다.

❶ 성적 테이블에서 과목코드가 B로 시작하는 튜플을 검색하시오.
  SELECT * FROM 성적 WHERE 과목코드 LIKE 'B%';

❷ 성적 테이블에서 과목명이 3글자인 과목코드, 과목명을 검색하시오.
  SELECT 과목코드, 과목명 FROM 성적 WHERE 과목명 LIKE '_ _ _';

------------------ 〈NULL 검색〉 ---

- NULL에 대한 비교는 키워드를 사용한다.
- NULL에 대한 참값 비교는 IS NULL, 거짓값 비교는 IS NOT NULL을 사용한다.

❶ 성적 테이블에서 중간고사 시험을 안 본 학생의 모든 정보를 검색하시오.
SELECT * FROM 수강 WHERE 과목 IS NULL;

❷ 학생 테이블에서 학과가 NULL 이 아닌 학번과 과목명을 검색하시오.
SELECT 학번, 과목명 FROM 학생 WHERE 학과 IS NOT NULL;

------------------ 〈정렬 검색〉 ---

- ORDER BY 절을 이용하면 지정한 속성으로 정렬하여 검색한다.
- 정렬 방식은 오름차순(기본): ASC / 내림차순: DESC로 구분한다.

❶ 성적 테이블에서 학번, 과목코드, 기말고사를 검색하되, 과목코드 기준으로
  내림차순 정렬해보자. 만약 과목코드가 같다면 기말고사 순으로 오름차순 정렬

SELECT 학번, 과목코드, 기말고사 FROM 성적
ORDER BY 과목코드 DESC, 기말고사 ASC;

집계 함수	해설
SUM (속성)	지정한 속성에 대한 합계, 단 속성은 숫자 타입
AVG (속성)	지정한 속성에 대한 평균
MAX(속성)	지정한 속성에 대한 최대값
MIN(속성)	지정한 속성에 대한 최소값
COUNT(속성)	지정한 속성에 대한 튜플 개수 (NULL 값 제외)
COUNT(*)	지정한 속성에 대한 튜플 개수 (NULL 값 포함)

------------------ 〈집계 함수를 이용한 검색〉 --

- 집계 함수(Aggregation function)는 검색된 튜플 집단에 적용되는 함수이다.
- 한 릴레이션의 한 개의 속성에 적용되어 단일 값을 반환한다.
- 집계 함수는 중복값을 포함하므로 중복값 배제 시 DISTINCT를 먼저 사용하고 집계 함수를 적용한다.

❶ 성적 테이블에서 중간고사 최대값과 평균값을 검색하시오.
SELECT MAX(중간고사), AVG(중간고사) FROM 성적;

❷ 학생 테이블에서 학과 수를 검색하시오. (중복학과는 한번 만 표시)
SELECT COUNT(DISTINCT 학과) FROM 학생;

------------------ 〈그룹별 통합 검색〉 --

- GROUP BY 절을 이용하면 지정한 그룹화 속성으로 그룹화하여 검색한다.
- 그룹에 대한 조건을 부여할 때는 HAVIBG절을 추가로 사용할 수 있다. HAVING절은 단독으로 사용 할 수 없고 GROUP BY절과 같이 사용해야 한다.

❶ 성적 테이블에서 과목코드별 기말고사 합계를 검색하시오.
SELECT 과목코드, SUM(기말고사) FROM 성적 GROUP BY 과목코드 ;

❷ 성적 테이블에서 2과목이상 시험 본 과목 코드별 기말고사 평균을 검색하시오.
SELECT 과목코드, AVG(기말고사) FROM 성적
GROUP BY 과목코드 HAVING COUNT(*)>=2;

(2) DCL(Data Control Language)

1) GRANT = 권한 부여

형식	GRANT 권한 ON 테이블명 TO 사용자명 [WITH GRANT OPTION];

① TO 이후 사용자에게 ON 테이블에 대하여 권한을 부여한다.

② 권한 종류 : INSERT, DELETE, UPDATE, SELECT, ALL 등

③ WITH GRANT OPTION : 부여받은 권한을 다른 사용자에게 다시 부여 가능

2) REVOKE = 권한 취소

형식	REVOKE [GRANT OPTION FOR] 권한 ON 테이블명 FROM 사용자명 [CASCADE |RESTRICT];

① FROM 이후 사용자에게 부여했던 권한을 취소한다.

② GRANT OPTION FOR : 다른 사용자에게 권한을 부여할 권한도 취소

③ CASCADE : 사용자 권한 및 하위 사용자 권한도 모두 취소

④ RESTRICT : 하위 사용자에게 부여한 권한이 존재하면 REVOKE 명령을 무시

> 예 DBA는 U1 사용자에게 학생 테이블의 검색 권한을 부여하고, 권한 부여권도 부여하시오.
> DBA : GRANT SELECT ON 학생 TO U1 WITH GRANT OPTION;

> 예 U1 사용자는 U2 사용자에게 학생 테이블의 검색 권한을 부여하시오
> U1 : GRANT SELECT ON 학생 TO U2;

> 예 DBA 는 U1 사용자에게 부여한 학생 테이블의 검색 권한 및 이하 모든 권한을 취소하시오.
> DBA : REVOKE SELECT ON 학생 FROM U1 CASCADE;

(3) 윈도우 함수

1) 윈도우 함수(Windows Function) 개념

① 데이터베이스의 행과 행간의 관계를 정의하는 함수이다.

② SQL에 추가된 기능으로 정보 위주의 분석 처리(OLAP : Online Analytical Processing)를 의미한다.

③ 사용자가 다양한 각도에서 직접 대화식으로 정보를 분석하는 과정을 말한다.

④ 시스템은 단독으로 존재하는 정보 시스템이 아닌, 데이터 웨어하우스, 데이터 마트와 같은 시스템과 상호 연관되어 있다.

⑤ 중간매개체 없이 이용자들이 직접 컴퓨터를 이용하여 데이터에 접근하는 데 있어 필수적인 시스템이다.

⑥ 집계함수, 순위함수, 행순서 함수, 그룹 내 비율함수가 있다.

2) 윈도우 함수 기본문법

①	SELECT 함수명(파라미터)
②	··············
③	OVER
④	[PARTITION BY 컬럼1, 컬럼2, ...]
⑤	[ORDER BY 컬럼A, 컬럼B, ...]
⑥	FROM 테이블명

① 검색할 함수명(파라미터)

② RANK(), DENSER_RANK(), LAG(), LEAD() 등 목적에 따른 함수 사용한다.

③ OVER는 필수 문구

④ 구분된 레코드 집합을 윈도우라 한다.

⑤ ORDER BY는 SORT 입력 ASC(오름차순)/DESC(내림차순)

⑥ 테이블명

(4) 그룹 함수

1) 그룹 함수(Group Function) 개념

① GROUP BY에서 지정할 수 있는 특수 함수이다.

② ROLLUP, CUBE, GROUPING SETS 함수가 있다.

2) ROLLUP 함수

① 중간집계 값을 산출하기 위해 사용된다.

② 지정 컬럼의 수보다 하나 더 큰 레벨만큼 중간 집계값이 생성된다.

3) CUBE 함수

① 다차원 집계를 생성하는 그룹 함수이다.

② 대상 컬럼의 순서를 변경하여 수행된다.

③ 연산량이 많아 시스템에 부담이 크다.

(5) 오류 처리

1) 오류 처리 (Error Handling) 개념

① 코드 실행 중 예외나 에러 발생 시 해결하기 위한 방법이다.

② 에러가 발생한 문제를 해결하고 의미있는 에러 코드를 부여하는 과정이다.

2) 에러코드

① SQLWARNING : 경고발생

② NOTFOUND : 다음에 실행될 레코드에 접근을 하지 못하였을 때

③ SQLEXCEPTION : 에러발생

1. 데이터베이스 시스템에서 삽입, 갱신, 삭제 등의 이벤트가 발생할 때마다 관련 작업이 자동으로 수행되는 절차형 SQL은?

① 트리거(trigger) ② 무결성(integrity)

③ 잠금(lock) ④ 복귀(rollback)

정답 ①

해설 • 무결성 : 데이터베이스의 정확성을 의미
  • 잠금 : 병행제어를 수행하기 위한 데이터 접근 수단
  • 복귀 : 트랜잭션 수행이 취소되었을 때 원래 상태로 돌아가는 것

2. 이벤트(EVENT)에 대한 설명으로 잘못된 것은?

① 특정 시간대에 일정 기능을 실행시키는 기능이다.

② 특정 기능이란 프로시저, 함수, SQL 쿼리문 등을 포함한다.

③ 사용자에 의해 호출되어 실행된다.

④ 이벤트가 발생되는 순서를 알면 매크로 또는 이벤트 프로시저가 실행되는 방법 및 시기에 영향을 줄 수 있다.

정답 ③

해설 이벤트(EVENT)는 특정 시간대에 알아서 실행하는 것이지 사용자에 의해서 호출되는 것이 아니다.

3. 사용자 정의함수에 대한 설명으로 잘못된 것은?

① 일련의 SQL명령의 결과를 단일 값으로 변환한다.

② 사용자가 직접 정의하고 작성 가능하다.

③ 데이터베이스를 조작하는 명령어이다.

④ SQL 문에서 평가할 수 있는 함수를 추가함으로써 데이터베이스 서버의 기능을 확장하기 위한 장치를 제공한다.

정답 ③

해설 데이터베이스를 조작하는 명령어는 DML 이다.

4. DML에 해당하는 SQL 명령으로만 나열된 것은?

① DELETE, UPDATE, CREATE, ALTER

② INSERT, DELETE, UPDATE, DROP

③ SELECT, INSERT, DELETE, UPDATE

④ SELECT, INSERT, DELETE, ALTER

정답 ③
해설 DML : INSERT, UPDATE, DELETE, SELECT
DCL : CREATE, ALTER, DROP

5. DCL(Data Control Language) 명령어가 아닌 것은?

① COMMIT
② ROLLBACK
③ GRANT
④ SELECT

정답 ④
해설 SELECT 명령어는 DML에 속한다.

6. SQL의 기능에 따른 분류 중에서 REVOKE문과 같이 데이터의 사용 권한을 관리하는데 사용하는 언어는?

① DDL(Data Definition Language)

② DML(Data Manipulation Language)

③ DCL(Data Control Language)

④ DUL(Data User Language)

정답 ③
해설 DCL은 데이터베이스 권한제어, 무결성, 병행제어, 회복 등을 관리하는 언어이다.

7. 다음 SQL 문에서 ( ) 안에 들어갈 내용으로 옳은 것은?

> UPDATE 인사급여 (   ) 호봉=15 WHERE
> 성명='홍길동'

① SET   ② FROM
③ INTO   ④ IN

정답 | ①
해설 | UPDATE 형식 : UPDATE 테이블명 SET 속성=변경값 FROM   조건식

8. 데이터 제어어(DCL)에 대한 설명으로 옳은 것은?

① ROLLBACK : 데이터의 보안과 무결성을 정의한다.
② COMMIT : 데이터베이스 사용자의 사용 권한을 취소한다.
③ GRANT : 데이터베이스 사용자의 사용 권한을 부여한다.
④ REVOKE : 데이터베이스 조작 작업이 비정상적으로 종료되었을 때 원래 상태로 복구한다.

정답 | ③
해설 | ROLLBACK : 미완료 트랜잭션을 원 상태로 복구
COMMIT : 완료된 트랜잭션임을 보장
REVOKE : 부여된 권한 취소 명령

9. 다음 SQL문의 실행결과로 생성되는 튜플 수는?

> SELECT 급여 FROM 사원 ;

< 사원 > 테이블

사원ID	사원명	급여	부서ID
101	박철수	30000	1
102	한나라	35000	2
103	김감동	40000	3
104	이구수	35000	2
105	최초록	40000	3

① 1   ② 3
③ 4   ④ 5

10. 다음 SQL문에서 사용된 BETWEEN 연산의 의미와 동일한 것은?

```
SELECT *
FROM 성적
WHERE (점수 BETWEEN 90 AND 95) AND 학과='컴퓨터공학과' ;
```

① 점수 >= 90 AND 점수 <= 95
② 점수 > 90 AND 점수 < 95
③ 점수 > 90 AND 점수 <= 95
④ 점수 >= 90 AND 점수 < 95

11. 학적 테이블에서 전화번호가 Null값이 아닌 학생명을 모두 검색할 때, SQL 구문으로 옳은 것은?

① SELECT FROM 07 WHERE 전화번호 DON'T NULL;
② SELECT FROM WHERE 전화번호 != NOT NULL;
③ SELECT 학생명 FROM 학적 WHERE 전화번호 IS NOT NULL;
④ SELECT FROM WHERE 전화번호 IS NULL;

12. SQL문에서 HAVING을 사용할 수 있는 절은?

① LIKE 절 　　　　　　　② WHERE 절

③ GROUP BY 절 　　　　　④ ORDER BY 절

정답　③

해설　HAVING은 GROUP에 대한 조건을 기술하는 것으로 반드시 GROUP BY 절 과 같이 사용되어야 한다.

13. 데이터 제어언어(DCL)의 기능으로 옳지 않은 것은?

① 데이터 보안

② 논리적, 물리적 데이터 구조 정의

③ 무결성 유지

④ 병행수행 제어

정답　②

해설　논리적, 물리적 데이터 구조 정의를 정의하는 언어는 DDL기능이다.

14. STUDENT 테이블에 독일어과 학생 50명, 중국어과 학생 30명, 영어영문학과 학생 50명의 정보가 저장되어 있을 때, 다음 두 SQL문의 실행 결과 튜플 수는? (단, DEPT 컬럼은 학과명)

ⓐ SELECT DEPT FROM STUDENT;
ⓑ SELECT DISTINCT DEPT FROM STUDENT;

① ⓐ 3, ⓑ 3 　　　　　　　② ⓐ 50, ⓑ 3

③ ⓐ 130, ⓑ 3 　　　　　　④ ⓐ 130, ⓑ 130

정답　③

해설　ⓐ 학생 테이블에서 학과를 모두 검색하면 130개

　　　ⓑ DISTINCT에 의해서 중복된 학과를 배제하고 하나씩만 검색되므로 3개

15. 다음 테이블을 보고 강남지점의 판매량이 많은 제품부터 출력되도록 할 때 다음 중 가장 적절한 SQL 구문은? (단, 출력은 제품명과 판매량이 출력되도록 한다.)

〈푸드〉 테이블

지점명	제품명	판매량
강남지점	비빔밥	500
강북지점	도시락	300
강남지점	도시락	200
강남지점	미역국	550
수원지점	비빔밥	600
인천지점	비빔밥	800
강남지점	잡채밥	250

① SELECT 제품명, 판매량 FROM 푸드 ORDER BY 판매량 ASC ;
② SELECT 제품명, 판매량 FROM 푸드 ORDER BY 판매량 DESC
③ SELECT 제품명, 판매량 FROM 푸드 WHERE 지점명 = '강남지점' ORDER BY 판매량 ASC ;
④ SELECT 제품명, 판매량 FROM 푸드 WHERE 지점명 = '강남지점' ORDER BY 판매량 DESC ;

정답 | ④
해설 | 강남 지점에서 판매량이 많은 지점부터 출력되므로 ORDER BY에서 판매량은 내림차순(DESC)로 표현되어야 한다.

16. 다음 중 SQL의 집계함수(aggregation function)가 아닌 것은?

① AVG
② COUNT
③ SUM
④ CREATE

정답 | ④
해설 | CREATE는 테이블을 생성하는 DDL 명령어이다.

17. DBA가 사용자 PARK에게 테이블 [STUDENT]의 데이터를 갱신할 수 있는 시스템 권한을 부여하고자 하는 SQL문을 작성하고자 한다. 다음에 주어진 SQL문의 빈칸을 알맞게 채운 것은?

> SQL > GRANT ____㉠____ ___㉡___ STUDENT TO PARK;

① ㉠ INSERT, ㉡ IN TO   ② ㉠ ALTER, ㉡ TO

③ ㉠ UPDATE, ㉡ ON   ④ ㉠ REPLACE, ㉡ IN

정답 ③
해설 권한부여 형식 : GRANT 권한 ON 테이블명 TO 권한 받을 사용자 ;
권한의 종류 : 삽입(insert), 갱신(update), 삭제(delete), 검색(select)

18. 결과값이 아래와 같을 때 SQL 질의로 옳은 것은?

[공급자] Table

공급자번호	공급자명	위치
16	대신공업사	수원
27	삼진사	서울
39	삼양사	인천
62	진아공업사	대전
70	신촌상사	서울

[결과]

공급자번호	공급자명	위치
16	대신공업사	수원
70	신촌상사	서울

① SELECT * FROM 공급자 WHERE 공급자명 LIKE '%신%';
② SELECT * FROM 공급자 WHERE 공급자명 LIKE '%대%';
③ SELECT * FROM 공급자 WHERE 공급자명 LIKE '%사%';
④ SELECT * FROM 공급자 WHERE 공급자명 IS NOT NULL;

정답 ①
해설 결과를 보면 '신'이라는 글자가 포함된 공급자명이 출력 되었음을 알수 있으므로 %신%를 이용해 검색 되어야 한다.

19. 사용자 'PARK'에게 테이블을 생성할 수 있는 권한을 부여하기 위한 SQL문의 구성으로 빈칸에 적합한 내용은?

[SQL 문]

GRANT (   ) PARK ;

① CREATE TABLE TO   ② CREATE TO
③ CREATE FROM   ④ CREATE TABLE FROM

정답 │ ①
해설 │ 권한의 부여 형식은 GRANT 〈권한 〉 TO 〈사용자〉에서 테이블 생성 권한은 CREATE TABLE 이다.

20. 윈도우 함수(Windows Function) 개념으로 잘못 된 것은?

① 집계함수, 순위함수, 행순서 함수, 그룹 내 비율함수가 있다.
② 데이터베이스의 열과 열간의 관계를 정의하는 함수이다.
③ 사용자가 다양한 각도에서 직접 대화식으로 정보를 분석하는 과정을 말한다.
④ 시스템은 단독으로 존재하는 정보 시스템이 아닌, 데이터 웨어하우스, 데이터 마트와 같은 시스템과 상호 연관되어 있다.

정답 │ ②
해설 │ 데이터베이스의 행과 행간의 관계를 정의하는 함수이다.

Chapter 02   SQL 활용

1. 기본 SQL 작성

(1) 데이터 정의어 (DDL :   Data Definition Language)

명령어	기 능	기 능
CREATE	테이블 생성	테이블, 뷰, 인덱스 등을 생성
ALTER	테이블 구조변경	테이블의 구조를 변경, 수정
DROP	테이블 삭제	테이블을 삭제 RESTRICT : 참조하는 데이터 객체가 존재하면 제거하지 않음 CASCADE : 제거 대상을 참조하는 다른 객체도 연쇄 삭제

1) CREATE = 테이블 생성

```
①    CREATE TABLE 테이블명
     {
②      속성명 데이터타입 [NOT NULL],
③      PRIMARY KEY(속성명),
④      UNIQUE(속성명),
⑤      FOREIGN KEY(외래키 속성명)
⑥      REFERENCES 참조테이블(속성명),
⑦      CHECK(조건);
     };
```

① 테이블 생성할 테이블명

② 속성 타입과 NULL 여부를 결정, 기본키 속성은 반드시 NOT NULL지정

③ 기본키 속성 지정

④ 중복 속성값은 허용하지 않음

⑤ 외래키 속성 정의

⑥ 참조할 테이블명(기본키 속성)

⑦ 속성이 가져야 할 제약조건

예 다음 조건에 맞도록 "학생"테이블을 정의하시오.

학생

학번	이름	학년	학과	과목코드

〈조건〉
① 학번은 정수형으로 NULL을 가질 수 없고 기본키이다.
② 이름은 가변길이 문자열 10자리
③ 학년은 정수형으로 1~4 사이의 숫자만 입력되는 제약조건을 가진다.
④ 학과는 고정길이 문자열 15자리
⑤ 과목코드는 문자열로 과목테이블의 과목코드를 참조하는 외래키이다.

〈해설〉

```
CREATE TABLE 학생
( 학번 INT NOT NULL,
  이름 VARCHAR(10),
  학년 INT,
  학과 CHAR(15),
  과목코드 CHAR(10),
  PRIMARY KEY(학번),
  FOREIGN KEY(과목코드) REFERENCES 과목(과목코드),
  CHECK(학년>=1 AND 학년<=4)
);
```

2) ALTER = 테이블 변경

①	ALTER TABLE 테이블명
②	[ADD 추가할 속성명 데이터타입;]
③	[DROP COLUMN 삭제할 속성명;]
④	[MODIFY 변경할 속성명 데이터타입;]

① 변경할 테이블명
② 테이블에 새로운 속성 추가
③ 테이블에서 특정 속성 제거
④ 특정 속성값(속성 타입 등)에 대한 변경

예 학생 테이블에 학점 속성 (고정길이 문자 2자리)을 추가하시오
　　ALTER TABLE 학생 ADD 학점 CHAR(2):

예 학생 테이블의 학과 속성을 고정 길이 문자열 10자리로 변경하시오.
　　ALTER TABLE 학생 MODIFY 학과 CHAR(10);

3) DROP = 테이블 삭제

①	DROP TABLE 테이블명
②	[CASCADE | RESTRICT];

① 삭제할 테이블명
② 삭제 옵션
- CASCADE : 삭제할 테이블을 참조하는 테이블도 같이 연쇄삭제 수행
- RESTRICT : 삭제할 테이블에 참조하는 테이블이 있을 때 삭제 명령 취소

예 '학생'테이블 및 학생 테이블을 참조하는 모든 테이블을 삭제하시오,
　　　DROP TABLE 학생 CASCADE;

(2) 관계형 데이터 모델

① 데이터간의 관계를 표현하는 논리적 데이터 모델이다.
② 개체 집합에 대한 속성 관계를 표현하기 위해 개체를 테이블(table) 하고 테이블과 테이블 간의 관계를 연결하는 형태의 데이터 모델이다.
③ 데이터간의 관계를 1:1, 1:N, N:M 으로 표현한다.
④ 데이터간의 관계를 기본키, 외래키등의 관계로 표현한다.

(3) 트랜잭션

1) 트랜잭션(Transaction)의 정의

① 데이터베이스의 논리적 기능을 수행하기 위한 작업의 단위
② 한꺼번에 수행 해야할 일련의 연산의 집합을 의미한다.
③ 하나의 트랜잭션은 COMMIT 되거나 ROLLBACK 되어야 한다.

> - COMMIT : 트랜잭션 실행이 정상적으로 완료되었음을 알리는 연산자로 연산 결과를 데이터 베이스에 기록한다.

> • ROLLBACK : 트랜잭션의 실행이 실패하였음을 알리는 연산자로 트랜잭션이 수행한 결과를 원래의 상태로 원상 복귀시킨다.

2) 트랜잭션의 특성

① 원자성(Atomicity) : 트랜잭션 연산은 모두 반영되든지 아니면 전혀 반영되지 말아야 한다 (All or Nothing)

② 일관성(Consistency) : 트랜잭션 수행 전과 수행 후 데이터베이스 상태는 같아야 한다. 성공적으로 완료된 트랜잭션은 언제나 일관성 있는 상태를 유지한다.

③ 격리성(Isolation) : 둘 이상의 트랜잭션 수행 시 어느 하나의 트랜잭션이 실행하는 동안에는 다른 트랜잭션의 연산이 끼어들지 못하도록 하는 특성이다.

④ 영속성(Durability) : 성공적으로 수행된 트랜잭션의 결과는 시스템 장애와 관련 없이 영속적으로 반영되어야 한다.

3) 트랜잭션 상태 전이도

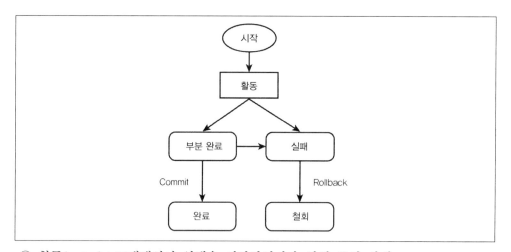

① 활동(active) : 트랜잭션이 실행을 시작하였거나 실행 중인 상태

② 부분 완료(partially committed) : 트랜잭션이 마지막 명령문을 실행한 직후의 상태

③ 실패(failed) : 정상적 실행을 더 이상 계속할 수 없어서 중단한 상태

④ 철회(aborted) : 트랜잭션이 실행에 실패하여 Rollback 연산을 수행한 상태

⑤ 완료(committed) : 트랜잭션이 실행을 성공적으로 완료하여 Commit 연산을 수행한 상태

4) 병행제어 (Concurrency Control)

병행제어란 동시에 수행하는 여러 트랜잭션을 적절히 제어하여 데이터베이스의 성능 향상과 일관성을 유지하기 위한 기술이다.

① 병행제어의 목적
- 데이터베이스의 공유를 최대화한다.
- 시스템 활용도를 최대화한다.
- 데이터베이스의 일관성을 유지한다.
- 사용자에 대한 응답시간을 최소화한다.

② 병행제어 기법
- 로킹(Locking) : lock과 unlock을 이용하여 데이터를 상호배제
- 타임스탬프(Time stamp) : 트랜잭션 처리 순서를 미리 결정
- 검증기법 : 갱신 후 병행성을 위반하였는지 검증
- 다중버전기법 : 트랜잭션 수행 시 여러 버전을 선택

③ 로킹 기법과 로킹 단위

- 로크를 부여할 수 있는 데이터 단위를 로킹 단위라 한다.
- 로킹 단위가 클수록 로크의 수는 적어져 제어는 간단하지만, 병행성 수준은 낮아진다.
- 로킹 단위가 작을수록 로크의 수는 많아져 제어는 복잡하고 오버헤드가 증가하지만, 병행성 수준은 높아진다.

5) 트랜잭션 회복(Recovery)

회복이란 장애가 일어났을 때 데이터베이스를 장애 발생 이전의 일관된 상태로 복원시키는 것을 의미한다.

① 회복 연산
- 재실행(Redo) : 발생한 변경에 대해서만 로그를 이용하여 재실행
- 실행취소(Undo) : 모든 변경을 취소시켜 원래의 데이터베이스 상태로 복원

② 회복 기법
- 로그를 이용하는 기법 : 즉각 갱신, 지연 갱신, 검사시점 회복
- 로그를 이용하지 않는 기법 : 그림자 페이징

(4) 테이블

1) 테이블의 개념

① 데이터를 저장하는 속성으로 구성된 데이터 집합체를 말한다.
② 데이터베이스 내에는 여러개의 테이블로 구성된다.

2) 테이블의 종류

① Master Table (원장 테이블)
  • 업무 성격의 주체(Subject, Source)에 대한 정보를 담고 있다.
  • 이력 테이블을 이용하여 최신의 상태와 속성정보를 유지, 관리한다.
② Transaction Table (거래 테이블)
  • 등록만 하는 테이블로 변경은 불가능한 테이블이다.
  • 수정을 위해서는 취소 등록이 필요하다. 이력 테이블은 존재하지 않는다.
③ Duplicity Table (양면 테이블)
  • 원장테이블과 거래 테이블의 특성을 모두 갖고있는 테이블이다.
  • 최신의 상태 정보를 유지하고 있다.
④ History Table (이력 테이블)
  • 원장성 테이블(master table)의 변경된 상태 속성 정보를 보관하는 테이블이다.
  • 변경 상태를 구간으로 표현하는 선분(line)이력과 변경 시점을 기준으로 하는 포인트(point) 이력으로 구분된다.

(5) 데이터 사전(Data Dictionary)

① 데이터베이스 시스템의 모든 스키마, 뷰, 인덱스, 사용자, 권한 등 모든 개체에 대한 정보를 포함하고 있다.
② 데이터 사전은 DBMS에 의해 생성되고 관리하므로 시스템 데이터베이스 또는 시스템 카탈로그라고도 한다.
③ 데이터베이스에 대한 데이터인 메타데이터(Meta Data)를 저장한다.
④ 일반 사용자도 SQL로 검색은 가능 하지만 삽입, 삭제, 갱신은 불가능하다.
⑤ 데이터 사전에 있는 데이터에 접근하기 위한 위치 정보는 데이터 디렉토리(Data Directory)에서 관리한다.

2. 고급 SQL 작성

(1) 뷰(view)

① 하나 이상의 테이블에서 유도된 가상 테이블이다.
② 뷰의 활용은 일반 테이블과 동일하고 검색에는 제약이 없지만 삽입, 갱신, 삭제 연산은 제약이 있다.
③ 뷰의 구조는 ALTER문으로 변경할 수 없고 다시 정의되어야 한다.

1) 뷰(View) 생성문

형식	CREATE VIEW 뷰 이름 AS SELECT * FROM 기본 테이블 ;

① AS 이후의 기본 테이블에서 SELECT한 결과를 뷰이름으로 정의하여 생성한다.
② 생성되는 뷰의 열(column)리스트는 select 문의 속성명과 같거나 다시 정의되어도 된다. 같을 때는 생략 가능하다.

　예 emp테이블에서 sano, sname, dno를 검색하여 test_view 이름으로 뷰를 생성하시오.
　　 Create view test_view AS Select sano, sname, dno from emp;

　예 test_view에서 sano, sname을 검색하시오.
　　 Select sano, sname from test_view;

2) 뷰 삭제

형식	DROP VIEW 뷰 이름 [CASCADE];

　예 test_view와 하위 단계의 모든 view를 삭제하시오.
　　 DROP VIEW test_view CASCADE;

(2) 인덱스

① 인덱의 기본 목적은 검색 성능을 최적화하는 것이다.
② DDL 명령어를 이용하여 인덱스의 생성, 변경, 삭제가 가능하다.
③ 범위 검색을 할 수 있어 데이터를 효율적으로 조회할 수 있다.

④ 테이블과 클러스터에 연관되어 독립적인 저장공간을 보유하고 〈키값,주소〉필드로 구성된다.

1) 인덱스(Index) 생성

형식	CREATE [UNIQUE] INDEX 인덱스 이름 ON 테이블명(속성명 정렬);

① UNIQUE(인덱스 데이터의 중복 값 허용 않음)
② 정렬은 오름차순(ASC), 내림차순(DESC)

[예제] emp테이블에서 sano속성을 내림차순 정렬하여 sano_idx이름으로 인덱스를 생성하시오.
Create index sano_idx on emp(sano desc);

2) 인덱스(Index) 삭제

형식	DROP 인덱스 이름;

3) 인덱스(Index) 구조 변경

형식	ALTER [UNIQUE] INDEX 인덱스 이름 ON 테이블명(속성명);

(3) 집합 연산자

1) 집합 연산자 개념

① 원래의 데이터와 그 데이터를 유도하는 방법을 기술한 절차적 방법이다.
② 두 개 이상의 테이블의 데이터를 연결하여 하나로 결합하는 방법이다.
③ 관계 대수 연산자와 연산 규칙을 제공한다.
④ 합집합, 교차곱, 차집합 연산은 두 테이블의 차수와 도메인이 일치해야 하는 합병 가능 연산자 이다.

2) 집합연산자의 종류

의미	연산자	수행 결과
합집합(∪)	UNION	두 테이블의 중복을 제외한 모든 속성을 합하여 검색
	UNION ALL	두 테이블의 중복을 포함한 모든 속성을 합하여 검색
교집합(∩)	INTERSECT	두 테이블의 공통 속성을 검색
차집합(−)	MINUS	두 테이블의 공통 속성을 제거한 속성을 검색
교차곱(×)	CARTESIAN PRODUCT	두 테이블의 조합 가능한 모든 튜플들을 검색

3) 집합연산자 예제

[R]

A	B
1	KK
2	TT

[S]

A	B
2	TT
3	PP

① UNION

SELECT A FROM R; UNION SELECT A FROM S;	<결과> 1 2 3	중복 속성은 한번만 검색

② UNION ALL

SELECT A FROM R; UNION ALL SELECT A FROM S;	<결과> 1 2 2 3	중복 속성도 포함하여 검색

③ INTERSECT

SELECT A FROM R; INTERSECT SELECT A FROM S;	<결과> 2	두 테이블의 공통 속성만 검색

④ MINUS

SELECT A FROM R; MINUS SELECT A FROM S;	<결과> 1	R-S ≠ S-R R-S는 R의 속성에서 S와의 공통 속성을 제외하여 검색

4) Cartesian product (교차곱)

① 두 테이블의 모든 튜플의 조합을 구하는 연산이다.

② R, S 테이블의 교차곱 연산 후 튜플수= R의 튜플수 ×S의 튜플 수이고, 차수(속성수)
= R의 차수 + S의 차수이다.

R	A
	1
	2

S	B
	KK
	PP
	TT

R×S	A	B
	1	KK
	1	PP
	1	TT
	2	KK
	2	PP
	2	TT

(4) 조인

1) 조인의 개념

① 조인(join)은 두 개 이상의 테이블에서 공통 속성을 기준으로 조건을 부여하여 두
테이블을 연결한 후 원하는 속성으로 새로운 테이블을 생성하는 연산 방법이다.

② 가장 많은 비용이 소요되는 연산이다.

2) 조인의 종류

Join	내용
세타조인 (Theta Join)	조건식의 비교 연산자가 = , 〈 , 〉 등이 사용되는 연산
동등조인 (Equi Join)	세타조인 중에서 특별히 비교연산자가 = 인 경우의 연산으로 속성의 값이 같은 것을 추출한다.
자연조인 (Natural Join)	동등 조인에서 동일한 속성 중 하나를 제거하는 연산 두 개의 테이블에서 같은 속성을 가진 값을 추출한다.

3) 조인 질의어

① 복수개의 테이블을 연결하여 검색-두 테이블의 공통 속성을 조인조건을 이용하여 두 테이블을 연결한다.

② 조인 조건은 두 테이블의 공통 속성이 일치함을 조건식으로 표현한다.

③ 이때 공통 속성의 기준은 속성명과는 무관하고 도메인이 일치해야 한다.

④ 만약 두 테이블의 속성명이 같다면 테이블.속성명으로 구분하여 표기해야 한다.

⑤ 조인 형식은 여러 가지가 존재한다. 형식1의 표현 방식이 일반적이다.

형식1	SELECT 속성 리스트 FROM 조인할 테이블1, 테이블2.... WHERE 테이블1.공통속성 = 테이블2.공통속성 ;
형식2	SELECT 속성 리스트 FROM 테이블1 Join 테이블2 ON 공통속성 = 공통속성 ;
형식3	SELECT 속성 리스트 FROM 테이블1 Join 테이블2 USING(공통속성) ;

[예제] 아래 테이블을 이용하여 번호, 이름, 부서명을 출력하는 SQL 코드를 작성하시오.

<직원>

번호	이름	직급	부서코드
102	홍길동	과장	3
214	손흥민	부장	2
340	김광연	사원	2
438	이동욱	과장	1

<부서>

부서코드	부서명
1	기획
2	영업
3	개발
4	영업

- 번호, 이름은 <직원> 테이블에서 부서명은 <부서>테이블에 있으니 두 테이블을 조인하여 검색하면 가능하다. 아래 형식1, 2, 3의 결과는 동일하다.

형식1) 조인 조건식 이용

```
SELECT  번호, 이름, 부서명
FROM    직원, 부서
WHERE   직원.부서코드 = 부서.부서코드;
```

형식2) JOIN ~ ON 이용

```
SELECT  번호, 이름, 부서명
FROM 직원 JOIN 부서 ON  직원.부서코드=부서.부서코드;
```

형식3) JOIN ~ USING 이용

SELECT 번호, 이름, 부서명
FROM 직원 JOIN 부서 USING (부서코드)

(5) 서브쿼리

1) 서브쿼리(Sub-Query) 개념

① SQL 문 안에 포함된 또다른 SQL문을 말한다.
② 내부 SELECT 을 수행한 결과를 외부 SELECT 문으로 넘겨서 원하는 결과를 얻는
쿼리 문장을 말한다.

2) 서브쿼리(Sub-Query) 구조

형식	SELECT 속성명1, 속성명2, 속성명3... FROM 테이블명 WHERE 속성명 IN (SELECT 속성명 　　　　　　　　　　FROM 테이블명 　　　　　　　　　　WHERE 조건식);

3) 서브쿼리

① 아래 SQL 명령어를 수행 후 결과는?

SELECT 가격 FROM 도서가격
WHERE 책번호 = (SELECT 책번호 FROM 도서 WHERE 책명='운영체제');

[도서]

책번호	책명
111	운영체제
222	자료구조
333	컴퓨터구조

[도서가격]

책번호	가격
111	20,000
222	25,000
333	10,000
444	15,000

〈해설〉 하위쿼리를 먼저 수행하면 도서 테이블에서 책이름이 '운영체제'인 책번호111를 검색
한 후 상위 쿼리로 보내어 도서가격 테이블에서 책번호 111의 가격을 검색하면 된다.
결과는 20,000

② 아래 SQL 명령어를 수행 후 결과는?

```
SELECT B FROM R1
WHERE C = (SELECT C FROM R2 WHERE D='k');
```

[R1]

A	B	C
1	a	x
2	b	x
1	c	y

[R2

C	D	E
x	k	3
y	x	3
z	1	2

〈해설〉 하위 쿼리를 먼저 수행하면 R2에서 속성D 가 'k'인 속성 C값 x를 구한다. 이값을 상위의 R1 테이블의 속성C으로 보내어 속성값이 x일 때의 B값을 검색하면 a, b 두 개가 나온다.

1. SQL의 분류 중 DDL에 해당하지 않는 것은?

① UPDATE ② ALTER

③ DROP ④ CREATE

정답 | ①
해설 | UPDATE 명령어는 DML에 속한다.

2. SQL에서 스키마(schema), 도메인(domain), 테이블(table), 뷰(view), 인덱스(index)를 정의하거나 변경 또는 삭제할 때 사용하는 언어는?

① DML(Data Manipulation Language)

② DDL(Data Definition Language)

③ DCL(Data Control Language)

④ IDL(Interactive Data Language)

정답 | ②
해설 | DDL(Data Definition Language) : 데이터 정의어

3. CREATE TABLE문에 포함되지 않는 기능은?

① 속성 타입 변경

② 속성의 NOT NULL 여부 지정

③ 기본키를 구성하는 속성 지정

④ CHECK 제약조건의 정의

정답 | ①
해설 | 속성 타입의 변경 등 테이블 구성요소의 변경은 ALTER문을 사용한다.

4. 『회원』테이블 생성 후 『주소』 필드(컬럼)가 누락 되어 이를 추가하려고 한다. 이에 적합한 SQL명령어는?

① DELETE ② RESTORE

③ ALTER ④ ACCESS

5. 데이터베이스에서 하나의 논리적 기능을 수행하기 위한 작업의 단위 또는 한꺼번에 모두 수행되어야 할 일련의 연산들을 의미하는 것은?

① 트랜잭션   ② 뷰

③ 튜플   ④ 카디널리티

6. 트랜잭션의 실행이 실패하였음을 알리는 연산자로 트랜잭션이 수행한 결과를 원래의 상태로 원상 복귀시키는 연산은?

① COMMIT 연산   ② BACKUP 연산

③ LOG 연산   ④ ROLLBACK 연산

7. 트랜잭션의 기본적인 특성을 잘못 설명한 것은?

① 원자성(Atomicity) : 트랜잭션과 관련된 작업들이 부분적으로 실행되다가 중단되지 않는 것을 보장한다.

② 일관성(Consistency) : 실행을 성공적으로 완료하면 일관성 있는 데이터베이스 상태로 유지하는 것을 말한다.

③ 격리성(Isolation) : 트랜잭션을 수행 시 다른 트랜잭션의 연산 작업과 병행한다.

④ 영속성(Durability) : 성공적으로 수행된 트랜잭션은 영속적으로 결과가 반영되어야 한다.

8. 병행제어 기법의 종류가 아닌 것은?

① 로킹 기법   ② 시분할 기법

③ 타임 스탬프 기법   ④ 다중 버전 기법

정답 ②
해설 병행제어 기법은 로킹, 타임스탬프, 다중버전이다. 시분할 기법은 여러 사용자가 CPU를 공유하여 데이터를 처리하는 기술이다.

9. 데이터베이스에서 병행제어의 목적으로 틀린 것은?

① 시스템 활용도 최대화

② 사용자에 대한 응답시간 최소화

③ 데이터베이스 공유 최소화

④ 데이터베이스 일관성 유지

정답 ③
해설 병행제어를 잘 수행함으로써 데이터베이스 공유를 최대화 할 수 있다.

10. 병행제어의 로킹(Locking) 단위에 대한 설명으로 옳지 않은 것은?

① 데이터베이스, 파일, 레코드 등은 로킹 단위가 될 수 있다.

② 로킹 단위가 작아지면 로킹 오버헤드가 증가한다.

③ 한꺼번에 로킹할 수 있는 단위를 로킹 단위라고 한다.

④ 로킹 단위가 작아지면 병행성 수준이 낮아진다.

정답 ④
해설 로킹 단위가 작을수록 병행성 수준이 높아지고, 로킹 단위가 클수록 병행성 수준은 낮아진다.

11. 동시성 제어를 위한 직렬화 기법으로 트랜잭션 간의 처리 순서를 미리 정하는 방법은?

① 로킹 기법   ② 타임스탬프 기법

③ 검증 기법   ④ 배타 로크 기법

12. 트랙잭션을 수행하는 도중 장애로 인해 손상된 데이터베이스를 손상되기 이전에 정상적인 상태로 복구시키는 작업은?

① Recovery   ② Commit

③ Abort   ④ Restart

정답 ①
해설 Recovery (회복, 복구):장애로 인해 손상된 데이터베이스를 손상되기 이전에 정상적인 상태로 복구시키는 작업

13. 다음 설명과 관련 있는 트랜잭션의 특징은?

> 트랜잭션의 연산은 모두 실행되거나, 모두 실행되지 않아야 한다.

① Durability   ② Isolation

③ Consistency   ④ Atomicity

정답 ④
해설 Atomicity(원자성)에 대한 설명이다.

14. 데이터 사전에 대한 설명으로 틀린 것은?

① 시스템 카탈로그 또는 시스템 데이터베이스라고도 한다.

② 데이터 사전 역시 데이터베이스의 일종이므로 일반 사용자가 생성, 유지 및 수정할 수 있다.

③ 데이터베이스에 대한 데이터인 메타데이터(Metadata)를 저장하고 있다.

④ 데이터 사전에 있는 데이터에 실제로 접근하는 데 필요한 위치 정보는 데이터 디렉토리(Data Directory)라는 곳에서 관리한다.

15. 데이터베이스 로그(log)를 필요로 하는 회복 기법은?

① 즉각 갱신 기법   ② 대수적 코딩 방법
③ 타임 스탬프 기법   ④ 폴딩 기법

16. SQL에서 VIEW를 삭제할 때 사용하는 명령은?

① ERASE   ② KILL
③ DROP   ④ DELETE

17. 테이블 두 개를 조인하여 뷰 V_1을 정의하고, V_1을 이용하여 뷰 V_2를 정의하였다. 다음 명령 수행 후 결과로 옳은것은?

> DROP VIEW V_1 CASCADE ;

① V_1만 삭제된다.
② V_2만 삭제된다.
③ V_1과 V_2 모두 삭제된다.
④ V_1과 V_2 모두 삭제되지 않는다.

18. 데이터베이스의 인덱스와 관련한 설명으로 틀린 것은?

① 문헌의 색인, 사전과 같이 데이터를 쉽고 빠르게 찾을 수 있도록 만든 데이터 구조이다.

② 테이블에 붙여진 색인으로 데이터 검색 시 처리 속도 향상에 도움이 된다.

③ 인덱스의 추가, 삭제 명령어는 각각 ADD, DELETE이다.

④ 대부분의 데이터베이스에서 테이블을 삭제하면 인덱스도 같이 삭제된다.

정답 │ ③
해설 │ 인덱스 추가, 삭제 명령은 ALTER, DROP 명령

19. 데이터베이스 성능에 많은 영향을 주는 DBMS의 구성 요소로 테이블과 클러스터에 연관되어 독립적인 저장 공간을 보유하며, 데이터베이스에 저장된 자료를 더욱 빠르게 조회하기 위하여 사용되는 것은?

① 인덱스(Index) ② 트랙잭션(Transaction)
③ 역정규화(Denormalization) ④ 트리거(Trigger)

정답 │ ①
해설 │ 인덱스는 데이터베이스에 저장된 자료를 더욱 빠르게 조회하기 위하여 사용한다.

20. 테이블 R과 S에 대한 SQL에 대한 SQL 문이 실행되었을 때, 실행 결과로 옳은 것은?

R			S			
A	**B**		**A**	**B**		SELECT A FROM R
1	A		1	A		UNION ALL
3	B		2	B		SELECT A FROM S ;

①
```
1
```

②
```
3
2
```

③
```
1
3
```

④
```
1
3
1
2
```

21. 테이블 R1, R2에 대하여 다음 SQL문의 결과는?

```
(SELECT 학번 FROM R1)
INTERSECT
(SELECT 학번 FROM R2)
```

[R1] 테이블

학번	학점 수
20201111	15
20202222	20

[R2] 테이블

학번	과목번호
20202222	CS200
20203333	CS300

①

학번	학점 수	과목번호
20202222	20	CS200

②

학번
20202222

③

학번
20201111
20202222
20203333

④

학번	학점 수	과목번호
20201111	15	NULL
20202222	20	CS200
20203333	NULL	CS300

22. 릴레이션 R의 차수가 4이고 카디널리티가 5이며, 릴레이션 S의 차수가 6이고 카디널리티가 7일 때, 두 개의 릴레이션을 카티션 프로덕트한 결과의 새로운 릴레이션의 차수와 카디널리티는 얼마인가?

① 24, 35   ② 24, 12

③ 10, 35   ④ 10, 12

23. 다음 SQL 문의 실행 결과는?

```
SELECT 가격 FROM 도서가격
WHERE 책번호 = (SELECT 책번호 FROM 도서 WHERE 책명='자료구조');
```

[도서]

책번호	책명
111	운영체제
222	자료구조
333	컴퓨터구조

[도서가격]

책번호	가격
111	20,000
222	25,000
333	10,000
444	15,000

① 10,000

② 15,000

③ 20,000

④ 25,000

정답 ④

해설 중첩 SELECT이므로 먼저 하위 SELECT문을 실행하면. 도서 테이블에서 책명이 자료구조인 책번호는 222를 구할 수 있다. 이 값을 도서가격 테이블의 책번호로 넘겨서 가격을 검색하면 25,000이 나온다.

24. 다음 [조건]에 부합하는 SQL문을 작성하고자 할 때, [SQL문]의 빈칸에 들어갈 내용으로 옳은 것은? (단, '팀코드' 및 '이름'은 속성이며, '직원'은 테이블이다.)

[조건]

이름이 '홍길동'인 팀원이 소속된 팀코드를 이용하여 해당 팀에 소속된 팀원들의 이름을 출력하는 SQL문 작성

[SQL 문]

```
SELECT 이름
FROM 직원
WHERE 팀코드 = (          ) ;
```

① WHERE 이름 = '홍길동'

② SELECT 팀코드 FROM 이름
   WHERE 직원 = '홍길동'

③ WHERE 직원 = '홍길동'

④ SELECT 팀코드 FROM 직원
   WHERE 이름 = '홍길동'

정답 ④

해설 중첩SQL 문으로 하위 SELECT 문에서 먼저 직원 테이블을 대상으로 이름이 홍길동인 직원의 팀 코드를 찾은 후 상위 SELECT 문으로 넘겨서 같은 팀코드를 갖는 이름을 검색하면 된다.

25. 다음 R1과 R2의 테이블에서 아래의 실행 결과를 얻기 위한 SQL문은?

[R1] 테이블

학번	이름	학년	학과	주소
1000	홍길동	1	컴퓨터공학	서울
2000	김철수	1	전기공학	경기
3000	강남길	2	전자공학	경기
4000	오말자	2	컴퓨터공학	경기
5000	장미화	3	전자공학	서울

[R2] 테이블

학번	과목번호	과목이름	학점	점수
1000	C100	컴퓨터구조	A	91
2000	C200	데이터베이스	A+	99
3000	C100	컴퓨터구조	B+	89
3000	C200	데이터베이스	B	85
4000	C200	데이터베이스	A	93
4000	C300	운영체제	B+	88
5000	C300	운영체제	B	82

[실행결과]

과목번호	과목이름
C100	컴퓨터구조
C200	데이터베이스

① SELECT 과목번호, 과목이름 FROM RI, R2 WHERE R1.학번＝R2.학번 AND R1.학과＝'전자공학' AND R1.이름＝'강남길' ;

② SELECT 과목번호, 과목이름 FROM RI, R2 WHERE R1.학번＝R2.학번 OR R1.학과＝'전자공학' OR R1.이름＝'홍길동' ;

③ SELECT 과목번호, 과목이름 FROM R1, R2 WHERE R1.학번 R2.학번 AND R1.학과＝'컴퓨터공학' AND R1.이름 '강남길' ;

④ SELECT 과목번호, 과목이름 FROM R1, R2 WHERE R1.학번＝R2.학번 OR R1.학과＝'컴퓨터공학' OR R1.이름＝'홍길동' ;

정답 | ①

해설 | 학과가 '전자공학'이면서 이름이 '강남길'을 착기 위해서는 R1 테이블이 필요하고, 과목, 번호, 과목 이름을 검색하기 위해서는 R2 테이블이 요구된다. 따라서 R1, R2 테이블을 공통 속성(학번)을 이용하여 조인한 후 조건에 맞게 연산하면 된다.

Chapter 03 논리 데이터베이스 설계

1. 관계데이터베이스 모델

(1) 데이터베이스 구성요소

1) 속성(attribute)

① 데이터베이스의 가장 작은 논리적 단위이다.
② 개체의 구성 원소로서 그 개체의 특성이나 상태를 나타낸다.
③ 파일 구조상으로 필드(field)에 해당한다.

2) 개체(entity)

① 데이터베이스가 표현하려고 하는 유형, 무형의 정보 객체이다.
② 서로 연관된 몇 개의 속성들로 구성된다.
③ 파일 구조상 레코드(Record)에 해당한다.

3) 관계(relationship)

① 관계는 개체 간의 어떤 의미를 표현하는 데이터베이스 구성 요소이다.
② 교수와 학생의 강의 관계, 고객과 상점과의 판매 관계 등이 있다.
③ 관계는 유형에 따라 일대일 관계, 일대다 관계, 다대다 관계 등이 있다.

(2) 데이터베이스 구조 = 스키마

1) 스키마의 정의

• 스키마(Schema)란 데이터베이스의 논리적 구조를 표현하는 개체, 속성, 관계에 대한 정의와 이들 데이터 값들이 갖는 제약 조건에 대한 명세를 기술한 것이다.
• 스키마, 즉 데이터베이스 구조는 보는 관점에 따라 외부, 개념, 내부의 3계층 스키마로 구성된다.

2) 3계층 스키마

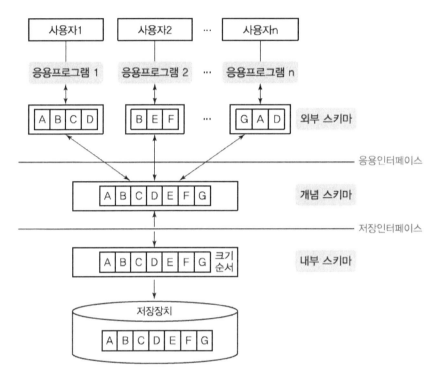

① 외부스키마(external schema)
- 사용자 관점에서 개별적으로 필요로 하는 데이터베이스의 논리적 구조를 정의한 것이다.
- 전체 데이터베이스의 논리적인 부분이므로 서브스키마(subschema) 또는 뷰(view)라고도 한다.
② 개념스키마(conceptual schema)
- 기관이나 조직체의 관점에서 보는 데이터베이스의 전체적인 논리적 구조로 하나만 존재한다.
- 데이터베이스 접근 권한, 보안 정책, 무결성 규정 등을 시행하는 데 필요한 요건들을 기술하고 있다.
③ 내부스키마(internal schema)
- 물리적 저장장치 관점에서 보는 데이터베이스의 구조이다.
- 실제로 저장될 내부 레코드 형식을 정의하며 인덱스 사용, 저장데이터 항목의 표현 방법, 내부 레코드의 물리적 순서를 기술한다.

(2) 관계 데이터베이스

1) 릴레이션

릴레이션은 데이터 구조를 행과 열의 테이블(table)의 형태로 표현한 것으로 릴레이션 스키마와 릴레이션 인스턴스로 구성된다.

학번	이름	학년	학과	전화
100	홍길동	4	전산	1111
200	박길동	3	전기	1234
300	이길동	1	전산	3211
400	김길동	4	전산	2323

2) 릴레이션 용어

① 튜플(Tuple) : 릴레이션에서 각각의 행(row)을 의미한다.
② 속성(Attribute) : 릴레이션에서 각각의 열(column)을 의미한다.
③ 도메인(Domain) : 한 속성이 가질 수 있는 값의 집합이다.
④ 차수(Degree) : 속성의 개수이다. (예) 학생 릴레이션의 차수 : 5)
⑤ 카디널리티(Cardinality) : 튜플의 개수이다. (예) 학생 릴레이션의 카디널리티 : 4)

3) 릴레이션 특징

① 릴레이션에서 모든 튜플은 중복되지 않고 상이하다.(튜플의 유일성)
② 릴레이션에서 튜플 사이에는 순서가 정의되지 않는다.(튜플의 무순서)
③ 릴레이션을 구성하는 속성 사이에는 순서가 없다.(속성의 무순서)
④ 릴레이션의 속성값은 논리적으로 더 이상 분해할 수 없는 원자값을 가진다.(속성값의 원자성)
⑤ 릴레이션을 구성하는 속성명은 유일해야 하고 중복되어서는 안 된다.(속성명의 유일성)

(3) 키(key)와 무결성 제약 조건

키(key)란 릴레이션의 모든 튜플들을 유일(unique)하게 식별할 수 있는 특성을 가진 속성이나 속성의 집합을 의미한다. 모든 릴레이션은 하나의 키는 가지게 된다.

1) 키의 종류

① 슈퍼키(super key)
- 릴레이션 내의 모든 튜플에 대하여 유일성만 만족하는 속성이다.
- 릴레이션 내에서 여러 개의 슈퍼키가 정의될 수 있다.
  예 학생 릴레이션에서 학번, {학번, 이름}, {학번, 이름, 학과}, 전화, 등

② 후보키(candidate key)
- 릴레이션에서 튜플을 유일하게 구별하기 위해 사용하는 속성 또는 속성들의 집합이다.
- 릴레이션 내에서 유일성뿐 아니라 최소성도 만족해야 하는 속성이다.
- 릴레이션 내에서 여러 개의 후보키가 정의될 수 있다.
  예 학생 릴레이션에서 학번, 전화

③ 기본키(primary key)
- 여러 개의 후보키 중 선택된 하나의 주키이다.
- 기본키 속성값으로 Null이나 중복되는 값은 결코 가질 수 없다.
  예 학생 릴레이션에서 학번

④ 대체키(alternate key)
- 여러 후보 키 중 기본키로 선택되지 못한 후보키이다.
  예 학생 릴레이션에서 전화

⑤ 외래키(foreign key)
  두 릴레이션 R1, R2에서 R1의 속성들 중 R2의 기본키 속성과 일치하는 R1의 속성을 외래키라고 한다. 이 경우 외래키는 릴레이션 R2를 참조한다하고, R1은 참조 릴레이션, R2는 참조되는 릴레이션이라고 한다.

〈R1〉			외래키	기본키	〈R2〉	

학번	이름	학과	과목코드		과목코드	과목명
100	홍길동	정보	A		A	엑셀
200	박길동	보안	C		B	운영체제
300	이길동	보안	B		C	C언어
400	김길동	정보	A		D	자료구조

┃ 참조관계인 두 테이블 ┃

- 외래키와 기본키의 속성명은 다를 수 있지만 정의된 도메인은 같아야 한다.
- 외래키는 참조하는 릴레이션의 기본키에 없는 값은 가질 수 없다.
- 외래키는 릴레이션과 릴레이션을 연결(join)하는 도구로 사용된다.

2) 무결성 제약조건

① 개체 무결성 제약조건 : 기본키값은 결코 널(null) 값이나 중복값을 가질 수 없다는
제약조건

② 참조 무결성 제약조건 : 외래키값은 참조할 수 없는 값은 가질 수 없다는 제약조건
으로 참조하는 릴레이션의 기본키값과 일치 하거나 NULL 값만 가져야 한다.

2. 관계 데이터 언어 (관계대수, 관계해석)

(1) 관계대수

① 관계대수는 원하는 정보를 얻기 위해 일련의 연산 순서를 명세하는 절차적 언어이다.
② 연산의 피연산자와 연산 결과가 모두 릴레이션이 된다.
③ 일반 집합연산자 4개와 순수 관계 연산자 4개의 두 그룹으로 구성되어 있다.
④ 집합 연산자는 앞장에서 설명되었으므로 여기서는 순수관계 연산자 실렉트, 프로젝
트, 조인, 디비전의 4개 연산자에 대해서만 다룹니다.

1) Select(실렉트)

① 릴레이션에서 조건식을 만족하는 튜플을 검색하는 연산자이다.
② 릴레이션의 행에 해당하는 튜플만 구하므로 수평적 부분집합 연산이다.

③ 실렉트 연산자 기호는 시그마(σ)를 사용한다.

형식	σ 〈조건식〉(R) : R은 릴레이션, 조건은 ( ), 〈, 〉=, 〈=, =)

예 수강 릴레이션에서 이름이 '손흥민'인 학생만 검색하시오.

〈수강〉

이름	학과	과목	강의실
이명수	소프트웨어과	C언어	101
손흥민	전자과	전자회로	203
남이수	전자과	전자회로	203
이기식	소프트웨어과	JAVA	301
홍길동	전기과	NULL	202

→

이름	학과	과목	강의실
손흥민	전자과	전자회로	203

σ 이름 = '홍길동'(**수강**)

2) Project (프로젝트)

① 릴레이션에서 기술된 속성리스트를 추출하는 연산자이다.
② 릴레이션의 열에 해당하는 속성만 구하므로 수직적 부분집합 연산이다.
③ 프로젝트 연산자 기호는 파이(π)를 사용한다.

형식	π 〈속성리스트〉(R) : R은 릴레이션

예 수강 릴레이션에서 이름만 검색하시오

〈수강〉

이름	학과	과목	강의실
이명수	소프트웨어과	C언어	101
손흥민	전자과	전자회로	203
남이수	전자과	전자회로	203
이기식	소프트웨어과	JAVA	301
홍길동	전기과	NULL	202

π이름(**수강**) →

이름
이명수
손흥민
남이수
이기식
홍길동

3) Join (조인)

① 두 릴레이션 R과 S의 공통 속성을 기준으로 하나로 합쳐서 새로운 릴레이션을 만드는 연산이다.

② 두 릴레이션의 조합 중에서 조인 조건을 만족하는 튜플들로 구성된다.

③ 조인 연산자 기호는 (⋈)를 사용한다.

④ 조인 조건에 따라 세타조인, 동등조인, 자연조인 등으로 구분되지만 자연조인이 가장 일반적인 조인으로 중복 속성을 제거할 수 있다.

예 두 릴레이션 R과 S를 조인(자연조인) 하시오.

-해설 : R과 S의 공통 속성 B와 C의 속성값을 모든 경우 비교하여 일치할 때 의 R과 S의 튜플을 추출한다.

4) Division (디비전)

① 두 릴레이션 R(X), S(Y)에 대하여 X⊇Y일 때 R의 속성이 S의 속성값을 모두 가지는 튜플에서 S가 가진 속성을 제외한 속성값만을 구하는 연산이다.

② 디비전 기호는 (÷)를 사용한다.

예 두 릴레이션 R과 S에서 R÷S의 결과를 구하시오.

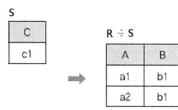

(2) 관계해석

① 원하는 정보가 무엇이라는 것만 선언하는 비절차적인 특성을 가진다.

② 릴레이션을 정의하는 연산으로 정의를 형식화하기 위해 계산 수식을 사용한다.

③ 수학의 프레디킷 해석(Predicate Calculus)에 기반을 두고 있다.

④ 튜플 관계 해석과 도메인 관계 해석으로 구분한다.

▼ 관계해석 연산자

정량자	∀ : 모든 것에 대하여, ∃ : 존재하는 것에 대하여
논리 연산자	∧ : AND, ∨ : OR, ¬ : NOT
비교 연산자	>, <, ≥, ≤, =, ≠
기타 연산자	∈ : 원소 , ⊂ : ~부분집합 , ∅ : 공집합(empty)

3. 시스템 카탈로그와 뷰

(1) 시스템 카탈로그

① 시스템 자신이 필요로 하는 여러 가지 객체에 관한 정보를 포함한 시스템 데이터베이스이다.
② 데이터베이스에 포함되는 모든 데이터 객체에 대한 정의나 명세에 관한 정보를 DBMS가 생성하고 유지·관리하는 시스템이다.
③ 기본 테이블, 뷰, 인덱스, 패키지, 접근권한 등 스키마 정보 및 통계 정보를 저장한다.
④ 시스템 카탈로그를 데이터 사전(Data Dictionary)이라고도 하며 카탈로그에 저장된 정보를 메타 데이터(Meta Data)라고 한다.
⑤ 카탈로그는 테이블 형태로 구성되어 일반 사용자도 질의어인 SQL을 이용하여 검색은 가능하지만 삽입, 삭제, 갱신은 불가능하다.

(2) 뷰 (View)

① 하나 또는 그 이상의 기본 테이블로부터 유도되는 가상 테이블(virtual table)이다.
② 뷰는 물리적으로 구현되어 있지 않고 뷰의 정의만 시스템 카탈로그에 저장된다.
③ 뷰는 다른 뷰를 가질 수 있다.
④ 뷰를 이용한 검색 연산은 가능하지만 갱신 연산은 많은 제약점을 가진다.

장점	•논리적 데이터 독립성을 제공하는 수단이다. •동일한 데이터를 여러 사용자에게 상이한 방법으로 제공할 수 있다. •사용자의 인식을 단순화시켜 관리하기가 용이하다. •감춰진 데이터에 대해 자동적으로 보안이 제공된다.
단점	•뷰는 그 정의를 변경할 수 없다. 즉 ALTER 문을 사용할 수 없다. •뷰는 독자적인 인덱스를 가질 수 없다. •뷰의 정의 내용에 따라 삽입, 삭제, 갱신 시 연산의 제한을 받는다.

2. 데이터모델링 및 설계

(1) 데이터 모델링

1) 데이터모델

① 데이터 모델링은 현실 세계의 데이터 구조를 컴퓨터 세계의 데이터 구조로 변환하는 작업을 의미한다. 데이터 모델은 이러한 모델링 작업을 통해 만들어지는 개념적, 논리적 구조를 의미한다.

② 데이터모델은 개념적 데이터모델과 논리적 데이터모델로 나눌 수 있다.

2) 데이터모델의 구성요소

구조 (structure)	데이터베이스에 표현될 개체 간의 데이터 구조
연산(operations)	데이터 구조에 따라 실제로 표현될 값들을 처리하는 작업
제약조건(constraints)	데이터베이스에 허용 가능한 데이터의 논리적 제약

3) 개념적 데이터 모델

① 현실 세계의 데이터를 분석하여 인간이 이해하기 쉽게 개념적 구조로 표현하는 방법이다.

② 특정 DBMS에 독립적인 데이터 구조를 표현한다.

③ 모델링 도구로 개체-관계 모델 (E-R 모델), 확장 E-R 모델 등을 이용한다,

3) 논리적 데이터 모델

① 개념적 모델링을 통해 얻은 개념적 구조를 컴퓨터가 처리할 수 있게 논리적 구조로 표현하는 방법이다.

② 특정 DBMS에 일치하는 데이터 구조를 표현한다.

③ 논리적 데이터 모델 관계의 표현에 따라 관계형 모델, 계층형 모델, 네트워크형 모델로 구분한다.

(2) 개체–관계(E–R)모델

1) E–R 모델의 특징

① 개념적 데이터모델의 대표적 모델로 P.chen이 제안하였다.

② 현실 세계를 개체, 속성, 관계를 이용하여 개념적으로 표현한다.

③ 일대일(1:1), 일대다(1:N), 다대다(N:M)등의 관계 표현이 가능하다.

2) E–R 다이어그램 구성요소

기호	의미
▭	개체
◇	관계
◯	단순 속성
◯ (밑줄)	기본키 속성
◎	다중값 속성
▬	연결선

3) E–R 다이어그램 예

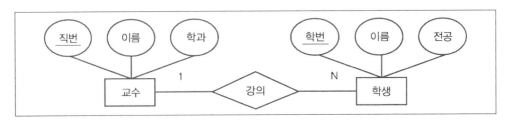

(3) 논리적 데이터모델링

1) 논리적 데이터모델링 개념

① 인간 중심적으로 표현된 개념적 데이터 구조를 컴퓨터가 처리 가능한 논리적 데이터 구조 즉 스키마로 표현하는 작업이다.

② 선택된 DBMS(데이터베이스 관리 시스템)에 따라 데이터베이스에 저장할 형태로 표현한 데이터베이스의 논리적인 구조이다.

③ 관계 데이터 모델, 계층 데이터 모델, 네트워크 데이터 모델 등이 있다.

2) 논리적 데이터 모델의 종류

관계형 모델	• 논리구조는 테이블 구조, 관계는 공통 속성을 이용 • 1:1, 1:N, M:N의 모든 관계 표현 가능
계층형 모델	• 논리구조는 트리 구조, 부모-자식 관계 • 1:N 관계만 표현 가능
네트워크형 모델	• 논리구조는 그래프 구조, 오너-멤버 관계 • M:N 관계는 2개의 1:N을 이용

(4) 데이터베이스 설계

1) 데이터베이스 설계 단계

2) 개념적 설계 단계

① 요구조건 명세서를 분석하여 E−R 다이어그램을 작성한다.

② 개념스키마 모델링과 트랜잭션 모델링을 수행한다.

3) 논리적 설계 단계

① 논리적 데이터 모델로 변환 및 트랜잭션 인터페이스를 설계한다.

② 스키마의 평가 및 정제를 수행한다. − 정규화 수행

4) 물리적 설계 단계

① 저장장치에 저장할 수 있는 물리적 구조의 데이터로 변환하는 과정이다.

② 고려사항 : 저장 레코드 양식 설계, 저장 레코드 집중 분석, 접근경로 설계

③ 성능평가 요소 : 트랜잭션 처리량, 응답시간, 저장공간 활용도

(5) 데이터베이스 정규화(Normalization)

1) 이상(Anomaly) 현상

릴레이션의 스키마 설계가 잘못되면 데이터 중복과 속성 사이에 여러 종속 관계가 나타아게 되고 데이터 조작 시 원하지 않는 결과가 나오는 이상(Anomaly) 현상의 원인이된다. 이상 현상은 삽입, 삭제, 갱신 이상으로 구분된다.

① 삽입(Insert) 이상 : 데이터 삽입 시 불필요한 데이터가 같이 삽입되는 현상

② 삭제(Delete)이상 : 데이터 삭제 시 삭제하지 않아야 할 데이터가 연쇄적으로 삭제되는 현상

③ 갱신(Update) 이상 : 데이터 갱신 시 일부 데이터만 변경되어 데이터의 모순이 발생하는 현상

2) 함수종속

함수 종속이란 어떤 릴레이션 R에서 속성 X의 각 값에 대해 속성 Y값이 오직 하나만연관되어 있을 때 Y는 X에 함수적 종속이라 하고 X $\rightarrow$ Y로 표현한다. 이때 X를 결정자,Y를 종속자라 한다.

① 완전 함수종속 : 키가 아닌 속성이 기본키에 종속되는 관계

② 부분 함수종속 : 키가 아닌 속성이 기본키의 일부 속성에 종속되는 관계

③ 이행 함수종속 : 속성 A,B,C에서 A $\rightarrow$ B 이고 B $\rightarrow$ C 이면 A $\rightarrow$ C인 관계

3) 정규화 개념

정규화란 속성 간 종속성을 분석하여 잘못 설계된 관계형 스키마를 더 작은 속성집합으로 분해하여 바람직한 스키마, 즉 이상(anomaly) 현상이 제거된 릴레이션으로 만들어가는 과정이다.

① 정규화는 스키마를 변환하기 때문에 논리적 설계 단계에서 수행하고 논리적 처리 및 품질에 영향을 준다.

② 정규화를 통해 분해된 릴레이션을 정규형 릴레이션이라 하고 제1정규형, 제2정규형, 제3정규형, 보이스코드(BCNF) 정규형, 제4정규형, 제5정규형으로 구분된다.

4) 정규화의 목적

① 어떤 릴레이션이라도 데이터베이스 내에서 표현 가능 하도록 만든다.

② 새로운 형태의 데이터가 삽입될 때 릴레이션을 재구성할 필요성을 줄일 수 있다.

③ 릴레이션에서 바람직하지 않은 삽입, 삭제, 갱신 이상이 발생하지 않도록 한다.

④ 보다 간단한 관계 연산에 기초하여 검색 알고리즘을 효과적으로 만들 수 있다.

5) 정규형 릴레이션의 종류

① 1정규형 (1NF) : 모든 도메인의 값이 원자값으로 구성된 릴레이션

② 2정규형 (2NF) : 부분 함수 종속이 제거된 릴레이션

③ 3정규형 (3NF) : 이행적 함수 종속이 제거된 릴레이션

④ BCNF 정규형 (BCNF) : 결정자가 키가 아닌 함수종속을 제거한 릴레이션

⑤ 4정규형 (4NF) : 다치 종속 제거한 릴레이션

⑥ 5정규형 (5NF) : 조인 종속 제거한 릴레이션

(6) 논리 데이터모델 품질검증

① 논리 데이터베이스의 구성요소와 요소들 간의 관계에서 데이터 간의 품질을 검증하기 위한 기준이다.

② 품질 요소는 데이터 값(Data Value), 데이터 구조(Data Hierarchy), 데이터 관리 프로세스(Data Management Process)로 구분할 수 있다.

1. 다음에서 설명하는 스키마(Schema)는?

> 데이터베이스 전체를 정의한 것으로 데이터 개체, 관계, 제약조건, 접근권한, 무결성 규칙 등을 명세한 것

① 개념 스키마　　　　　　　　② 내부 스키마

③ 외부 스키마　　　　　　　　④ 내용 스키마

정답 ①
해설
- 외부 스키마 : 사용자 관점에서 데이터베이스의 부분을 정의한 서브 스키마
- 개념 스키마 : 데이터베이스 전체 구조를 정의하고 접근권한, 무결성 규정등도 정의
- 내부 스키마 : 물리적 저장장치 입장에서 본 데이터베이스의 구조이다.

2. 관계형 데이터베이스에서 테이블의 행에 해당되는 데이터 요소는?

① 릴레이션　　　　　　　　　② 튜플

③ 카데널리티　　　　　　　　④ 차수

정답 ②
해설
- 릴레이션(Relation) : 테이블의 행과 열로 구성된 테이블
- 튜플(Tuple) : 테이블의 행에 해당되는 데이터 요소
- 카디널리티(Cardinality) : 튜플의 수
- 차수(Degree) : 속성(에트리뷰트) 의 수

3. 관계 데이터 모델에서 릴레이션(relation)에 관한 설명으로 옳은 것은?

① 릴레이션의 각 행을 스키마(schema)라 하며, 예로 도서 릴레이션을 구성하는 스키마에서는 도서번호, 도서명, 저자, 가격 등이 있다.

② 릴레이션의 각 열을 튜플(tuple)이라 하며, 하나의 튜플은 각 속성에서 정의된 값을 이용하여 구성된다.

③ 도메인(domain)은 하나의 속성이 가질 수 있는 같은 타입의 모든 값의 집합으로 각 속성의 도메인은 원자값을 갖는다.

④ 속성(attribute)은 한 개의 릴레이션의 논리적인 구조를 정의한 것으로 릴레이션의 이름과 릴레이션에 포함된 속성들의 집합을 의미한다.

4. 다음 보기의 테이블에서 차수와 카디널리티는?

이름	학과	과목	강의실
이명수	소프트웨어과	C언어	101
김기식	전자과	전자회로	203
남이수	전자과	전자회로	203
이기식	소프트웨어과	JAVA	301
홍길동	전기과	NULL	202

① 3, 5　　　　　　　　　　② 4, 5
③ 4, 6　　　　　　　　　　④ 5, 6

5. 하나의 애트리뷰트가 가질 수 있는 원자값들의 집합을 의미하는 것은?

① 도메인　　　　　　　　　② 튜플
③ 엔티티　　　　　　　　　④ 다형성

6. 데이터베이스에서 릴레이션에 대한 설명으로 틀린 것은?

① 모든 튜플은 서로 다른 값을 가지고 있다.
② 하나의 릴레이션에서 튜플은 특정한 순서를 가진다.

③ 각 속성은 릴레이션 내에서 유일한 이름을 가진다.
④ 모든 속성 값은 원자값(atomic value)을 가진다.

정답 ②
해설 릴레이션에서 튜플 간에서는 순서가 없다. (튜플의 무순서)

7. 데이터 무결성 제약조건 중 "개체 무결성 제약" 조건에 대한 설명으로 맞는 것은?

① 릴레이션 내의 튜플들이 각 속성의 도메인에 지정된 값만을 가져야 한다.
② 기본키에 속해 있는 애트리뷰트는 널 값이나 중복 값을 가질 수 없다.
③ 릴레이션은 참조할 수 없는 외래키 값을 가질 수 없다.
④ 외래키 값은 참조 릴레이션의 기본키 값과 동일해야 한다.

정답 ②
해설 개체 무결성 제약 조건은 기본키에 대한 제약으로 기본키 속성은 널 값이나 중복 값을 가질 수 없다.

8. 다음 두 릴레이션에서 외래키로 사용된 것은? (단, 밑줄 친 속성은 기본키이다.)

과목(<u>과목번호</u>, 과목명)
수강(<u>수강번호</u>, 학번, 과목번호, 학기)

① 수강번호   ② 학번
③ 과목번호   ④ 과목명

정답 ③
해설 외래키는 다른 릴레이션의 기본키와 일치해야 한다. 수강 릴레이션의 과목번호 속성이 과목 릴레이션 기본키 과목번호와 일치하므로 과목번호가 외래키가 된다.

9. 다음 설명의 ( )안에 들어갈 내용으로 적합한 것은? "후보키는 릴레이션에 있는 모든 튜플에 대해 유일성과 ( )을 모두 만족시켜야 한다."

① 중복성   ② 최소성
③ 참조성   ④ 동일성

정답 | ②
해설 | 후보키는 유일성과 최소성을 모두 만족해야 한다.

10. 관계 대수에 대한 설명으로 틀린 것은?

① 원하는 릴레이션을 정의하는 방법을 제공하며 비절차적 언어이다.

② 릴레이션 조작을 위한 연산의 집합으로 피연산자와 결과가 모두 릴레이션이다.

③ 일반 집합 연산과 순수 관계 연산으로 구분된다.

④ 질의에 대한 해를 구하기 위해 수행해야 할 연산의 순서를 명시한다.

정답 | ①
해설 | • 관계해석 : 릴레이션을 정의하는 방법을 제공하는 비절차적 언어
　　　• 관계대수 : 릴레이션 조작을 위한 연산의 집합으로 절차적 언어

11. 다음 중 순수 관계 연산자가 아닌 것은?

① SELECT　　　　　　　② PROJECT

③ DIVISION　　　　　　④ UNION

정답 | ④
해설 | UNION은 합집합 연산자로 집합 관계 연산자이다.

12. 조건을 만족하는 릴레이션의 수평적 부분집합으로 구성하며, 연산자의 기호는 그리스 문자 시그마(σ)를 사용하는 관계대수 연산은?

① Select　　　　　　　② Project

③ Join　　　　　　　　④ Division

정답 | ①
해설 | • Select(σ) : 조건에 맞는 튜플을 추출하는 수평적 부분집합 연산
　　　• Project(π) : 기술된 속성을 추출하는 수직적 부분 집합 연산

13. 관계대수 연산에서 두 릴레이션이 공통으로 가지고 있는 속성을 이용하여 두 개의 릴레이션을 하나로 합쳐서 새로운 릴레이션을 만드는 연산은?

① ⋈   ② ⊃

③ π   ④ σ

정답	①
해설	조인(join; ⋈) : 두 릴레이션이 공통으로 가지고 있는 속성을 이용하여 두 개의 릴레이션을 하나로 합쳐서 새로운 릴레이션을 생성하는 관계 대수 연산

14. 관계 대수식을 SQL 질의로 옳게 표현한 것은?

$$\pi_{\text{이름}}(\sigma_{\text{학과}='\text{교육}'}(\text{학생}))$$

① SELECT 학생 FROM 이름 WHERE 학과='교육' ;

② SELECT 이름 FROM 학생 WHERE 학과='교육 ;

③ SELECT 교육 FROM 학과 WHERE 이름='학생' ;

④ SELECT 학과 FROM 학생 WHERE 이름='교육' ;

정답	②
해설	관계 대수식의 의미 : 학생 테이블에서 학과가 교육인 학생들의 이름을 추출하시오. SQL 표현 : SELECT 이름 FROM 학생 WHERE 학과='교육 ;

15. 관계해석에서 '모든 것에 대하여'의 의미를 나타내는 논리 기호는?

① ∃   ② ∈

③ ∀   ④ ⊂

정답	③
해설	관계해석 연산자 ∀ : 모든 것에 대하여 ∃ : 존재하는 것에 대하여

16. 시스템 카탈로그에 대한 설명으로 틀린 것은?

① 시스템 카탈로그의 갱신은 무결성 유지를 위하여 SQL을 이용하여 사용자가 직접 갱신하여야 한다.
② 데이터베이스에 포함되는 데이터 객체에 대한 정의나 명세에 대한 정보를 유지 관리한다.
③ DBMS가 스스로 생성하고 유지하는 데이터베이스 내의 특별한 테이블의 집합체이다.
④ 카탈로그에 저장된 정보를 메타 데이터라고도 한다.

정답 | ①
해설 | 시스템 카탈로그는 DBMS가 생성하고 유지관리 하는 것으로 사용자는 갱신할 수 없다.

17. 뷰(view)에 대한 설명으로 옳지 않은 것은?

① 뷰는 CREATE 문을 사용하여 정의한다.
② 뷰는 데이터의 논리적 독립성을 제공한다.
③ 뷰를 제거할 때에는 DROP 문을 사용한다.
④ 뷰는 저장장치 내에 물리적으로 존재한다.

정답 | ④
해설 | 뷰는 가상 테이블로 저장 장치에 물리적으로 존재하지 않는다.

18. 뷰(View)에 대한 설명으로 틀린 것은?

① 뷰 위에 또 다른 뷰를 정의할 수 있다.
② DBA는 보안성 측면에서 뷰를 활용할 수 있다.
③ 사용자가 필요한 정보를 요구에 맞게 가공하여 뷰로 만들 수 있다.
④ SQL을 사용하면 뷰에 대한 삽입, 갱신, 삭제 연산 시 제약사항이 없다.

정답 | ④
해설 | 뷰는 검색엔 제약 없지만 뷰에 대한 삽입, 삭제, 갱신 연산은 제약 사항이 따른다.

19. 데이터 모델의 구성 요소 중 데이터 구조에 따라 개념 세계나 컴퓨터 세계에서 실제로 표현된 값들을 처리하는 작업을 의미하는 것은?

① Relation ② Data Structure
③ Constraint ④ Operation

정답 ④
해설 데이터 모델의 구성요소
데이터 구조(Data Structure) : 데이터베이스에 표현될 개체 간의 데이터 구조
연산(Operation) : 실제로 표현된 값들을 처리하는 작업
제약사항(Constraint) : 데이터베이스에 허용될 수 있는 데이터의 논리적 제약

20. E-R 모델에서 다중값 속성의 표기법은?

① ◇ ② ▭
③ ◯ ④ ──

정답 ③
해설

기호	의미
▭	개체타입
◇	관계타입
◯	단순 속성
◯(밑줄)	기본키 속성
◎	다중값 속성
━━	연결선

21. E-R 모델의 표현 방법으로 옳지 않은 것은?

① 개체 타입 : 사각형 ② 관계 타입 : 마름모
③ 속성 : 오각형 ④ 연결 : 선

정답 ③
해설 속성은 타원형으로 표현한다.

22. 데이터베이스에서 개념적 설계 단계에 대한 설명으로 틀린 것은?

① 산출물로 E-R Diagram을 만들 수 있다.
② DBMS에 독립적인 개념스키마를 설계한다.
③ 트랜잭션 인터페이스를 설계 및 작성한다.
④ 논리적 설계 단계의 앞 단계에서 수행된다.

정답 ③
해설 트랜잭션 인터페이스 설계는 논리적 설계 단계에서 수행한다.

23. 데이터베이스의 논리적 설계(logical design) 단계에서 수행하는 작업이 아닌 것은?

① 레코드 집중의 분석 및 설계
② 논리적 데이터베이스 구조로 매핑(mapping)
③ 트랜잭션 인터페이스 설계
④ 스키마의 평가 및 정제

정답 ①
해설 레코드 집중의 분석 및 설계는 물리적 설계 단계의 작업이다.

24. 데이터베이스 설계 단계 중 물리적 설계 시 고려사항으로 적절하지 않은 것은?

① 스키마의 평가 및 정제   ② 응답시간
③ 저장공간의 효율화   ④ 트랜잭션 처리량

정답 ①
해설 스키마의 평가 및 정제는 논리적 설계 단계의 작업이다.

25. 정규화에 대한 설명으로 적절하지 않은 것은?

① 데이터베이스의 개념적 설계 단계 이전에 수행한다.
② 데이터 구조의 안정성을 최대화한다.
③ 중복을 배제하여 삽입, 삭제, 갱신 이상의 발생을 방지한다.
④ 데이터 삽입 시 릴레이션을 재구성할 필요성을 줄인다.

정답 ①
해설 정규화는 개념적 설계 단계 이후 논리적 설계 단계에서 수행한다.

26. 데이터베이스 정규화 과정에서 이상 현상이 아닌 것은?

① 삽입(Insert) 이상   ② 검색(Search) 이상

③ 갱신(Update) 이상   ④ 삭제(Delete)이상

정답	②
해설	이상 현상 종류 : 삽입(Insert) 이상, 삭제(Delete)이상, 갱신(Update) 이상

27. 이행적 함수 종속 관계를 의미하는 것은?

① A→B이고 B→C일 때, A→C를 만족하는 관계

② A→B이고 B→C일 때, C→A를 만족하는 관계

③ A→B이고 B→C일 때, B→A를 만족하는 관계

④ A→B이고 B→C일 때, C→B를 만족하는 관계

정답	①
해설	이행적 함수 종속 : A→B이고 B→C일 때, A→C를 만족하는 관계

28. 제2정규형에서 제3정규형이 되기 위한 조건은?

① 이행적 함수 종속 제거

② 부분적 함수 종속 제거

③ 다치 종속 제거

④ 결정자이면서 후보키가 아닌 것 제거

정답	①
해설	1정규형 (1 NF) : 도메인 원자값만으로 구성 2정규형 (2 NF) : 부분 함수 종속제거 3정규형 (3 NF) : 이행적 함수 종속제거 BCNF정규형 (BCNF) : 결정자가 후보키가 아닌 함수종속 제거 4정규형 (4 NF) : 다치 종속 제거 5정규형 (5 NF) : 조인 종속 제거

29. 릴레이션 R의 모든 결정자(determinant)가 후보키이면 그 릴레이션 R은 어떤 정규형에 속하는가?

① 제1 정규형　　　　　　　② 제2 정규형
③ 보이스/코드 정규형　　　④ 제4 정규형

정답	③
해설	BCNF정규형 (BCNF) : 결정자가 후보키가 아닌 함수종속을 제거한 릴레이션으로 모든 결정자는 후보키이다.

30. 어떤 릴레이션 R의 모든 조인 종속성의 만족이 R의 후보 키를 통해서만 만족될 때, 이 릴레이션 R이 해당하는 정규형은?

① 제5정규형　　　　　　　② 제4정규형
③ 제3정규형　　　　　　　④ 제1정규형

정답	①
해설	제 5정규형 : 릴레이션 R의 모든 조인 종속성이 R의 후보 키를 통해서만 성립된다.

Chapter 04 물리 데이터베이스 설계

1. 물리 요소 조사 분석

(1) 스토리지

스토리지(storage)는 대용량 데이터를 저장하기 위해 구성된 시스템이다.
서버와 스토리지의 연결 방식에 따라 DAS, NAS, SAN의 유형으로 구분한다.

① DAS : 서버와 스토리지를 직접 연결하는 방식
② NAS : 서버와 스토리지를 네트워크와 NAS 장비로 연결하는 방식
③ SAN : 서버와 스토리지를 전용 네트워크와 광케이블 스위치(FC)로 연결하는 방식

(2) 분산 데이터베이스

분산 데이터베이스는 논리적으로는 하나의 시스템에 속하지만 물리적으로는 여러 개의 컴퓨터 사이트에 분산되어 있다.

1) 분산 데이터베이스의 구성요소

① 분산 처리기 : 컴퓨터 시스템
② 분산 데이터베이스 : 지리적으로 분산되어 있는 데이터베이스
③ 통신 네트워크 : 하나의 논리적 시스템으로 연결하는 네트워크 시스템

2) 분산 데이터베이스의 목표

분산 데이터베이스의 목표는 투명성(transparency) 보장이다. 투명성이란 분산 데이터베이스를 사용하는 사용자는 분산된 자원에 대하여 의식하지 않고 사용하는 것을 의미한다. 위치 투명성을 포함한 4가지 투명성이 제공된다.

① 위치 투명성(Location Transparency) : 트랜잭션 처리 시 사용자는 데이터의 위치를 알 필요가 없어도 되는 특성

② 중복 투명성(Replication Transparency) : 데이터가 여러 곳에 중복 저장되어 있어도 사용자는 중복된 사실을 알 필요가 없어도 되는 특성

③ 장애 투명성(Failure Transparency) : 분산된 데이터베이스 시스템이나 네트워크에 장애가 발생하더라도 트랜잭션의 결과는 영향을 받지 않는다는 특성

④ 병행 투명성(Concurrency Transparency) : 다수의 트랜잭션들이 동시에 실현되어도 그 트랜잭션의 결과는 영향을 받지 않는 특성.

3) 분산 데이터베이스의 장단점

장점	단점
• 지역 자치성이 보장된다. • 자원의 공유가 향상된다. • 연산 속도가 빨라 성능이 향상된다. • 신뢰성, 가용성, 확장성이 향상된다.	• 소프트웨어의 개발 비용 부담이 크다. • 설계가 복잡해 오류의 잠재성이 증가한다. • 관리비등 처리비용이 증가한다.

(3) 데이터베이스 이중화 구성

1) 데이터베이스 이중화 개념

① 2대 이상의 DBMS를 나눠서 데이터를 저장하는 방식이다.

② 최소 Master 1대, Slave 1대 이상으로 구성을 하여야 한다.

③ 실시간 Data 백업과 여러 대의 DB서버의 부하를 분산하여 저장할 수 있다.

2) 데이터베이스 이중화 목적

① 고가용성 : 시스템의 정지 없이 서비스가 가동될 수 있는 확률이 높아진다.

② 부하 분산 : 처리를 분산할 경우 하나의 DB를 사용할 때보다 부하가 줄어들게 되고, 전체적인 성능이 향상된다.

③ 장애 시 손실 최소화 : 장애 시 백업 서버를 운영한다.

(4) 데이터베이스 암호화

1) 데이터베이스 보안

① 보안은 권한이 없는 사용자로부터 데이터베이스를 보호하는 것이다.

② 보안을 위한 데이터 단위는 테이블 전체로부터 데이터 값에 이르기까지 다양하다.

③ 사용자들은 권한에 따라 데이터에 접근이 가능하다.

④ 무결성은 권한이 있는 사용자로부터 데이터베이스를 보호하는 것이다.

2) 데이터베이스 보안 기술

① DCL 명령을 통하여 권한을 제어 : GRANT, REVOKE

② 뷰(view)를 이용하여 권한을 제어

② 데이터베이스 암호화를 수행 : 대칭키, 비대칭키 암호

③ 접근 통제 정책을 수행 : MAC, DAC, RBAC 등

3) 데이터베이스 암호화 방식

① API 방식 : DB가 아닌 외부 애플리케이션 영역에서 암복호화를 수행한다.

② 플러그인 방식 : DBMS 자체에 플러그인 방식으로 암복화 모듈을 설치해 암호화를 운영한다.

③ 인플레이스 방식 : 플러그인에서 더 나아가 DB 엔진 내부에서 암복호화 기능을 수행한다.

④ 파일 암호화 방식 : 운영체제(OS) 영역의 파일 전체에 암호화를 적용하는 방식이다.

(5) 접근제어

접근제어는 비 인가자의 불법적인 자원접근을 통제하는 것으로 접근통제 정책을 이용하여 접근 권한을 제어한다.

1) 강제적 접근제어 (MAC)

① 주체와 객체가 갖는 보안등급(Label)을 비교하여 권한을 부여하는 방식

② 규칙(rule)기반으로 보안이 엄격하게 적용되는 중앙 집중 방식이다.

2) 임의적 접근제어 (DAC)

① 데이터 소유자가 사용자 신분(identity)에 따라 권한을 부여하는 방식

② 접근제어 리스트를 적용한다.

3) 역할기반 접근제어(RBAC)

① 사용자의 역할(role)에 따라서 접근 권한을 부여하는 방식

② 조직의 환경이 변경될 때 효율적이고 관리가 용이하다.

2. 데이터베이스 물리 속성 설계

(1) 파티셔닝

1) 파티셔닝(Partitioning) 개념

① 데이터베이스를 여러 부분으로 분할하는 튜닝기법이다.

② 데이터베이스의 데이터가 커져서, 조회 시간이 길어질 때 성능이나 가용성 등의 향상을 목적으로 행해지는 것이 일반적이다.

③ 분할된 각 부분을 '파티션'이라고 부른다.

④ 하나의 데이터베이스에 몰리던 부하를 분산시켜 성능 향상을 꾀한다.

⑤ 행단위로 분할하는 수평 분할과 열단위로 분할 하는 수직 분할 기법이 있다.

2) 파티셔닝 분할 기준

① 범위 분할 (Range Partitioning) : 분할 키값이 범위 내에 있는지 여부로 구분한다.

② 목록 분할 (List Partitioning) : 값 목록에 파티션을 할당, 분할 키 값을 그 목록에 비추어 파티션을 선택한다.

③ 해시 분할 (Hash Partitioning) : 해시 함수의 값에 따라 파티션에 포함할지 여부를 결정한다.

④ 합성 분할 (Composite Partitioning) : 상황에 따라 결합하여 분할 하는 것을 말한다,

⑤ 라운드-로빈 (Round Robin) : 회전하면서 새로운 행이 파티션에 분할된다.

(2) 클러스터링(Clustering)

1) 클러스터링 개념

① 데이터를 액세스 하는 시간을 줄이기 위해 자주 사용되는 데이터를 디스크의 같은 위치에 저장시키는 방법
② 데이터 조회 성능을 향상 시키지만 저장, 수정, 삭제 등의 부하는 증가할 수 있다.
③ 분포도가 넓을수록 좋고 저장 공간의 절약도 가능하다.

2) 클러스터링 유형

① 단일 클러스러링 : 클러스터에 하나의 테이블만을 생성시킨다.
② 다중 클러스터링 : 클러스터에 두 개 이상의 테이블을 생성시킨다.

3) 클러스터링 설계 시 고려할 사항

① 대량의 범위를 자주 액세스하는 경우
② 인덱스를 사용한 처리 부담이 되는 넓은 분포도
③ 여러 개의 테이블이 자주 조인을 일으킬 때
④ 반복 컬럼이 정규화에 의해 어쩔 수 없이 분할된 경우
⑤ UNION, DISTINCT, ORDER BY, GROUP BY가 빈번한 컬럼이면 고려
⑥ 수정이 자주 발생하지 않는 컬럼

(3) 데이터베이스 백업

1) 데이터베이스 백업 개념

① 데이터베이스의 데이터가 손실될 경우를 대비하여 피해를 최소화 하기 위해 데이터를 저장하는 기법이다.
② 문제가 발생하였을 때 복구를 하기 위해 복사본을 만드는 것이다.

2) 백업 방법

① 전체백업(Full Backup) : 데이터 변경 여부와 관계없이 매번 전체 데이터를 대상으로 백업한다.

② 차등백업(Differential Backup) : 가장 마지막 백업 이후에 변경된 모든 데이터만 백업한다.

③ 증분백업 (Incremental Backup Backup) : 정해진 시간을 기준으로 그 이후에 변경된 데이터만 백업한다.

④ 트랜잭션 로그 백업(Transaction Log Backup) : 로그 파일에 기록된 로그를 백업한다.

(4) 테이블 저장 사이징(Sizing)

1) 테이블 저장 사이징 개념

① 저장 용량을 예측하여 효과적으로 사용하기 위한 것이다.

② 확장성 및 가용성을 높일 수 있다.

③ 병목현상을 최소화할 수 있다.

2) 데이터 저장 스케일

① 스케일 아웃 : 접속된 서버의 대수를 늘려 처리 능력을 향상

② 스케일 업 : 서버 자체를 증강함으로 처리능력을 향상

(5) 데이터 지역화(Locality)

1) 데이터지역화 개념

① 데이터를 수집한 지역에서 관련 데이터를 저장 및 처리하는 정책을 의미한다.

② 데이터를 필요한 위치 가까운 지역에 저장하는 것을 말한다.

3. 물리 데이터베이스 모델링

(1) 데이터베이스 무결성

1) 무결성 개념

① 권한이 있는 사용자에 의하여 발생할 수 있는 오류를 방지하기 위한 것이다.

② 데이터를 정확하고 유효하게 유지하기 위한 것이다.

③ 제약조건에 의해 무결성 유지된다.

④ 무결성 규정에는 규정이름, 검사 시기, 제약조건, 위반 조치 등을 명시한다.

2) 무결성 규정

① 규정 이름(rule name) : 규정을 참조할 때 사용하는 식별자이다.

② 트리거 조건(trigger condition) : 언제 검사를 해야 하는가 하는 검사 시기를 나타낸다.

③ 제약 조건(constraint) : 어떤 성질의 검사를 해야 하는가 규정의 유형이다.

④ 위반 조치(violation action) : 검사한 결과 위반이 생겼을 때 취해야 될 적절한 조치를 명시하는 것이다.

3) 무결성의 종류

① 개체무결성 : 기본키값은 NULL값이나 중복값을 가질 수 없다.

② 참조 무결성 : 외래키 값은 참조 할수 없는 값을 가질 수 없다는 특성으로 외래키는 NULL이거나 참조 릴레이션의 기본키와 일치해야 한다는 규정

③ 도메인 무결성 : 특정 속성의 값이, 그 속성이 정의된 도메인에 속한 값이어야 한다는 규정

④ 키 무결성 : 하나의 테이블에는 적어도 하나의 키가 존재해야 한다는 규정

(2) 컬럼 속성

① 컬럼(Column)은 테이블에서 특정한 단순 자료형의 일련의 데이터 값과 테이블에서의 각 열을 말한다.

② 열이 어떻게 구성되어야 할지에 대한 구조를 제공한다.

③ 컬럼과 같은 의미로 사용되는 것은 속성(Attribute)이다.

(3) 키 종류

1) 키(Key)의 개념

① 조건에 만족하는 튜플을 찾거나 순서대로 정렬할 때 기준이 되는 속성을 의미한다.

② 유일성과 최소성의 특성을 가지고 있다.

③ 특성에 따라 기본키, 외래키, 후보키, 대체키, 슈퍼키 등의 종류가 있다.

2) 키의 특성

① 유일성 : 각 튜플을 유일하게 식별할 수 있는 특성
② 최소성 : 유일하게 식별할 수 있는 속성이 최소로 구성된 특성

3) 키 종류

① 슈퍼키(Super key)
- 튜플을 식별하기 위한 유일성만 만족하는 키
- 하나의 테이블 내에 있는 하나 이상의 속성집합으로 구성된 키

② 후보키(Candidate key)
- 각 튜플을 식별하는 기준이 되는 속성의 집합
- 유일성과 최소성 모두 만족해야 한다.

③ 기본키(Primary key)
- 후보키 중에서 튜플 선택을 위한 선택한 키
- 기본키는 중복될 수 없으며 NULL값을 가질 수 없다.
- 유일성과 최소성 모두 만족해야 한다.

④ 대체키(Alternate key)
- 후보키 중에서 기본키로 선택되지 않은 키
- 유일성과 최소성 모두 만족해야 한다.

⑤ 외래키(Foreign key)
- 다른 테이블을 참조하기 위해 사용되는 키
- 외래키는 참조 릴레이션의 기본키와 일치하거나 Null 값만 허용한다.

(4) 반정규화 (De-Normalization)

1) 반정규화 개념

① 반정규화는 정규화된 테이블에 대해 시스템의 성능 향상과 개발 운영의 단순화를
위해 중복, 통합, 분리 등을 수행하는 기법이다.
② 데이터 조회 시 디스크의 입출력이 많아 성능이 저하 되거나, 조인 연산 시 성능
저하가 예상될 때 수행한다.

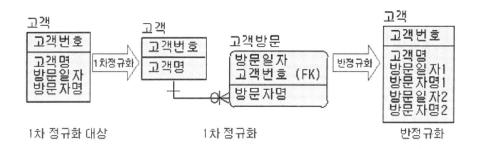

1차 정규화 대상   1차 정규화   반정규화

2) 반정규화의 특징

① 정규화 모델에 수행되는 의도적인 정규화 원칙을 위배하는 행위이다.
② 물리적으로 구현되었을 때 성능 향상에 중점을 둔다.
③ 반정규화 수행 시 성능과 관리의 효율은 향상되지만 데이터의 일관성 및 정합성은 저하 될 수 있다.
④ 과도한 반정규화는 오히려 성능 저하를 가져올 수 있다.

3) 반정규화 유형

① 중복 테이블 추가 : 집계 테이블 추가, 진행 테이블 추가, 특정 부분 테이블 추가
② 테이블 통합 : 조인 연산이 많은 경우 하나의 테이블로 통합
③ 테이블 분할 : 하나의 테이블을 수평, 수직 분할

4. 물리데이터 모델 품질검토

(1) 물리데이터 모델 품질 기준

1) 물리데이터 모델 품질 기준 개념

① 시스템 성능에 직접적인 영향을 미치므로 향후 발생할 문제에 대해 검토해야 한다.
② 데이터베이스의 성능 향상과 오류 예방이 주목적이다.
③ 모델의 품질 기준은 상황이나 여건에 따라 가감하거나 변형하여 사용하기도 한다.
④ 객체를 생성한 후 개발 단계로 넘어가기 전에 수행한다.

2) 물리데이터 모델 품질 기준항목

① 정확성 : 데이터 모델이 표기법에 따라 정확하게 표현되었고, 업무 영역 또는 요구 사항이 정확하게 반영되었음을 의미한다.

② 완전성 : 데이터 모델의 구성 요소를 정의하는데 있어서 누락을 최소화하고, 요구사항 및 업무 영역 반영에 있어서 누락이 없음을 의미한다.

③ 준거성 : 제반 준수 요건들이 누락 없이 정확하게 준수되었음을 의미한다.

④ 최신성 : 데이터 모델이 현행 시스템의 최신 상태를 반영하고 있고 이슈사항들이 지체 없이 반영되고 있음을 의미한다.

⑤ 일관성 : 여러 영역에서 공통 사용되는 데이터 요소가 전사 수준에서 한 번만 정의 되고 이를 여러 다른 영역에서 참조 · 활용되면서, 모델 표현상의 일관성을 유지하고 있음을 의미한다.

⑥ 활용성 : 작성된 모델과 그 설명 내용이 이해관계자에게 의미를 충분하게 전달할 수 있으면서, 업무 변화 시에 설계 변경이 최소화되도록 유연하게 설계되어 있음을 의미한다.

(2) 물리 E-R 다이어그램

1) 물리 E-R 다이어그램 개념이다.

① 논리 설계단에서는 개체(entity)와 개체타입, 관계를 정의한다.

② 물리 설계단에서는 각 개체 관계에 의해서 나올 수 있는 테이블을 설계한다.

③ 물리 모델은 논리모델이 실제 DBMS에 적용시키는 상세화 과정이다.

④ 데이터베이스 생성 계획에 따라 객체, 인덱스 등을 생성한다.

2) 모델링 단계

① 개념적 모델링: 개체와 개체들 간의 관계에서 E-R 다이어그램을 만드는 과정이다.

② 논리적 모델링: E-R 이어그램을 사용하여 관계 스키마 모델을 만드는 과정이다.

③ 물리적 모델링: 관계 스키마 모델의 물리적 구조를 정의하고 구현하는 과정이다.

예 물리적 E-R 다이어그램

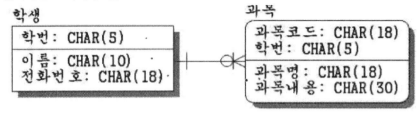

학생(학번, 이름, 전화번호)
CREATE TABLE Student (

    ...
    );

과목(과목코드, 학번, 과목명, 과목 내용)
CREATE TABLE Subject (

    ...
    );

(3) CRUD 분석

1) CRUD 분석 개념

① CRUD는 생성(Create), 읽기(Read), 갱신(Update), 삭제(Delete)를 뜻한다.
② 테이블에 변화를 주는 트랜잭션의 CRUD 연산에 대해 CRUD 매트릭스를 작성하여
분석하는 것이다.

테이블 프로세스	고객	주문	제품
신규고객 등록	C		
주문 신청	R	C	R
주문 취소		D	
제품 등록			C
고객 정보 조회	R		
주문 변경		U	

2) CRUD 검증내용

① 하나의 프로세스가 개체타입과 속성, 관계에 대해 어떠한 영향을 미치는가를 검증한다.

② 트랜잭션의 발생횟수, 데이터 양, 누락 프로세스 등을 유추하여 테이블의 변화를 파악

(4) SQL 성능 튜닝

① SQL문을 최적화하여 빠른 시간에 최적의 결과를 얻기 위한 작업이다.

② DB 튜닝과정에서 발생한 문제는 대부분 SQL튜닝으로 해결한다.

③ 튜닝에 따라 동일한 결과라도 성능에 큰 차이가 발생한다.

1. 데이터베이스의 물리적 저장방식이 아닌 것은?

① SAN   ② NAS

③ DAS   ④ LAN

정답 ④
해설 LAN은 다수의 독립된 컴퓨터 기기들이 상호간에 통신이 가능하도록 하는 데이터 통신시스템이다.

2. NAS에 대한 설명으로 옳지 않는 것은?

① 네트워크를 통하여 연결하는 방식이다.
② 파일 시스템을 물리적으로 분산하여 통합 관리하는 저장장치이다.
③ 시스템에 전용케이블을 이용하여 직접 부착되어 운영되는 저장장치이다.
④ Switch(허브)라는 물리적인 네트워크 장비가 필요하다.

정답 ③
해설 시스템에 전용케이블을 이용하여 직접 부착되어 운영되는 저장장치는 DAS(Direct Attached Storage)이다.

3. 분산 데이터베이스 시스템(Distributed Database System)에 대한 설명으로 틀린 것은?

① 분산 데이터베이스는 논리적으로는 하나의 시스템에 속하지만 물리적으로는 여러 개의 컴퓨터 사이트에 분산되어 있다.
② 위치 투명성, 중복 투명성, 병행 투명성, 장애 투명성을 목표로 한다.
③ 데이터베이스의 설계가 비교적 어렵고, 개발 비용과 처리 비용이 증가한다는 단점이 있다.
④ 분산 데이터베이스 시스템의 주요 구성 요소는 분산 처리기, P2P 시스템, 단일 데이터베이스 등이 있다.

정답 ④
해설 분산 데이터베이스 시스템 구성 요소 : 분산처리기, 분산데이터베이스, 통신네트워크

4. 분산 데이터베이스의 투명성(Transparency)에 해당하지 않는 것은?

① Location Transparency

② Replication Transparency

③ Failure Transparency

④ Media Access Transparency

정답	④
해설	투명성의 종류 Location Transparency : 위치 투명성 Replication Transparency : 중복 투명성 Failure Transparency : 장애 투명성 Concurrency Transparency : 병행 투명성

5. 하나의 논리적 테이블이 여러 단편으로 분할되어 각 단편의 사본이 여러 서버에 저장되어 있음을 알 필요가 없는 분산 데이터베이스의 투명성은?

① 위치 투명성 ② 분할 투명성

③ 장애 투명성 ④ 병행 투명성

정답	②
해설	분할 투명성 : 하나의 논리적 테이블이 여러 단편으로 분할되어 각 단편의 사본이 여러 서버에 저장되어 있음을 알 필요가 없다.

6. 다음 중 데이터베이스의 이중화 목적으로 볼 수 없는 것은?

① 고가용성 ② 부하 분산

③ 비용 절약 ④ 장애시 손실 최소화

정답	③
해설	데이터베이스 이중화 목적 고 가용성 : 시스템의 정지 없이 서비스가 가동될 수 있는 확률이 높아진다. 부하 분산 : 데이터베이스 이중화를 사용할 경우 하나의 DB를 사용할 때보다 부하가 분산되고, 전체적인 성능이 향상된다. 장애시 손실 최소화 : 장애 시 백업 서버를 운영한다.

Chapter 04 물리 데이터베이스 설계 283

7. DB 암호화 방식중 DB가 아닌 외부 애플리케이션 영역에서 암복호화를 수행하는 방식은?

① API 방식
② 플러그인 방식
③ 인플레이스 방식
④ 파일 암호화 방식

정답 ①
해설 DB 암호화 방식
• API 방식 : DB가 아닌 외부 애플리케이션 영역에서 암복호화를 수행한다.
• 플러그인 방식 : DBMS 자체에 플러그인 방식으로 암복호화 모듈을 설치해 암호화를 운영한다.
• 인플레이스 방식 : 플러그인에서 더 나아가 DB 엔진 내부에서 암복호화 기능을 수행한다.
• 파일 암호화 방식 : 운영체제(OS) 영역의 파일 전체에 암호화를 적용하는 방식이다.

8. 데이터베이스의 파티셔닝의 분할 기준으로 옳지 못한 것은?

① 범위 분할
② 목록 분할
③ 조인 분할
④ 합성 분할

정답 ③
해설 파티셔닝 분할 기준
• 범위 분할 (Range Partitioning) : 분할 키 값이 범위 내에 있는지 여부로 구분한다.
• 목록 분할 (List Partitioning) : 값 목록에 파티션을 할당 분할 키 값을 그 목록에 비추어 파티션을 선택한다.
• 해시 분할 (Hash Partitioning) : 해시 함수의 값에 따라 파티션에 포함할지 여부를 결정한다.
• 합성 분할 (Composite Partitioning) : 상기 기술을 상황에 따라 결합하여 분할하는 것을 말한다.

9. 값 목록에 파티션을 할당, 분할 키 값을 그 목록에 비추어 파티션을 분할하는 파티셔닝은?

① 범위 분할
② 목록 분할
③ 수직 분할
④ 합성 분할

정답 ②
해설 목록 분할 (List Partitioning) : 값 목록에 파티션을 할당 분할 키 값을 그 목록에 비추어 파티션을 선택한다.

10. 병렬 데이터베이스 환경 중 수평 분할에서 활용되는 분할 기법이 아닌 것은?

① 라운드-로빈
② 범위 분할
③ 예측 분할
④ 해시 분할

정답 ③
해설 파티션 분할 기준 : 범위분할, 목록분할, 합성분할, 해시분할

11. 파티셔닝의 수직 분할 방법으로 옳지 못한 것은?

① 테이블의 일부 열을 빼내는 형태로 분할한다.
② 자주 사용되지 않거나 숫자가 많은 열을 다른 장치나 테이블로 따로 만드는 것이다.
③ 분할된 테이블들을 포함하는 뷰를 생성하면 원래의 경우보다 성능이 저하될 수 있다.
④ 하나의 테이블의 각 행을 다른 테이블에 분산시키는 것이다.

정답 ④
해설 하나의 테이블의 각 행을 다른 테이블에 분산시키는 것은 수평분할이다.

12. 데이터베이스 백업 방법이 아닌 것은?

① 부분백업   ② 트랜잭션 로그백업
③ 전체백업   ④ 차등백업

정답 ①
해설 **백업 방법**
- 전체백업(Full Backup) : 모든 데이터 파일을 백업하고 진행되는 동안의 기록된 트랜잭션 로그를 백업한다.
- 차등백업(Differential Backup) : 가장 마지막 백업 이후에 변경된 데이터만 백업한다.
- 트랜잭션 로그백업(Transaction Log Backup) : 트랜잭션 로그 파일을 백업하고 로그를 지운다.

13. 가장 마지막 백업 이후에 변경된 모든 데이터를 백업하는 기법은?

① 부분백업   ② 증분백업
③ 전체백업   ④ 차등백업

정답 ④
해설 차등백업(Differential Backup) : 가장 마지막 백업 이후에 변경된 모든 데이터를 백업한다.

14. 데이터베이스 무결성에 대한 설명으로 옳지 못한 것은?

① 권한이 없는 사용자에 의하여 발생할 수 있는 오류를 방지하기 위한 것이다.
② 데이터를 정확하고 유효하게 유지하기 위한 것이다.
③ 제약조건에 의해 무결성 유지된다.
④ 무결성 규정에는 규정이름, 검사 시기, 제약조건 등을 명시한다.

정답 | ①
해설 | 권한이 없는 사용자에 의하여 발생할 수 있는 오류를 방지하기 위한 것은 보안(security)에 대한 설명
이다.

15. 무결성의 종류 중 특정 속성의 값이, 그 속성이 정의된 도메인에 속한 값이어야 한다는 규정은?

① 널(NULL) 무결성   ② 고유 무결성
③ 참조 무결성   ④ 도메인 무결성

정답 | ④
해설 | **무결성 종류**
• 널(NULL) 무결성 : 릴레이션의 특정속성 값이 Null이 될 수 없도록 하는 규정
• 고유 무결성 : 릴레이션의 특정 속성에 대해서 각 튜플이 갖는 값들이 서로 달라야 한다는 규정
• 참조 무결성 : 외래키 값은 Null이거나 참조 릴레이션의 기본키 값과 동일해야 한다는 규정
• 도메인 무결성 : 특정 속성의 값이, 그 속성이 정의된 도메인에 속한 값이어야 한다는 규정
• 키 무결성 : 하나의 테이블에는 적어도 하나의 키가 존재해야 한다는 규정

16. 데이터베이스의 무결성 규정(Integrity Rule)과 관련한 설명으로 틀린 것은?

① 무결성 규정에는 데이터가 만족해야 될 제약 조건, 규정을 참조할 때 사용하는 식별자 등의 요소가 포함될 수 있다.
② 무결성 규정의 대상으로는 도메인, 키, 종속성 등이 있다.
③ 정식으로 허가받은 사용자가 아닌 불법적인 사용자에 의한 갱신으로부터 데이터베이스를 보호하기 위한 규정이다.
④ 릴레이션 무결성 규정(Relation Integrity Rules)은 릴레이션을 조작하는 과정에서의 의미적 관계(Semantic Relationship)를 명세한 것이다.

16. 키(Key)중에서 후보키 중에서 기본키로 선택되지 않은 키는?

① 기본키(Primary key)　　　　② 대체키(Alternate key)
③ 외래키(Foreign key)　　　　④ 슈퍼키(Super key)

정답 ②
해설 대체키(Alternate key)는 키 중에서 기본키를 뺀 나머지 키로 후보키 중에서 기본키로 선택되지 않은 키를 말한다.

17. 최소성을 만족하지 못한 키(Key)는?

① 기본키(Primary key)　　　　② 외래키(Foreign key)
③ 슈퍼키(Super key)　　　　④ 대체키(Alternate key)

정답 ③
해설 슈퍼키(Super key)는 두 개 이상의 속성으로 구성된 키이므로 최소성을 만족하지 못한다.

18. 정규화된 엔티티, 속성, 관계를 시스템의 성능 향상과 개발 운영의 단순화를 위해 중복, 통합, 분리 등을 수행하는 데이터 모델링 기법은?

① 인덱스　　　　　　　② 반정규화
③ 집단화　　　　　　　④ 클러스터링

정답 ②
해설 반정규화는 성능 향상을 위해 정규화된 데이터 모델에서 중복, 통합, 분리 등을 수행하는 모든 과정을 의미한다.

19. CRUD에 해당하지 않는 것은?

① 생성   ② 검색
③ 갱신   ④ 삭제

정답 | ②
해설 | CRUD는 생성(Create), 읽기(Read), 갱신(Update), 삭제(Delete)를 뜻한다.

20. 데이터베이스에 영향을 주는 생성, 읽기, 갱신, 삭제 연산으로 프로세스와 테이블 간에 매트릭스를 만들어서 트랜잭션을 분석하는 것은?

① CASE 분석   ② 일치 분석
③ CRUD 분석   ④ 연관성 분석

정답 | ③
해설 | CRUD 분석 : 데이터베이스 테이블에 변화를 주는 트랜잭션의 CRUD 연산에 대해 CRUD 매트릭스를 작성하여 분석하는 것이다.

Chapter 05 데이터 전환

1. 데이터 전환 기술

(1) 초기데이터 구축

1) 데이터 전환 기술 개념

① 시스템의 데이터를 목표 시스템의 데이터 구조에 맞게 매핑(데이터 전환)하는 것이다.

② 데이터를 전환하는 규칙을 정의하고 추출, 변화하여 이관하는 활동이다.

2) 데이터 전환 방식

① 빅뱅 방식 : 일괄적으로 데이터를 새로운 시스템으로 전환하는 방식이다.

② 단계적 방식 : 우선순위를 정하여 단계적으로 데이터 전환하는 방식이다.

③ 혼합 방식 : 빅뱅 방식과 단계적 방식을 결합한 방식이다.

3) 데이터 전환 절차

① 현행데이터에 대한 철저한 분석을 수행한다.

② 데이터를 정비한다.

③ 전환 프로그램을 개발한다.

④ 데이터 전환 시험을 수행한다.

⑤ 이행 계획을 수립한다.

(2) ETL(Extraction, Transformation, Loading)

1) ETL 개념

① 추출, 변환, 적재(Extract, transform, load, ETL)는 컴퓨팅에서 데이터베이스 데이터 웨어하우스에서 데이터 전환을 하는 프로세스를 말한다.

② 동일 기종 또는 타기종의 데이터 소스로부터 데이터를 추출한다.

③ 추출된 데이터를 변환, 적재하는 작업을 거쳐 목적시스템으로 전송 및 로딩한다.

④ 목적 대상으로는 데이터베이스, 특히 운영 데이터 스토어, 데이터 마트, 데이터 웨어
　하우스가 있다.

2) 전통적인 ETL 다이어그램

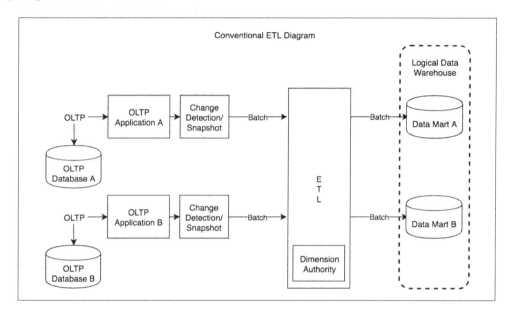

(3) 파일 처리 기술

1) 파일처리 기술

① 데이터를 저장하는 기술이다.
② 기억 공간을 효율적으로 사용하고 자료를 쉽게 검색할 수 있게 한다.
③ 파일처리기술로 순차파일(Sequential File), 색인순차파일(Indexed Sequential File),
　직접파일(Direct File)이 있다.

2) 순차파일(Sequential File)

① 레코드의 논리적 순서에 따라 물리적 순서대로 레코드를 저장하는 방법이다.
② 변동사항이 크지 않는 일괄처리 방식에 주로 사용된다.
③ 자기 테이프에서 사용된다,

3) 색인파일(Indexed File)

- 색인(Indexed)를 구성하여 레코드에 접근하는 방법이다.
- ISAM(Indexed Sequential Access Method) , VSAM(Virtual Storage Access Method) 두 가지 방법이 있다.
  ① ISAM(색인순차파일)
     ㉠ 순차적으로 정렬된 데이터 파일과 키들로 된 인덱스로 구성한다.
     ㉡ 데이터파일(기본구역, 오버플로구역)과 인덱스(마스터, 실린더, 트랙)로 구분된다.
     ㉢ 정적 인덱스를 사용한다.
  ② VSAM(가상순차파일)
     ㉠ 데이터 파일과 인덱스(B+-트리)는 블록으로 구성한다.
     ㉡ 제어 구간, 제어 구역, 순차 세트, 인덱스 세트로 구분된다.
     ㉢ 동적 인덱스를 사용한다.

4) 직접파일(Direct File)

  ① 해싱함수를 이용하여 레코드의 주소를 계산한 후 레코드에 직접 접근하는 방법이다.
  ② 특정 순서 없이 물리적 저장 공간에 기록하는 방식이다.
  ③ 기억 공간 효율이 저하될 수 있다.

2. 데이터 전환 수행

(1) 데이터 전환 수행 계획

1) 데이터 전환 수행 계획

  ① 데이터 통합은 기존의 Legacy System의 Data를 추출한다.
  ② 신규 시스템에 적합한 형식과 내용으로 변환(Conversion) 한다.
  ③ 신규 시스템에 올리는(Transfer) 일련의 과정을 말한다.
  ④ 안정적으로 이행할 수 있도록 데이터 통합을 위한 이행 전략을 가지고 수행해야 한다.

2) 데이터 전환 수행 단계

　① 전환 계획 및 요건정의
　② 전환 설계
　③ 전환 개발
　④ 전환 테스트
　⑤ 최종 데이터 전환 및 검증

(2) 체크리스트

1) 체크리스트 개념

　① 전환 프로그램의 여러 요소를 고려한 측정 가능 목록이다.
　② 수행 작업의 상세항목, 시간, 작업자를 기재한다.
　③ 데이터 이행시 리스크 및 대책을 기재한다.

2) 체크리스트 작성 내용

　① 수행 작업의 상세항목
　② 작업내역
　③ 예정 시작/종료 시간
　④ 작업자

(3) 데이터 검증

　① 데이터 이행에 대한 사전 작업을 말한다.
　② 기존 데이터의 정비 및 검증, 테이블의 매핑관계 설정 및 구현, 데이터 이행의 우선순위 결정, 데이터 이행의 검증 기준을 마련한다.
　③ 데이터의 정합성을 확보하고 데이터 품질의 유지·개선 작업을 수행하기 위해 단계별 검증방안을 수립한다.
　④ 데이터의 비효율적 사용을 예방하고 데이터의 운용 중에 발생할 수 있는 데이터 품질 저하를 예방한다.
　⑤ 검증방법 : 로그 검증, 기본 항목 검증, 응용 프로그램 검증, 응용 데이터 검증, 값 검증

3. 데이터 정제

(1) 데이터 정제

1) 데이터 정제의 개념

① 데이터 전환에서 발생할 수 있는 오류 및 문제를 해결하기 위한 내용을 작성한다.
② 오류 관리 목록의 각 항목에 대해 정제 유형을 분류하고 현재 상태를 정의한다.
③ 데이터 정제 검토 시 신속한 의사결정을 위해 오류 사항의 해결 방안도 포함시킨다.
④ 데이터 정제요청서를 통해 정제된 원천 데이터가 정상적으로 정제되었는지 확인한 결과를 작성한다.

2) 데이터 정제 대상

① 정합성 미비 : 데이터 상호간의 동일한 정보가 서로 불일치 하는 경우
② 불필요한 데이터 필드 : 사용하지 않는 필드에 데이터 값이 존재하는 경우
③ 손실된 데이터 : 지정된 필드의 사이즈가 작아 일부 데이터가 손실되는 경우
④ 불일치 데이터 타입 : 숫자형 필드에 영문자 또는 한글이 존재하는 경우
⑤ 오류 데이터 : 년도 데이터 등이 문자나 숫자 등으로 통일되지 않거나 윤년 등이 감안되지 않은 경우

3) 전환 과정에서의 정제

① 오류의 유형이 일정하고 단순하게 수정이 가능한 경우
② 일정한 로직에 의하여 수정이 가능한 경우
③ 현재는 알 수 없으나, 매핑 값을 알 수 있는 경우
④ 지정된 값으로 일괄 수정이 가능한 경우
⑤ 기타 매핑 과정에서 수정이 필요한 경우

(2) 데이터 품질 분석

1) 데이터 품질 요소

① 데이터 품질 분석은 원천 데이터의 품질을 검증함으로써 전환의 정확성을 보장할 수 있다.

② 데이터 품질 요소 : 데이터 값(Value), 데이터 구조(Data Hierarchy), 데이터 관리 프로세스(Data Management Process)

2) 원천 데이터 품질 분석

① 필수 항목의 데이터가 모두 존재하는가?

② 데이터의 유형이 정확하게 관리되고 있는가?

③ 날짜의 경우 날짜로서 유효한 형태를 가지고 있는가?

④ 금액의 경우 유효한 값의 범위인가?

⑤ 모든 일자의 시점이 업무 규칙에 위배되지 않고 정확하게 설정되어 있는가?

⑥ 업무 규칙에 위배되는 잘못된 정보가 존재하는가?

⑦ 잔액의 총합이 회계 정보와 동일한가?

⑧ 보고서 값과 실제 데이터 값이 일치하는가?

(3) 오류 데이터 측정

① 데이터에 따라 정상/오류 데이터로 나눈다.

② 정형, 비정형 데이터 유형대로 규칙에 위반되는 오류 데이터의 발생과 오류 건수를 추출한다.

③ 규칙에 따라 데이터 품질 기준을 산출한다.

④ 각 분류별로 발생되는 오류는 데이터 또는 응용 시스템 보정을 통해 해결할 수 있다.

1. 데이터 전환 기술 중 단계적 방식에 해당하지 않는 것은?

① 우선 전환 데이터를 통한 선결 문제점을 보완 적용이 가능하다,

② 우선순위를 정하여 단계적으로 데이터 전환하여 이행하는 방식이다.

③ 데이터 전환 시 시스템 자원이 적게 소요된다.

④ 데이터 통합성과 무결성의 유지가 용이하다.

정답 | ④

해설 | 데이터 통합성과 무결성의 유지가 용이한 것은 빅뱅방식이다.

2. 데이터 전환 절차 중에서 처음으로 해야 할 일은?

① 현행데이터에 대한 철저한 분석을 수행한다.

② 데이터를 정비한다.

③ 전환 프로그램을 개발한다.

④ 데이터 전환 시험을 수행한다.

정답 | ①

해설 | 데이터 전환 절차
① 현행데이터에 대한 철저한 분석을 수행한다.
② 데이터를 정비한다.
③ 전환 프로그램을 개발한다.
④ 데이터 전환 시험을 수행한다.
⑤ 이행 계획을 수립한다.

3. ETL 개념으로 옳지 않은 것은?

① 컴퓨팅에서 데이터베이스 데이터 웨어하우스에서 데이터 전환을 하는 프로세스를 말한다.

② 동일 기종 또는 타기종의 데이터 소스로부터 데이터를 입력한다.

③ 추출된 데이터를 변환, 적재하는 작업을 거쳐 목적시스템으로 전송 및 로딩한다.

④ 목적 대상으로는 데이터베이스, 특히 운영 데이터 스토어, 데이터 마트, 데이터 웨어하우스가 있다.

4. 다음 중 파일 처리 기술로 옳지 않는 것은?

① 순차파일   ② 직접파일

③ 빅뱅파일   ④ 색인순차파일

5. ISAM(Indexed Sequential Access Method)의 인덱스 구성이 아닌 것은?

① 마스터   ② 실린더
③ 트랙   ④ 오버플로

6. 데이터 전환 검증 방법에 해당하지 않는 것은?

① 로그 검증

② 기본 항목 검증

③ 값 검증

④ 사용자 검증

7. 데이터 전환 체크리스트 중에서 사전작업에 해당하지 않는 것은?

① 운영환경 점검   ② 테이블 정제 및 변환
③ 인프라 점검   ④ 데이터베이스 점검

정답	②
해설	데이터 전환 체크리스트의 사전작업 운영환경 점검, 인프라 점검, 데이터베이스 점검 등

8. 데이터 검증을 위한 품질관리 기준에서 사용자의 요구 수준을 반영하여 정기적 및 지속적으로 수행하는 것은?

① 품질기준   ② 품질 점검주기
③ 품질 검증 절차와 규칙   ④ 품질 개선 절차

정답	②
해설	품질관리 기준 • 품질기준 : 품질 기준은 데이터의 중요도에 따라 등급을 두어 관리할 수 있다. • 품질 점검주기 : 사용자의 요구 수준을 반영하여 정기적 및 지속적으로 수행한다. • 품질 검증 절차와 규칙 : 데이터 품질 검증 절차와 규칙을 정의한다. • 품질 개선 절차 : 데이터의 품질을 개선하기 위해 관리 절차와 방법을 정의한다.

9. 데이터 정제 대상 중 사용하지 않는 필드에 데이터 값이 존재하는 경우는?

① 정합성 미비   ② 불필요한 데이터 필드
③ 손실된 데이터   ④ 불일치 데이터 타입

정답	②
해설	데이터 정제 대상 • 정합성 미비 : 데이터 상호간의 동일한 정보가 서로 불일치 하는 경우 • 불필요한 데이터 필드 : 사용하지 않는 필드에 데이터 값이 존재하는 경우 • 손실된 데이터 : 지정된 필드의 사이즈가 작아 일부 데이터가 손실되는 경우 • 불일치 데이터 타입 : 숫자형 필드에 영문자 또는 한글이 존재하는 경우 • 오류 데이터 : 년도 데이터 등이 문자나 숫자 등으로 통일되지 않거나 윤년 등이 감안되지 않은 경우

10. 다음 중 데이터 품질 요소에 해당하지 않는 것은?

① 데이터 값(value)

② 데이터 구조(structure)

③ 데이터 형식(format)

④ 데이터 관리 프로세스(management process)

정답	③
해설	데이터 품질 요소 데이터 값, 데이터 구조, 데이터 관리 프로세스

제4과목

프로그래밍언어활용

Chapter 01 서버프로그램 구현

1. 개발환경 구축

(1) 개발환경 구축

1) 개발환경 구축의 개념

① 개발환경은 물리적인 하드웨어 환경과 소프트웨어 환경으로 구성된다.
② 소프트웨어 환경은 서버 운영 소프트웨어와 프로그램 개발 소프트웨어로 구성된다.

2) 서버 운영 도구

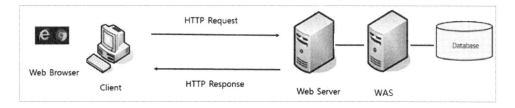

① Web Server (웹서버)
  • 클라이언트로부터 요청받은 정적 데이터를 처리하는 서버
  • Apache, IIS 등
② WAS (웹 애플리케이션 서버)
  • 클라이언트로부터 요청받은 동적 데이터를 처리하는 서버
  • Tomcat, JEUS, Websphere 등
③ DB Server (데이터베이스 서버)
  • 데이터베이스와 DBMS를 운영하는 서버
  • Oracle, Mysql, MSsql

3) 프로그램 개발도구

① 구현 도구

- 프로그램의 소스 작성, 디버깅, 수정을 할 때 주로 사용하는 도구이다.
- Visual Studio, Eclipse, Edit Plus

② 빌드 도구

- 코드의 컴파일, 링크 및 실행 그리고 배포를 하는 도구이다.
- ant, maven, gradle

③ 테스트 도구

- 프로그램 소스의 품질에 관한 정보를 제공하는 조사하는 도구이다.
- GUITAR, Coverity, Defensics

④ 형상관리 도구

- 소스 코드나 문서의 버전 관리, 이력 관리, 추적 등 변경 사항을 체계적으로 관리하는 기능을 제공하는 도구이다.
- CVS, SVN, Git

(2) 서버 개발 프레임워크

1) 프레임워크 개념

- 프레임워크는 소프트웨어 개발에 있어 기본 구조를 제공한다.
- 반제품 상태의 제품을 토대로 필요한 서비스 컴포넌트를 사용하여 재사용성과 성능을 보장받을 수 있게 한다.
- 개발해야 할 애플리케이션의 일부분이 이미 구현되어 있어 동일한 로직의 반복 작업을 줄일 수 있다.
- 라이브러리처럼 사용하기 때문에 코드의 흐름을 제어 가능하다.
- 생산성 향상과 유지보수성 향상 등의 장점이 있다.

2) 서버 개발 프레임워크

- 서버 프로그램 개발 시 아키텍처 모델, 네트워크 설정, 요청/응답 등 구체적인 부분에 해당하는 설계와 구현을 손쉽게 처리하도록 기본적인 클래스와 인터페이스를 제공하는 소프트웨어이다.
- 대부분의 서버 개발 프레임은 MVC 패턴을 기반으로 하고 있다.

- 프로그램 언어에 기반하여 개발되고 제공되므로 제한적이다.

3) 대표적인 서버 개발 프레임워크

Spring	JAVA를 기반으로 만들어진 프레임워크로 전자정부 표준 프레임워크의 기반 기술로 사용
Node.js	JavaScript를 기반으로 만들어진 프레임워크
Django	Python을 기반으로 만들어진 프레임워크
Codeigniter	PHP를 기반으로 만들어진 프레임워크
Ruby on Rails	Ruby를 기반으로 만들어진 프레임워크

2. 서버 프로그램 구현

(1) 보안 취약성 식별

1) 보안 취약점 개요

① 보안 위협으로부터 안전한 소프트웨어를 개발하기 위해서는 개발과정에서 발생할 수 있는 보안 취약점을 식별하고 예방하여 위험을 최소화해야 한다.

② 보안 취약성은 소프트웨어 개발 보안 가이드를 참고하여 보안의 취약점을 점검한다.

2) 보안 취약점 항목 (소프트웨어 개발 보안 가이드)

① 입력 데이터 검증 및 표현 : 프로그램 입력값에 대한 검증 누락 또는 부적절한 검증, 데이터의 잘못된 형식지정, 일관되지 않은 언어셋 사용 등으로 인해 발생되는 보안 약점

② 보안 기능 : 보안기능(인증, 접근제어, 기밀성, 암호화, 권한관리 등)을 부적절하게 구현 시 발생할 수 있는 보안 약점

③ 시간 및 상태 : 병렬 시스템이나 하나 이상의 프로세스가 동작되는 환경에서 시간 및 상태를 부적절하게 관리하여 발생할 수 있는 보안약점

④ 에러처리 : 에러를 처리하지 않거나, 불충분하게 처리하여 에러 정보에 중요정보가 포함될 때, 발생할 수 있는 보안약점

⑤ 코드 오류 : 타입 변환 오류, 자원(메모리 등)의 부적절한 반환 등과 같이 개발자가 범할 수 있는 코딩 오류로 인해 유발되는 보안약점

⑥ 캡슐화 : 중요한 데이터 또는 기능성을 불충분하게 캡슐화하거나 잘못 사용함으로써 발생하는 보안약점

⑦ API 오용 : 의도된 사용에 반하는 방법으로 API를 사용하거나, 보안에 취약한 API를 사용하여 발생할 수 있는 보안약점

(2) API(Application Programming Interface)

1) API 개념

① API는 응용 프로그램 개발 시 운영체제나 프로그래밍 언어가 제공하는 소프트웨어 라이브러리를 이용할 수 있도록 정의해 놓은 인터페이스를 뜻한다.

② API는 애플리케이션을 만들기 위한 하위 함수, 프로토콜, 도구들의 집합으로 명확하게 정의된 다양한 컴포넌트 간의 통신 방법이다.

③ API는 프로그램 내에서 실행되기 위한 특정 서브루틴(Subroutine)에 연결을 제공하는 함수를 호출하는 것으로 구현된다.

④ 응용 프로그램은 API를 사용하여 운영체제 등이 가지고 있는 다양한 기능을 이용할 수 있으며, 같은 API를 사용해 만든 프로그램은 비슷한 인터페이스를 갖추고 있어, 사용자 입장에서는 새로운 프로그램의 사용법을 배우기 쉽다는 장점이 있다.

2) API 유형

① 비공개 API (Close API) : 권한이 있는 일부 사용자들에게만 주어진 API

② 공개 API (Open API) : 누구나 사용할 수 있도록 공개된 API

5. 배치 프로그램 구현

(1) 배치 프로그램

1) 배치 프로그램(일괄처리 : Batch Processing) 개념

① 컴퓨터 프로그램 흐름에 따라 순차적으로 자료를 처리하는 방식을 말한다.

② 요청이 있을 때마다 데이터 처리를 하는 것이 아니라 일정시간 데이터를 모았다가 일괄적으로 처리할 수 있다.

③ 배치(Batch)는 보통 정해진 특정한 시간(트리거)에 실행되는 경우도 많다.

④ 세금, 급여, 전화요금, 전기요금, 성적처리 등이 특정 시간대에 몰아서 처리하는 일
　에 주로 이용된다.

2) 배치 프로그램의 필수 요소

① 대용량 데이터 : 대용량의 데이터를 처리할 수 있어야 한다.
② 자동화 : 심각한 오류 상황 외에는 사용자의 개입 없이 동작해야 한다.
③ 견고함 : 유효하지 않은 데이터의 경우도 처리해서 비정상적인 동작 중단이 발생하
　지 않아야 한다.
④ 안정성 : 어떤 문제가 생겼는지, 언제 발생했는지 등을 추적할 수 있어야 한다.
⑤ 성능 : 주어진 시간 내에 처리를 완료할 수 있어야 하고, 동시에 동작하고 있는 다른
　애플리케이션을 방해하지 말아야 한다.

3) 배치 프로그램 유형

① 정기 배치 : 정해진 시간에 처리된다. 주로 야간이나 컴퓨터가 쉬는 시점에 실행된다.
② 이벤트 배치 : 사전에 정의한 조건이 충족되면 자동으로 실행된다(트리거)
③ On-Demand 배치 : 사용자의 명시적인 요구가 있을 때마다 실행된다.

1. 개발도구 중에서 통합 개발 구현 도구에 해당하는 것은?

① Git   ② GUITAR

③ Ant   ④ Eclipse

정답 ④
해설 구현 도구는 프로그램의 소스 작성, 디버깅, 수정을 할 때 주로 사용하는 도구이다.
Visual Studio, Eclipse, Edit Plus 등이 있다,

2. WAS(Web Application Server)가 아닌 것은?

① JEUS   ② JVM

③ Tomcat   ④ WebSphere

정답 ②
해설 JVM (자바 가상 머신)은 자바 프로그램을 실행하기 위해 클라이언트에 설치하는 프로그램으로 서버 프로그램과는 관련 없다.

3. 프레임워크(Framework)에 대한 설명으로 옳은 것은?

① 소프트웨어 구성에 필요한 기본 구조를 제공함으로써 재사용이 가능하게 해준다

② 소프트웨어 개발 시 구조가 잡혀 있기 때문에 확장이 불가능하다.

③ 소프트웨어 아키텍처(Architecture)와 동일한 개념이다.

④ 모듈화(Modularity)가 불가능하다.

정답 ①
해설 • 프레임 워크는 소프트웨어 개발에 있어 기본 구조를 제공하고, 반제품 상태로 제공 되기 때문에 필요한 컴포넌트만 사용하여 재사용성을 높일 수 있다.

4. 다형성을 통해 확장하는 프레임워크의 특징은?

① 확장성   ② 제어의 역행

③ 모듈화   ④ 재사용성

5. 서버 개발 프레임워크와 사용되는 언어가 잘못 짝지어진 것은?

① Spring – JavaScript
② Django – Python
③ Codeigniter – PHP
④ Rails - Ruby

정답 ①
해설 Spring은 Java 기반의 프레임워크이다.

6. 응용 프로그램 개발 시 운영체제나 프로그래밍 언어가 제공하는 소프트웨어 라이브러리를 이용할 수 있도록 정의해 놓은 인터페이스를 무엇이라 하는가?

① Kernel
② API
③ UtilityS
④ hell

정답 ②
해설 API(Application Programming Interface) 는 응용 프로그램 개발 시 운영체제나 프로그래밍 언어가 제공하는 소프트웨어 라이브러리를 이용할 수 있도록 정의해 놓은 인터페이스로 하위 함수, 프로토콜, 도구들의 집합으로 구성된다.

7. 다음 중 병행 프로세스 수행 시 발생할 수 있는 보안 취약점은?

① 입력 데이터 검증 및 표현
② 코드 오류
③ 시간 및 상태
④ API 오용

정답 ③
해설 병렬 시스템이나 하나 이상의 프로세스가 동작되는 환경에서 시간 및 상태를 부적절하게 관리하여 발생할 수 있는 보안약점

8. 배치 프로그램에 대한 설명으로 옳지 않는 것은?

① 컴퓨터 프로그램 흐름에 따라 순차적으로 자료를 처리하는 방식을 말한다.
② 요청이 있을 때마다 처리를 하는 것이 아니라 일을 모았다가 일괄적으로 대량 건을 처리하는 것이다.
③ 배치(Batch) 프로그램은 주로 컴퓨터 활용시간이 많은 낮에 실행된다.
④ 세금, 급여, 전화요금, 전기요금, 성적처리 등이 특정 시간대에 몰아서 처리하는 일에 주로 이용된다.

정답 ③
해설 세금, 급여, 전화요금, 전기요금, 성적처리 등을 주로 처리함으로 특정 시간대(작업 시간을 컴퓨터 리소스(사용률)가 덜 사용되는 시간대)에 몰아서 처리하는 일에 주로 이용된다.

9. 배치 프로그램의 필수 요소에 대한 설명으로 틀린 것은?

① 자동화는 심각한 오류 상황 외에는 사용자의 개입 없이 동작해야 한다.
② 안정성은 어떤 문제가 생겼는지, 언제 발생했는지 등을 추적할 수 있어야 한다.
③ 대용량 데이터는 대용량의 데이터를 처리할 수 있어야 한다.
④ 무결성은 주어진 시간 내에 처리를 완료할 수 있어야 하고, 동시에 동작하고 있는 다른 애플리케이션을 방해하지 말아야 한다.

정답 ④
해설 성능 : 주어진 시간 내에 처리를 완료할 수 있어야 하고, 동시에 동작하고 있는 다른 애플리케이션을 방해하지 말아야 한다.

10. 배치 프로그램 유형이 아닌 것은?

① 정기 배치
② On-Demand 배치
③ 실시간 배치
④ 이벤트 배치

정답 ③
해설 **배치 프로그램 유형**
• 정기 배치 : 정해진 시간에 처리된다. 주로 야간이나 컴퓨터가 쉬는 시점에 실행된다.
• 이벤트 배치 : 사전에 정의한 조건이 충족되면 자동으로 실행된다(트리거)
• On-Demand 배치 : 사용자의 명시적인 요구가 있을 때마다 실행된다.

Chapter 02 프로그래밍 언어 활용

1. 기본문법 활용

(1) 데이터 타입

1) 데이터 타입 개념

① 데이터 타입은 컴퓨터에서 사용할 데이터의 형식으로 문자, 정수, 실수 등으로 구분 된다.
② 데이터 타입이 정의되어야만 그 데이터를 저장할 변수(메모리공간)도 정의된다.
③ 데이터 타입은 각 언어마다 비슷하지만 할당되는 메모리 크기는 상이하다.
④ C언어와 자바는 데이터 타입 선언이 반드시 필요하지만 파이썬은 선언하지 않는다.

2) 언어별 데이터 타입

종류	키워드	크기 (byte)
문자	char	1
정수	short	2
	int	4
	long	4
실수	float	4
	double	8
부호없는(unsigned) 문자		
부호없는(unsigned) 정수		

〈C언어〉

종류	키워드	크기 (byte)
문자	char	2
정수	byte	1
	short	2
	int	4
	long	8
실수	float	4
	double	8
논리	boolean	1

〈자바〉

(2) 변수

1) 변수의 개념

① 변수는 데이터를 기억하는 메모리 공간으로 선언하고 사용해야 한다.

　　단, 파이썬 언어는 변수를 선언하지 않고 사용이 가능하다.

② 변수를 선언할 때는 변수명 앞에 반드시 데이터 타입을 기술해야 한다.

③ 변수명은 변수명 규칙에 맞게 기술되어야 한다.

2) 변수명 규칙

① 영문자, 숫자, _(under bar)을 조합하여 작성할 수 있다

② 첫 글자로 영문자 또는 _(under bar)로 시작해야 하고 숫자가 올 수 없다.

③ 공백이나 특수문자를 사용할 수 없다.

④ 대소문자를 구분하고 예약어를 변수명으로 사용할 수 없다.

3) 변수명 선언 예

int a;	float ave;
int b;	double div=87.5;
int a, b, sum;	char a;
int a=10, b=20;	char a='B' ;

(3) 연산자

1) 산술 연산자

① 사칙연산과 나머지 연산을 수행하는 연산자이다.

② 두 개의 피연산자를 대상으로 연산이 수행된다.

연 산 자	의　미	기　능
+	덧 셈	a = b + c
-	뺄 셈	a = b - c
*	곱 셈	a = b * c
/	나눗셈	a = b / c
%	나머지	a = b % c

2) 관계 연산자

① 두 수간에 대소 관계 및 특정 조건을 검사할 때 사용하는 연산자이다.

② 관계가 성립되면 참(true 또는 1)을, 그렇지 않으면 거짓(false 또는 0)을 표시한다.

연산자	의미	사용법
>	크다	a = (b > c) : b가 c보다 크면 a=1, 그렇지 않으면 a = 0
<	작다	a = (b < c) : b가 c보다 작으면 a=1, 그렇지 않으면 a = 0
>=	크거나 같다	a = (b >= c) : b가 c보다 크거나 같으면 a=1, 그렇지 않으면 a = 0
<=	작거나 같다	a = (b <= c) : b가 c보다 작거나 같으면 a=1, 그렇지 않으면 a = 0
==	같다	a = (b == c) : b와 c가 같으면 a=1, 그렇지 않으면 a = 0
!=	같지 않다	a = (b != c) : b와 c가 같지 않으면 a=1, 그렇지 않으면 a = 0

3) 논리연산자

① 여러 개의 조건을 결합하여 판정하는 연산자로 AND, OR, NOT의 논리 연산을 수행한다.

② 관계 연산자와 마찬가지로 참(true)일 때는 1로, 거짓(false) 일 때는 0으로 표시된다.

연산자	의미	설명	사용 예
&&	그리고(AND)	둘 다 참이어야 참	a = 100 일때, (a > 100) && (a < 200) ⇨ 거짓(0)
||	또는(OR)	둘 중 하나만 참이어도 참	a = 100 일때, (a == 100) || (a==200) ⇨ 참(1)
!	부정(NOT)	참이면 거짓, 거짓이면 참	a = 100 일때, !(a < 100) ⇨ 참(1)

4) 비트 논리연산자

① 비트 연산자는 비트(2진수) 단위로 논리연산을 수행하는 연산자이다.

② AND, OR, NOT의 기본 논리식에 의해 이루어진다.

연산자	의 미	사 용 법
&	비트 곱 (AND)	a = b & c ⇨ b와 c를 비트 AND 연산하여 a에 대입
|	비트 합 (OR)	a = b | c ⇨ b와 c를 비트 OR 연산하여 a에 대입
^	배타적 논리합(XOR)	a = b ^ c ⇨ b와 c를 XOR 연산하여 a에 대입
~	비트 반전 (1의 보수)	a = ~b ⇨ b의 각 비트를 반전하여 a에 대입
<<	왼쪽으로 이동 (shift)	a << b ⇨ a를 b만큼 왼쪽으로 비트 이동 $= a * 2^b$
>>	오른쪽으로 이동 (shift)	a >> b ⇨ a를 b만큼 오른쪽으로 비트 이동 $= a / 2^b$

5) 증감 연산자

① 변수값을 1증가 또는 1감소 시키는 연산자이다.

② 연산자 위치에 따라 전위 또는 후위 연산자로 구분되고 활용에 있어서도 차이가 있다.

연산자	연산식	의 미
++ (증가연산자)	a ++	변수의 값에 먼저 연산을 적용시킨 후 최종 변수의 값에 1을 증가
	++ a	변수의 값을 먼저 1 증가시킨 후 변수의 최종값을 수식에 적용
-- (감소연산자)	a --	변수의 값에 먼저 연산에 적용시킨 후 최종 변수의 값에 1을 감소
	-- a	변수의 값을 먼저 1 감소시킨 후 변수의 최종값을 수식에 적용

• a++와 ++a의 차이

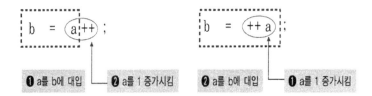

6) 복합 연산자

① 두 개의 연산자를 결합한 연산자로 먼저 연산을 수행하고 수행한 결과를 변수에 다시 할당하는 연산자이다.

② C언어, 자바에서 공통으로 사용되는 연산자이다.

연산자	의 미	사용법
+=	a와 b를 더해 a에 대입 (a=a+b)	a += b
-=	a와 b를 빼 a에 대입 (a=a-b)	a -= b
*=	a와 b를 곱해 a에 대입 (a=a*b)	a *= b
/=	a와 b를 나누어 a에 대입 (a=a/b)	a / =b

7) 삼항 조건 연산자

① 삼항 조건 연산자는 유일하게 세 개의 피연산자를 갖는 연산자이다.

② 〈형식〉 조건 ? 문장1 : 문장2

③ 조건의 내용이 참이면 (문장1)을 실행하고 거짓이면 (문장2)를 실행한다.

　예 kk = (x 〉 y) ?   x :   y ;
　　〈의미〉 x가 y보다 크면 kk= x를 수행, 그렇지 않으면 kk= y를 수행

8) 연산자 우선 순위

① 연산자는 괄호 〉 산술 연산자 〉 관계 연산자 〉 비트 논리 연산자 〉 논리 연산자 〉 할당 연산자 (=) 순으로 연산된다.

② C언어, 자바에서 공통으로 적용된다.

2. 언어 특성 활용

(1) 절차적 프로그래밍 언어 – C언어

1) C언어의 특징

① 절차적 프로그래밍 언어로 명령 순서에 의해 처리된다.

② 이식성이 좋아 하드웨어에 구애받지 않고 동작 가능하다.

③ 고급언어이면서 저급언어 특징이 있어 하드웨어 제어가 용이하다.

2) 입력문 : scanf()

① 실행 시 키보드로 원하는 값을 입력할 수 있는 함수

② 형식 : scanf("입력서식", &변수);

③ 서식에 맞는 입력값을 받아 변수에 저장한다.

④ 변수 앞에는 반드시 주소값(&)을 표기하지만 배열명에는 주소값(&)을 붙이지 않는다.

입력 서식	설명	사용 예
%d	정수를 변수a에 입력	scanf("%d",&a);
%f	실수를 변수a에 입력	scanf("%f",&a);
%c	한 글자를 변수a에 입력	scanf("%c",&a);
%s	문자열을 배열name에 입력	scanf("%s",name);

3) 출력문 : printf()

① 변수의 값을 서식에 맞게 출력하거나 직접 문자열을 출력할 수 있는 함수

② 형식 : printf("출력서식", 변수);

③ 출력 제어 문자와 같이 사용 가능 (₩n : 출력 후 커서를 다음 줄로 이동)

출력 서식	설명	사용 예
%d	변수 a값을 10진수 정수로 출력	printf("%d ₩n", a);
%f	실수 3.14를 직접 출력	printf("%f",3.14);
%c	문자 하나를 출력	printf("%c ₩n", 'A');
%s	배열 name의 문자열을 출력	printf("%s",name);

📋 2개의 정수를 키보드로 입력받아 두수의 합을 구한 후 출력하는 C언어 프로그램

```
#include <stdio.h>        // 입출력을 위해서 반드시 필요한 헤더파일
int main()                // C언어 실행문을 작성하는 main함수
{
    int a, b;             // 두수를 입력받기 위한 정수 변수 선언
    int sum;              // 두수의 합을 저장하기 위한 정수 변수 선언
    scanf("%d", &a);      // 첫 번째 수를 키보드로 입력받아 a에 저장
    scanf("%d", &b);      // 두 번째 수를 키보드로 입력받아 b에 저장
    sum=a+b;              // 입력받은 두수 a, b를 더하여 변수 sum에 저장
    printf("합계=",sum);  // "합계="를 표시하고 sum 값을 출력
    return 0;             // 프로그램 종료 (생략 가능)
}
```

4) 조건문 (= if문)

조건문은 프로그램의 실행 시 조건식을 부여하여 조건에 맞는 경우와 맞지 않는 경우로 구분하여 실행 문장을 선택하는 제어문으로 if문 , if~ else 문, 다중 if문 등이 사용된다.

① 단순 if문

- 조건식이 참일 때만 실행할 문장을 기술한다.
- 거짓일 때는 참인 문장을 건너뛴다.
- 실행할 문장이 한 줄 이상이면 { }로 묶는다.

형식	코딩 예	해설

if (조건식)
　　실행문;
	if (a>50)
	　a++;
	printf("%d",a);
		a가 50보다 크면 a를 1증가 시키고 출력, 그렇지 않으면 증가하지 않고 출력

② if ~ else 문

- 조건식이 참이면 if 다음에 실행문을, 거짓이면 else 이후에 거짓일 때 처리할 실행문을 기술한다.
- 참일 때 수행할 명령과 거짓일 때 수행할 명령을 명확하게 구분할 수 있다.

형식	코딩 예	해설

if (조건식)
　　실행문 1;
else
　　실행문 2;
	if (a>50)
	　a++;
	else
	　a--;
	printf("%d", a);
		a가 50보다 크면 a를 1증가 시키고 출력, 그렇지 않으면 a를 1 감소 시킨 후 출력

③ 다중 if문

- 다중 if문은 조건이 맞지 않을 때 다시 if문을 이용해 다시 조건을 부여한다.
- 모든 조건이 맞지 않으면 else문을 수행한다.

형식	코딩 예	해설

if (조건식1)
　　실행문 1;
else if (조건식2)
　　실행문 2;
else
　　실행문3;
	if (s>=80)
	　printf("우수");
	else if (s>=60)
	　printf("양호");
	else
	　printf("노력");
		s가 80이상이면 "우수"출력, s가 80이상은 아니고 60이상이면 "양호" 출력, s가 80이상도 60이상도 아니면 "노력"을 출력

④ Switch 문
- 참과 거짓 이외의 다른 여러 선택이 가능한 경우로 여러 개 중 하나를 선택할 수 있다.
- 조건 값에 따라 case 문을 실행하고 break 문을 이용하여 switch 문을 빠져나온다. break 문이 생략되면 다음 문장을 수행하니 주의해야 한다.

형식	코딩 예	해설

switch (조건값) {
 case 값1:
     실행문1; break ;
 case 값2:
     실행문2; break;
 default :
     실행문3
}
	switch (num)
	{
	  case 1: p='A' ; break;
	  case 2: p='B' ; break;
	  case 3: p='C' ; break;
	  default: p='F'
	}
	printf("%d %c",num, p);
		num=1이면 p에 'A'를 할당하고 출력,
		num=2이면 p에 'B'를 할당하고 출력,
		num=3이면 p에 'C'를 할당하고 출력,
		그 외는 p에 'F'를 할당하고 출력

5) 반복문

반복 조건이 참일 경우 반복할 구문을 반복 수행하는 제어문으로 for문, while문, do ~ while 문이 있다. 반복 대상 구문이 두 줄 이상이면 { } 로 묶어 반복 범위를 나타낸다.

① for문
제어변수를 이용하여 일정 횟수만큼 반복하는 제어문으로, 조건식의 값이 참인 동안 for문을 반복 실행한다.

형식	코딩 예	해설

for (초기식; 조건식; 증감식)
{
   실행문1;
   실행문2;
   …
   실행문n;
}
	int i, sum=0;
	for (i=1; i<5; i++)
	{
	    printf("%d\n", i);
	    sum+=i;
	}
	printf("%d", sum);
		제어변수 i에 초기값1을 할당, 조건식 i<5을 만족하면 아래 실행문을 반복하고 다시 i를 1증가한 후 조건식을 판별, 조건식이 거짓이면 for문 탈출 후 sum을 출력

② While 문

while 문은 조건식이 참이면 반복하고, 조건이 거짓이면 반복문을 탈출한다.

형식	코딩 예	해설

while (조건식)
{
   실행문1;
   실행문2;
 	
   …
 	
   실행문n;
}
	int i=0, sum=0;
	while (i<5)
	  {
	    i++;
	    sum += i;
	  }
	printf("%d" ,sum);
		i에 0을 할당한 후 i<5 조건을 판별하여 조건이 참이면 i를 1증가하고 합계를 구하는 실행문을 실행 후 다시 조건식을 판별, 조건식이 거짓이면 while문 탈출 후 sum을 출력

③ do ~ while문

do ~while 은 반복할 문장을 먼저 실행한 후 while 조건식을 판별하여 조건이 참이면 반복하고 조건이 거짓이면 반복문을 탈출한다.

형식	코딩 예	해설

do
{
   실행문1;
   실행문2;
   …
   실행문n;
}
while (조건식);
	int i=0, sum=0;
	do
	{
	   sum+= i;
	   i=i+2;
	} while(i<=10);
	printf("%d" ,sum);
		먼저 sum을 구한 후 i를 2 증가 후 아래 조건식 i<=10을 판별하여 참이면 계속 반복 수행, 조건식이 거짓이면 do ~ while 문을 탈출 후 sum을 출력

6) 함수

① 함수의 개념

- 함수(function)는 프로그램에서 반복되는 부분이나 특정 기능을 함수로 정의하고 필요시 호출하여 사용하는 프로그래밍 기법이다.
- 함수 호출은 main 함수에서 정의된 함수 이름으로 호출하여 수행한다.
- 함수 호출 시 인수 값이 전달되는 경우 매개변수를 선언해서 받을 수 있다.
- 함수 처리 후 반환은 return문을 이용한다.

② 함수의 처리 동작

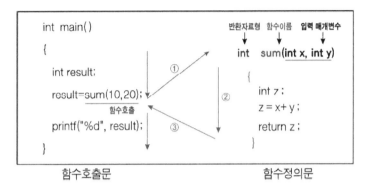

<table>
<tr><td>함수호출문</td><td>함수정의문</td></tr>
</table>

- main 함수에서 실행 중 sum 함수를 호출하면서 10, 20 두 수를 sum 함수의 매개변수 x, y로 전달
- sum 함수는 x, y 값과 z변수를 이용해 z=x+y 연산을 수행하고 z의 값 을 호출한 main함수로 반환
- 반환된 값은 main 함수의 result에 기억되고 printf를 통하여 30을 출력

7) 배열 (Array)

① 배열의 개념
- 동일한 자료형을 저장하기 위한 연속적인 자료구조이다.
- 배열명과 크기를 선언한 후 사용한다.
- 각 배열 요소를 참조하기 위해 첨자(인덱스)를 이용한다.
- C언어, 자바 등에서 첨자는 0번부터 시작한다.
- 배열은 행으로만 구성되는 1차원, 행과 열로 구성되는 2차원 배열 등으로 구분된다.

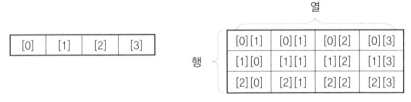

4개의 요소를 가진 1차원 배열   3행×4열의 2차원 배열

② 1차원 배열의 선언 및 초기값 할당

arr[0]	arr[1]	arr[2]	arr[3]	arr[4]

int   arr[5]   //   5개의 정수를 기억하는 배열 arr을 선언

int   arr[5] = {1,2,3,4,5} // 정수배열 arr을 선언하고 초기값 할당

int   arr[5] = {1,2,3}   //   초기값을 일부만 주면 나머지는 0으로 할당

int   arr[] = {1,2,3,4,5}   //   초기값을 할당하면 배열크기는 생략 가능

③ 1차원 배열의 입,출력

예 1차원 배열 k[5]에 10~50 값을 기억하고 출력하는 프로그램

```
#include<stdio.h>
   int main() {
      int k[5];                // 정수 배열 k[5]선언
    for (i=0; i<5; i++)        // 배열 요소를 1씩 증가하면서 5회 반복
     k[i]=i+10;                // k[0]번째 요소부터 10씩 증가하면서 할당      for (i=0;
     i<5; i++)         // 배열 요소를 1씩 증가하면서 5회 반복
      printf("%d", k[i]);       // k[0]번째 요소부터 k[4]요소까지 출력
   }
```

(2) 객체지향 프로그래밍 언어 - 자바(java)

1) 자바의 특징

- 자바의 기본문법은 C언어의 문법과 대부분 일치한다. 즉 연산자, 조건문, 반복문 등은 동일하게 사용된다.
- 자바 프로그램에서 하나의 클래스와 main메소드만 정의되어 있는 경우 C언어와 동일하게 처리하면 된다.
- 자바는 클래스를 정의하고 객체를 생성하고 객체가 상호 동작과 상속, 다형성 등의 객체지향 개념을 적용할 수 있는 대표적인 프로그래밍 언어이다.

2) 자바의 출력문

자바의 출력문 형식은 printf( ), print( ), println( ) 3가지 형태가 있다.

형식1	System.out.printf("출력서식", 변수);

- 출력 서식에 맞게 변수 내용을 출력한다.
- printf( ) 메소드는 C언어의 printf( ) 함수와 사용법이 동일하다.
  예 System.out.printf("평균= %d", ave);   →   평균= xx.x

형식2	System.out.print("문자열" 또는 변수 또는 "문자열" + 변수);

- 문자열 또는 문자열과 변수값을 이어서 출력 시에는 +를 이용한다.
- 출력 후 커서의 줄바꿈이 없다.
- 문자열 출력 시 큰 따옴표로 묶어줘야 한다.
  예 System.out.print("abc123"+"456");   →   abc123456

형식3	System.out.println("문자열" 또는 변수 또는 "문자열" + 변수);

- 형식2와 동일하지만 println()은 출력 후 커서를 다음 줄로 이동한다.
- 일반적으로 가장 많이 사용하는 형식이다.
  예 System.out.println("합계="+ sum);   →   합계=xx   출력 후 커서를 다음줄로 이동

2) 자바 언어와 C언어의 비교

예 1~10 까지의 합을 구하는 C언어와 자바 프로그램

C언어	자바
``#include <stdio.h>
int main()
{
int i, sum=0;
for(i=1; i<=10; i++)
sum += i;
printf("합계= %d \n",sum);
}```	```class Test {
public static void main (String args[ ])
{
int i, sum=0;
for(i=1; i<=10; i++)
sum += i;
System.out.println("합계= " + sum);
}
}```

(3) 스크립트 언어 – 파이썬(python)

1) 파이썬의 특징

① 대표적인 스크립트 언어로 귀도 반 로섬(Guido van Rossum)이 발표
② 플랫폼에 독립적이며 인터프리터 언어로 컴파일하지 않는다.
③ 문법이 간결하고 배우기 쉽다.
④ 동적 타입을 지원해 변수 선언 시 자료형을 선언하지 않는다.
⑤ 객체지향 개념을 지원한다.
⑥ 대화식 모드와 파일저장 모드로 실행이 가능하다.

2) 파이썬의 자료형

자료형	설명
list (리스트)	순서가 있고, 중복이 가능, 수정이 가능, [ ] 사용 예 member=['score', 'korea', 100, 80]
str (문자열)	순서가 있고, 중복이 가능, 수정이 불가능, 문자열은 큰따옴표 또는 작은 따옴표로 묶는다. 예 name="hong", addr='Seoul', tel="010"
tuple (튜플)	순서가 있고, 중복이 가능, 수정이 불가능, ( ) 사용 예 member=('Seoul', 'kim', "2023.4.30", True)
set (집합)	순서가 없고, 중복이 불가능, 수정이 가능, { } 사용 예 item={'hand', 3, 3.14, 'Park', True}
dic (딕셔너리)	순서가 없고, 중복이 불가능, 수정이 가능, {키 : 값}사용 예 age={'kim':22, 'Park':21, 'Lee':22}

3) 파이썬 기본문법

① 변수의 자료형에 대한 선언이 없다.
② 문장 끝을 의미하는 세미클론(;) 사용할 필요 없다.
③ 변수에 연속하여 값을 저장하는 것이 가능 예 x, y, z = 10, 20, 30
④ if나 for 같이 코드 블록을 포함하는 명령문 작성 시 코드 블록은 콜론(:)과 여백으로 구분한다.
⑤ 여백은 일반적으로 4칸 또는 1개 탭만큼 띄워야 하며, 같은 수준의 코드들은 반드시 동일한 여백을 가져야 한다.
⑥ 한 줄 주석은 #을 사용하고, 여러줄 주석은 "", """을 사용한다.

4) 파이선 입력문

형식	input('문자열')

① 괄호 안의 '문자열'을 출력하고 키보드로부터 입력된 내용을 문자열로 반환 즉 입력되는 모든 내용을 문자열로 취급
② int( ) 함수를 사용하여 수치 문자열을 정수로 변환

문자열 자체로 연산이 불가능	정수로 변환하여 연산이 가능
>>>str=input('year:') year : 20 >>>str=str+'100' >>>print (str) 20100	>>>str=int(input('year:')) year : 20 >>>str=str+100 >>>print (str) 120

5) 파이선 출력문

형식	print(value, sep =" ", end=" ")

① value : 출력 대상들을 콤마로 구분하여 지정하면 출력시 공백 삽입
② sep: 출력 대상들 사이에 넣을 구분자를 지정, 지정하지 않으면 공백 삽입
③ end : 값을 출력하고 다음 출력값을 이어서 출력한다. (줄바꿈 안함)

```
>>>print('한국', 'Seoul', 2022)          # 빈 공백으로 구분
한국 Seoul 2022

>>>print('한국', 'Seoul', 2022, sep= '-')   # '-' 분리자로 구분
한국-Seoul-2022

>>>print('한국', 'Seoul', end=' '); print('I Like You')
한국 Seoul I Like You                # 다음 출력을 같은 줄에 출력
```

6) 인덱싱 연산

① 순서가 있는 시퀀스 자료형 (리스트, 문자열, 튜플)에 담겨있는 값들 중 특정 위치를 참조하는 연산이다.
② 자료의 위치를 지정하기 위해 인덱스를 사용하고 인덱스는 0부터 시작한다.

```
str= [1, 2, 3, 4, "korea"]     # 리스트 str 생성
n1 = str[0]                              # 0번 인덱스값을 n1에 저장
n2 = str[4]                              # 4번 인덱스값을 n2에 저장
print(n1, n2)                            # 출력 : 1  korea
print(str[0], str[2], str[4])            # 출력 : 1 3 korea
```

③ 인덱스는 양수 인덱스, 음수 인덱스를 지정할 수 있으며 인덱스 값이 0이면 첫 번째 값, -1이면 마지막 값을 지정하게 된다.

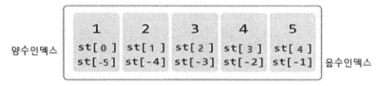

st = [1, 2, 3, 4, 5]의 인덱스 값]

예
```
>>> st = [1, 2, 3, 4, 5]
>>> print(st[-1], st[-2], st[1])     # 출력 : 5 4 2
```

예
```
>>> a = [1, 2, 3, ['a', 'b', 'c']]     # 이중 리스트
>>> a[0]                                # 출력 : 1
>>> a[-1]                               # 출력 : ['a', 'b', 'c']
>>> a[3]                                # 출력 : ['a', 'b', 'c']
>>> a[-1][0]                            # 출력 : 'a'
```

7) 슬라이싱 연산

① 순서가 있는 시퀀스 자료형 (리스트, 문자열, 튜플)에 담겨있는 값들 중 하나 이상의 값을 묶어서 이들을 대상으로 하는 연산이다.
② 일정 범위의 위치를 지정해서 값을 참조, 추출할 수 있다.

형식1	[x : y] : x 위치에서 y-1 위치 값을 추출

- a[2:5]   # a[2]~a[4]
- a[:3]   # a[0]~ a[2] , 시작 인덱스 생략
- a[2:]   # a[2]부터 끝까지, 마지막 인덱스 생략
- a[:-1]   # a[0]~a[-2]까지
- a[:]   # a 리스트 전체

형식2	[x : y : z] : x 위치에서 y-1 위치까지 z만큼 건너뛰면서 추출

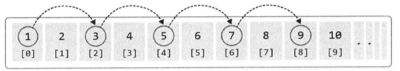

[두 칸씩 뛰며 값을 뽑아내려면]

- a[0:9:2]   # a[0]~a[8] 범위에서 시작부터 두 칸씩 건너띄며 위치 지정
    추출값은 [1,3,5,7,9]
- a[::3]   # 리스트 전체 범위에서 시작부터 세칸씩 건너띄며 위치 지정
- a[:7:2]   # a[0]~a[6] 범위에서 시작부터 두 칸씩 건너띄며 위치 지정
- a[::-1]   # 리스트 전체 범위에서 뒤에서 앞으로 즉, 역순으로 위치 지정

8) 집합(Set) 자료형

① Set은 순서가 없고 중복을 허용하지 않는 자료형이다
② Set은 순서가 없으므로 직접적인 인덱싱 연산은 지원하지 않는다.
③ Set 키워드를 사용해 리스트, 문자열도 Set으로 만들 수 있다,

add(값)	값을 한 개 추가
update(값1, 값2,..)	여러 개의 값을 한꺼번에 추가
remove(값)	특정 값을 제거

예

```
s={1, 5, 7}
s.add(2)                  # 2 추가
print(s)                  # 출력 : {1,2,5,7}

s.add(5)                  # 5 추가하지만 중복값은 배제
print(s)                  # 출력 : {1,2,5,7}

s.update([1,2,3,4])       # [1,2,3,4] 추가 , 중복값은 배제
print(s)                  # 출력 : {1,2,3,4,5,7}

s.remove(1)               # 1 삭제
print(s)                  # 출력 : {2,3,4,5,7}
```

9) 딕셔너리 자료형

① 딕셔너리는 요소값을 표현할 때 키(key)와 값(value)을 한 쌍으로 갖는 자료형이다.

② 중괄호 { }를 이용해 요소들을 묶는다.

③ 순서가 없고 중복을 허용하지 않는 자료형이다.

④ 요소 탐색 시 key를 통해 value을 얻는다. 값으로는 정수, 문자, 리스트 등이 올 수 있다.

```
예 key를 사용한 여러 연산
grade = {'no' : 101, 'name' : 'hong'}    # 딕셔너리 생성
print (grade)                            # 딕셔너리 출력
grade[3]=[10,20,30]                       # key 3, value[10,20,30] 추가
print (grade)
del grade['no'], grade[3]                 # key no와 key3의 쌍을 삭제
    print (grade)                         # 출력 : {'name' : 'hong'}
```

10) 파이썬 반복문 - for문

| 형식1 | for 변수 in 자료형: | 자료형으로는 리스트, 튜플, 문자열 가능 |

• 지정한 자료형의 값을 for 변수에 하나씩 할당하면서 반복 처리하는 형식

```
예
alist= [1,2,3]
for i in  alist :              # i 변수에 리스트 요소를 할당
    print(i, end=' ')         # 할당된 값을 출력 : 1  2   3
```

| 형식2 | for 변수 in range(x, y): | x에서 y-1까지 반복 |

• 지정된 변수에 순차적 범위의 값들이 차례대로 배정되면서 반복 수행

• range() 함수를 사용하여 반복 구간을 지정하는 방법을 많이 사용

• range 범위는 다음과 같다,

함수	설명
range(x)	#0부터 x-1까지 정수의 순차적 범위
range(x,y)	#x부터 y-1까지 정수의 순차적 범위
range(x,y,z)	#x부터 y-1까지 z씩 증가하는 정수의 순차적 범위
range(x,y,-z)	#x부터 y+1까지 z씩 감소하는 정수의 순차적 범위

예 1~5 까지 값을 출력하시오.
```
for i in  range(1,6) :            # i변수에 1~5까지 순차 할당하면서
    print(i, end=' ')             # i값을 출력   1  2  3  4  5
```

예 1~ 100 까지의 합을 구하시오.
```
sum = 0
for i in range(1,101) :
    sum += i
print(sum)
```

11) 파이썬 함수

① 함수 정의와 호출

- 함수 정의는 "def 함수이름(매개변수)"를 사용한다,
- 함수 호출은 함수이름으로 이루어지고, 호출 시 인수를 매개변수로 전달하여 처리한 후 return문을 이용해 결과를 반환받을 수 있다.

```
def plus(n1, n2):
    sum = n1 + n2
    return sum                   plus함수 호출

sum  = plus(5,3):
print (sum)
```

② 함수 내에서 선언된 변수의 효력 범위

| ```
def vartest(a):
    a = a +1


a = 5
vartest(a)
print(a)
``` | ```
def vartest(a):
    a = a +1
    return a


a = 5
a= vartest(a)
print(a)
``` | ```
def vartest(a):
    a=a+1
    global b   #전역변수
    b = a +1
    return a

a=5
a=vartest(a)
print(a,b)
``` |
|---|---|---|
| 출력값 : 5 | 출력값 : 6 | 출력값 : 6 7 |
```

(4) 선언형 언어

1) 선언형 언어 개념

① 해법을 정의하기보다는 문제를 설명하는 고급언어이다.
② "어떤 방법"으로 프로그래밍 할 것인가가 아닌 "무엇"을 할 것인지에 중점을 두고 있다.
③ 선형형 언어로는 ABSET, Lustre, MetaPost, OpenLaszlo, 프롤로그, SQL, XSL Transformations 가 있다.

3. 라이브러리 활용

(1) 라이브러리

1) 라이브러리 개념

① 라이브러리란 필요할 때 찾아서 쓸 수 있도록 모듈화되어 제공되는 프로그램을 말한다.
② 동작하는 프로그램과 같이 링크될 수 있도록 일반적으로 컴파일된 형태(object module)로 존재한다.
③ 라이브러리는 모듈과 패키지를 총칭하며, 모듈이 개별 파일이라면 패키지는 파일들을 모아 놓은 폴더라고 볼 수 있다.
④ 프로그래밍 언어에 따라 일반적으로 도움말, 설치 파일, 샘플 코드 등을 제공한다.

2) 라이브러리 종류

① 표준 라이브러리 : 프로그래밍 언어가 기본적으로 가지고 있는 라이브러리
② 외부 라이브러리 : 별도의 파일 설치를 필요로 하는 라이브러리

3) C언어 표준 라이브러리

• C언어 라이브러리는 헤더(header) 파일로 제공한다.
• 헤더 파일 사용 시 '#include 〈stdio.h〉처럼 include문을 선언 후 사용해야 한다.

헤더 파일	설명
stdio.h	데이터 입출력에 사용되는 기능들을 제공. 예 printf, scanf, fprintf 등
math.h	수학 함수들을 제공. 예 sqrt, pow, abs 등
string.h	문자열 처리에 사용되는 기능들을 제공. 예 strlen, strcpy, strcmp 등
stdlib.h	자료형 변환, 난수 발생, 메모리 할당에 사용되는 기능들을 제공 예 atio, atof, srand, rand, malloc, free 등

(2) 데이터 입출력

- 입출력은 프로그램의 가장 기본 기능이지만 입출력 장치의 종류에 관계 없이 수행되어야 한다. 즉 데이터 입출력은 장치의 독립성이 필요하고 이를 위해 스트림(Stream)을 이용한다.
- 스트림은 연속된 데이터 바이트의 흐름으로 프로그램과 입출력 장치들의 논리적 연결을 담당하고 버퍼를 이용하여 입출력을 수행한다.
- 표준 입출력 스트림은 표준 입출력 라이브러리에서 제공하고 프로그램 실행 시 자동으로 생성된다.
- 자바에서는 표준 입출력을 위한 System 클래스가 제공되고 세 개의 변수를 통해서 스트림을 지정한다.

표준 입력 스트림	System.in
표준 출력 스트림	System.out
표준 오류 출력 스트림	System.err

(3) 예외 처리

1) 예외(exception)의 개념

① 예외(exception)란 어떤 원인에 의해 발생하는 비정상적 동작으로 프로그램 중단을 가져올 수 있지만, 예측이 가능하고 처리가 가능한 오류를 의미한다.

② 예외는 컴파일할 때 발생하는 오류가 아니라 실행 시간에 발생하는 오류이다. 따라서 오타에 의한 문법 오류는 예외에 해당하지 않는다.

③ 예외 상황은 아래와 같다.
- 0으로 어떤 수를 나누었을 때 발생하는 오류
- 배열의 인덱스가 그 범위를 넘어서는 경우 발생하는 오류
- 존재하지 않는 파일을 읽으려고 하는 경우에 발생하는 오류

2) 예외처리

예외 상황이 발생했을 때 예외 처리 구문을 이용하면 중단없이 프로그램 실행을 계속할 수 있다.

```
①    try {
②        if(예외 조건)
③            throw;
     }
④    catch{
⑤        예외 처리;
     }
```

① try 예외처리 발생블록
② 예외 조건
③ 정상적이지 않을 경우 throw 예외를 던짐
④ 예외가 발생하였을 때 catch 로 점프
⑤ 예외 처리

(4) 프로토타입

1) 프로토타입의 개념

① 자바스크립트와 같은 언어는 클래스 개념이 없으므로 새로운 객체 생성을 기존 객체를 복사해서 만들어 내는데 이와 같은 개념의 언어를 프로토타입 기반의 언어라 한다.
② 프로토타입 기반 언어는 객체 원형인 프로토타입을 이용하여 새로운 객체를 만들어 낸다.
③ 프로토타입으로 생성된 객체도 다른 객체의 원형이 될 수 있다.
④ 프로토타입은 객체를 확장하고 객체지향 프로그래밍을 할 수 있게 해준다.

2) 자바스크립트와 프로토타입

① 모든 객체는 그들의 프로토타입으로부터 속성과 메소드를 상속받는다.

② 자바스크립트의 모든 객체는 최소한 하나 이상의 다른 객체로부터 상속을 받으며, 이때 상속되는 정보를 제공하는 객체를 프로토타입(prototype)이라 한다.

1. C언어에서 사용할 수 없는 변수명은?

① student2019　　　　　　　　② text-color

③ _korea　　　　　　　　　　④ amount

정답　②
해설　변수명 첫 글자는 영문자와 _(under bar)만 사용 가능하고, 그 외 특수문자는 변수명에 포함할 수 없다.

2. C언어에서 산술 연산자가 아닌 것은?

① %　　　　　　　　　　　② *

③ /　　　　　　　　　　　　④ =

정답　④
해설　% : 나머지 연산자
*　: 곱셈 연산자
/　: 나누기 연산자
= : 왼쪽 변수에 값을 할당하는 대입연산자

3. C언어에서 두 개의 논리값 중 하나라도 참이면 1을, 모두 거짓이면 0을 반환하는 연산자는?

① ||　　　　　　　　　　　② &&

③ **　　　　　　　　　　　④ !=

정답　①
해설　두 개의 논리값 중 하나라도 참이면 1을, 모두 거짓이면 0을 반환하는 연산자는 || (OR) 연산자이다.

4. Java 프로그래밍 언어의 정수 데이터 타입 중 'long'의 크기는?

① 1byte　　　　　　　　　　② 2byte

③ 4byte　　　　　　　　　　④ 8byte

5. 다음 중 JAVA에서 우선순위가 가장 낮은 연산자는?

① --   ② %

③ &   ④ =

6. JAVA 언어에서 접근제한자가 아닌 것은?

① public   ② protected
③ package   ④ private

7. 다음 C언어 프로그램이 실행되었을 때의 결과는?

```
#include < stdio.h>
int main(int argc, char *argv[ ]) {
    int a = 4 ;
    int b = 7 ;
    int c = a | b ;

    printf("%d", c) ;
    return 0 ;
}
```

① 3   ② 4
③ 7   ④ 10

해설 연산자 | 은 비트OR 연산자로 2진수 연산이다.
따라서 a, b 모두 2진수로 바꾼 후 비트OR 연산을 수행하면 된다.
a=4를 2진수로 변환하면 0010, b=7을 2진수로 변환하면 0111이된다.

```
    a : 0010
    b : 0111
OR
--------
        0111        (연산 대상 비트 중 하나만 1이면 결과가 1이 된다.)
```

2진수 결과 0111을 10진수로 출력하면 7이 된다.

8. 다음 C 프로그램의 결과값은?

```
main(void) {
int  i ;
int  sum = 0 ;
for(i = 1 ;  i < = 10 ;  i = i + 2) ;
    sum = sum + i ;
printf("%d", sum) ;
}
```

① 15   ② 19

③ 25   ④ 27

정답 ③
해설 제어변수 i가 1부터 10이 될 때까지 2씩 증가하면서 i의 값의 합계를 sum에 구하는 프로그램이다.
i의 변화는 1, 3, 5, 6, 7, 9가 되고 sum는 i를 더하면 되므로 1+3+5+7+9=25

9. C언어 프로그램이 실행되었을 때의 결과는?

```
#include < stdio.h >
int main(int argc, char *argv[]) {
    int a = 5, b = 3, c = 12 ;
    int t1, t2, t3 ;
    t1 = a && b ;
    t2 = a || b ;
    t3 = !c ;
    printf("%d, t1 + t2 + t3) ;
    return 0 ;
}
```

① 0   ② 2
③ 5   ④ 14

10. 다음 C언어 프로그램이 실행되었을 때, 실행 결과는?

```
#include < stdio.h >
#include < stdlib.h >
int main(int argc, char *argv[]) {
    int i = 0 ;
    while(1) {
      if(i==4) {
         break ;
      }
      + +i ;
    }
    printf("i = %d", i) ;
    return 0 ;
}
```

① i = 0   ② i = 1

③ i = 3   ④ i = 4

정답 ④

해설 while(1)은 항상 참으로 계속 수행하게 된다. while 구문에서
i=0, if구문에서 i가 4가 아니므로 ++i 에 의해 i를 1증가
i=1, if구문에서 i가 4가 아니므로 ++i 에 의해 i를 1증가
i=2, if구문에서 i가 4가 아니므로 ++i 에 의해 i를 1증가
i=3, if구문에서 i가 4가 아니므로 ++i 에 의해 i를 1증가
i=4, if구문에서 i가 4이므로 break 문에 의해 탈출하고 i를 출력하면 4

11. C언어에서 배열 b[5]의 값은?

```
static int b[9]={1, 2, 3};
```

① 0   ② 1

③ 2   ④ 3

정답 ①

해설 배열 요소는 9개이지만 초기값은 3개만 할당되었으므로 나머지 배열 요소는 0으로 채워진다.

12. JAVA에서 변수와 자료형에 대한 설명으로 틀린 것은?

① 변수는 어떤 값을 주기억 장치에 기억하기 위해서 사용하는 공간이다.

② 변수의 자료형에 따라 저장할 수 있는 값의 종류와 범위가 달라진다.

③ char 자료형은 나열된 여러 개의 문자를 저장하고자 할 때 사용한다.

④ boolean 자료형은 조건이 참인지 거짓인지 판단하고자 할 때 사용한다.

정답 ③

해설 char 자료형은 여러 문자가 아닌 한 문자를 저장하고자 할 때 사용한다.

13. 다음 JAVA 프로그램이 실행되었을 때의 결과는?

```
public class Operator {
public static void main(String[] args) {
    int x = 5, y = 0, z = 0 ;
    y = x + + ;
    Z = - - X ;
    System.out.print(x + "," + y + "," + z)
  }
}
```

① 5, 5, 5   ② 5, 6, 5

③ 6, 5, 5   ④ 5, 6, 4

정답 │ ①
해설 │ y=x++ : x를 y에 할당하고, x를 1증가 시킨다. 따라서 y=5, x=6
      z=--x : x를 1감소하고 그값을 z에 할당한다. 따라서 x=5, z=5 가 된다.
      최종 출력은 x=5, y=5, z=5 가 출력된다.

14. Java에서 사용되는 출력 함수가 아닌 것은?

① System.out.print( )   ② System.out.println( )

③ System.out.printing( )   ④ System.out.printf( )

정답 │ ③
해설 │ 자바의 출력문 : System.out.printf(), System.out.print(), System.out.println()

15. 다음 JAVA 코드 출력문의 결과는?

```
...생략...
System.out.prihtln("5 + 2 = " + 3 + 4);
System.out.prihtln("5 + 2 = " + (3 + 4));
...생략...
```

① 5+2=34   ② 5+2+3+4
   5+2=34   5+2=7

③ 7=7   ④ 5+2=34
   7+7   5+2=7

16. 다음 JAVA 프로그램이 실행되었을 때의 결과는?

```java
public class arrayl {
    public static void main(String[] args) {
        int cnt = 0 ;
        do {
            cnt + + ;
        } while(cnt  <  0) ;
        if(cnt = = 1)
            cnt + +  ;
        else
            cnt = cnt + 3 ;
        System.out.printf("%d", cnt) ;
    }
}
```

① 2   ② 3

③ 4   ④ 5

17. 귀도 반 로섬(Guido van Rossum)이 발표한 언어로 인터프리터 방식이자 객체 지향적이며, 배우기 쉽고 이식성이 좋은 것이 특징인 스크립트 언어는?

① C++   ② JAVA

③ C#   ④ Python

정답 ④
해설 파이썬에 대한 특징이다. 파이썬은 귀도 반 로섬이 발표한 언어로 인터프리터 방식이자 객체 지향적 스크립트 언어이다.

18. Python 데이터 타입 중 시퀀스(Sequence) 데이터 타입에 해당하며 다양한 데이터 타입 들을 주어진 순서에 따라 저장할 수 있으나 저장된 내용을 변경할 수 없는 것은?

① 복소수(complex) 타입　　　　② 리스트(list) 타입
③ 사전(diet) 타입　　　　　　④ 튜플(tuple) 타입

정답 ④
해설 시퀀스 타입 언어는 리스트, 문자열, 튜플 등 이지만 순서가 있고, 중복이 가능하지만 내용 변경이 안되 는 것은 문자열과 튜플 타입이다. 보기에서의 답은 튜플이다.

19. 다음 파이썬으로 구현된 프로그램의 실행 결과로 옳은 것은?

```
>>> a = [0,10,20,30,40,50,60,70,80,90]
>>> a[ : 7 : 2]
```

① [20, 60]　　　　　　　　② [60, 20]
③ [0, 20, 40, 60]　　　　　④ [10, 30, 50, 70]

정답 ③
해설 a[: 7 : 2] 인덱싱의 의미는 인덱스 0부터 6까지 2개씩 건너 띄면서 추출하라는 의미로 [0, 20, 40, 60]이 출력된다.

20. 다음 Python 프로그램의 실행 결과가 [실행결과]와 같을 때, 빈칸에 적합한 것은?

```
x = 20
if x==10 :
        print('10')
(      ) x==20 :
        print('20')
else :
        print('other')
```

[실행결과]

20

① either   ② elif
③ else if   ④ else

정답 ②
해설 파이썬의 다중 if 구문은 if ~ elif ~ else 이다.

21. 다음 Python 프로그램이 실행되었을 때, 실행 결과는?

```
a = ["대", "한", "민 ", "국"]
for i in a :
        print(i)
```

① 대한민국   ② 대
                               한
                               민
                               국

③ 대   ④ 대대대대

정답 ②
해설 리스트 a의 첫번째 요소 "대" 가 i변수에 할당되고 i값을 출력한 후 줄바꿈 되고 다음 요소가 반복처리
       된다.

22. 다음 파이썬(Python) 프로그램이 실행되었을 때의 결과는?

```
def cs(n) :
    s = 0
    for num in range(n + 1) :
        s + = num
    return s

print(cs(11))
```

① 45   ② 55

③ 66   ④ 78

정답 ③
해설 print(cs(11)) : cs 함수를 호출하면서 11을 인수로 넘긴다.
n=11 이 되고 for num in range(12) 이 된다.
num은 0~11 까지 하나씩 할당되면서 s += num을 반복 처리한다.
sum=0+1+2+3+4+5+6+7+8+9+10+11=66 이 된다.

23. 다음 중 스크립트 언어가 아닌 것은?

① JAVA Script   ② C
③ Perl   ④ Python

정답 ②
해설 스크립트 언어는 자바 스크립트(JAVA Script), Perl, Python 등의 언어가 있다.

24. 라이브러리의 개념과 구성에 대한 설명 중 틀린 것은?

① 라이브러리란 필요할 때 찾아서 쓸 수 있도록 모듈화되어 제공되는 프로그램을
말한다.
② 프로그래밍 언어에 따라 일반적으로 도움말, 설치 파일, 샘플 코드 등을 제공한다.
③ 외부 라이브러리는 프로그래밍 언어가 기본적으로 가지고 있는 라이브러리를
의미하며, 표준 라이브러리는 별도의 파일 설치를 필요로 하는 라이브러리를 의
미한다.
④ 라이브러리는 모듈과 패키지를 총칭하며, 모듈이 개별 파일이라면 패키지는 파
일들을 모아 놓은 폴더라고 볼 수 있다.

정답 ③
해설 외부 라이브러리는 별도의 파일 설치를 필요로 하는 라이브러리이고 표준 라이브러리는 프로그래밍 언어가 기본적으로 가지고 있는 라이브러리를 의미한다.

25. JAVA의 예외(exception)와 관련한 설명으로 틀린 것은?

① 문법 오류로 인해 발생한 것

② 오동작이나 결과에 악영향을 미칠 수 있는 실행 시간 동안에 발생한 오류

③ 배열의 인덱스가 그 범위를 넘어서는 경우 발생하는 오류

④ 존재하지 않는 파일을 읽으려고 하는 경우에 발생하는 오류

정답 ①
해설 예외는 실행 시간에 발생하는 오류로 문법(syntax) 오류는 예외에 해당하지 않는다.

26. C언어 라이브러리 중 stdlib.h에 대한 설명으로 옳은 것은?

① 문자열을 수치 데이터로 바꾸는 문자 변환함수와 수치를 문자열로 바꿔주는 변환함수 등이 있다.

② 문자열 처리 함수로 strlen()이 포함되어 있다.

③ 표준 입출력 라이브러리이다.

④ 삼각 함수, 제곱근, 지수 등 수학적인 함수를 내장하고 있다.

정답 ①
해설 표준라이브러리 헤더파일
• stdlib.h : 자료형 변환
• string.h : 문자열 처리
• stdio.h : 표준 입출력
• math.h : 수학적 함수

Chapter 03 응용 SW 기초 기술 활용

1. 운영체제 기초 활용

(1) 운영체제 종류

1) 운영체제의 정의

① 컴퓨터 시스템의 자원들을 효율적으로 관리한다.
② 사용자가 컴퓨터를 편리하고 효과적으로 사용할 수 있도록 환경을 제공한다.
③ 사용자와 컴퓨터 간의 인터페이스 제공한다.
④ 자원의 효율적인 운영 및 자원 스케줄링을 한다.
⑤ 데이터 공유 및 주변 장치를 관리한다.

2) 운영체제의 성능 평가 기준

① 처리 능력(Throughput) : 단위 시간당 처리할 수 있는 일의 양
② 반환 시간(Turnaround Time) : 작업 의뢰부터 결과가 나올때까지의 시간
③ 신뢰도(Reliability) : 오류없이 작업이 정확하게 수행하는 정도
④ 사용 가능도(availability) : 시스템의 사용이 필요할 때 즉시 사용할 수 있는 정도

4) 운영체제의 구성

① 제어 프로그램
  • 가장 기본적인 운영체제 기능을 담당하는 프로그램이다.
  • 자원 관리를 담당하며, 3개의 프로그램으로 구성된다.

감독 프로그램 (SupervisorProgram)	프로그램의 실행과 시스템의 전체 동작 상태를 감시, 감독하는 가장 중심이 되는 프로그램
작업 제어 프로그램 (Job Control Program)	작업의 연속 처리를 위한 스케줄링, 자원 할당 등을 담당
데이터 관리 프로그램 (DataManagement Program)	주기억 장치와 보조기억장치의 자료 전송 등 시스템에서 취급하는 파일과 데이터를 표준적 방법으로 처리할 수 있도록 관리

② 처리 프로그램

- 소프트웨어개발 및 서비스 기능을 제공하는 프로그램
- 운영체제를 지원하는 시스템 프로그램

언어 번역 프로그램	컴파일러, 인터프리터, 어셈블러
서비스 프로그램	Sort/Merge,유틸리티, 라이브러리

5) 운영체제 종류

운영체제	인터페이스	특징
MS-DOS	CLI	Windows이전에 사용한 운영체제
Windows	GUI	마이크로소프트사가 개발한 운영체제
UNIX	CLI	Bell연구소에 개발한 서버용 운영체제
LINUX	CLI	UNIX와 호환되는 오픈소스 운영체제
MAC-OS	GUI	애플에서 UNIX를 기반으로 개발
Android	GUI	구글에서 개발한 모바일 운영체제
IOS	GUI	애플에서 개발한 모바일 운영체제

6) UNIX의 특징

① 사용자와의 인터페이스가 간단한 대화형 시분할 시스템이다.
② 다중사용자(Multi user), 다중작업(Multi tasking)을 지원한다.
③ 계층적 파일 시스템을 사용한다.
④ 대부분 C언어로 작성되어 높은 이식성과 확장성을 가진다.
⑤ TCP/IP 프로토콜을 지원하는 네트워크 기능을 가진다.

7) UNIX의 구조

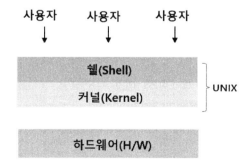

① 쉘(shell)
- 시스템과 사용자 간의 인터페이스를 담당한다.
- 사용자 명령을 받아 해석하고 수행시키는 명령어 해석기이다.
- 디스크에 저장되어 있고 필요시에만 주기억장치에 적재되어 사용된다.
- 한 작업의 실행이 완료되기 전에 새로운 작업을 수행할 수 있는 백그라운드 (background) 작업 명령을 실행시킬 수 있다.
- 반복적인 명령 프로그램을 만드는 프로그래밍 기능을 제공한다.
- 초기화 파일을 이용해 사용자 환경을 설정하는 기능을 제공한다.

② 커널(kernel)
- 프로세스 관리, 기억장치 관리, 입출력 관리, 파일 관리의 자원 관리 기능을 제공한다.
- 주기억장치에 상주하는 유닉스 운영체제의 가장 핵심적인 부분이다.
- 사용자 프로그램은 필요할 때마다 시스템 호출을 통해 커널의 기능을 사용한다.
- 주변 장치들은 특수 파일 형태로 하드웨어 인터럽트를 통해 커널과 통신한다.

8) UNIX 명령어

명령어	설명
fork	새로운 프로세스 생성
chmod	파일 및 디렉토리 접근권한 변경
cat	파일 내용을 표시
pwd	현재 작업 위치 확인
chown	파일 소유자 변경

(2) 메모리 관리

1) 메모리 관리 전략

① 반입전략
- 프로그램, 데이터를 메모리에 언제 적재할 것인지를 결정
- 예상반입, 요구반입으로 구분한다.

② 배치전략

- 입력되는 작업을 메모리의 어디에 위치시킬 것인가를 결정
- 최초적합, 최적적합, 최악적합 방식이 사용된다.

최초적합(First-Fit)	가용공간 중 첫번째 분할 영역에 배치
최적적합(Best-Fit)	가용공간 중 배치 후 남는 공간이 가장 적은 곳에 배치
최악적합(Worst-Fit)	가용공간 중 배치 후 남는 공간이 가장 큰 곳에 배치

예) 아래 그림에서 10K의 작업을 7K, 15K, 12K, 30K의 가용공간에
First-Fit, Best-Fit, Worst-Fit로 배치했을 때 할당되는 영역은?

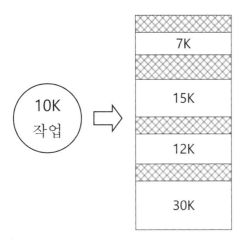

- ⊙ 최초적합(First-Fit) →15K
- ⊙ 최적적합(Best-Fit) →12K
- ⊙ 최악적합(Worst-Fit)→30K

③ 교체전략

- 새로 반입되는 작업에 필요한 기억장소를 확보하기 위해 적재된 어떤 프로그램과 교체할 것인가를 결정하는 전략이다.
- FIFO, LRU 등 여러 교체 알고리즘을 사용한다.

2) 단편화 (fragmentation)

- 기억장치 공간에서 프로그램이나 작업에 할당할 수 없는 조각난 기억 공간을 의미한다.
- 단편화가 심할수록 기억 공간의 낭비도 심해진다.
- 단편화는 내부 단편화와 외부 단편화로 구분된다.

내부 단편화	작업 할당 후 남는 메모리 공간
외부 단편화	작업을 할당받지 못하는 메모리 공간

3) 가상 메모리 개념

① 가상 메모리는 주기억장치 공간(실공간)한계를 극복하기 위해서 보조 기억 장치 공간(가상공간)을 이용하여 주기억장치보다 큰 프로그램의 실행이 가능하게 해주는 기술이다.

② 가상공간을 블록으로 분할 한 후 같은 크기의 실공간 블록과 사상(mapping)하여 프로그램을 실행한다.

③ 가상 메모리 관리는 페이지라는 고정길이 블록을 이용하는 페이징 기법과 세그먼트라는 가변길이 블록을 이용하는 세그멘테이션 기법으로 구분한다.

4) 가상 메모리 사상 방법

① 사상(mapping)은 가상주소를 실주소로 변환하는 과정이다.

② 페이지 사상 테이블 또는 세그먼트 사상 테이블을 이용한다.

페이징	가상주소 = (페이지 번호, 변위)
	실주소 = 페이지 번호의 시작 주소 + 변위
세그멘테이션	가상 주소= (세그먼트 번호, 변위)
	실주소 = 세그먼트 번호의 시작 주소 + 변위

5) 페이지 교체 알고리즘

페이지 교체 알고리즘은 실행에 필요한 페이지가 메모리 공간(프레임)에 없을 때, 즉 페이지 부재(page fault) 발생 시 요구된 페이지가 반입될 공간을 확보하기 위해 교체할 페이지를 선택하기 위한 방법이다.

① FIFO 알고리즘
- 메모리에 가장 먼저 들어온, 가장 오래된 페이지를 교체하는 방법이다.
- 이 방식은 페이지 부재가 더 증가되는 벨라디(Belady)모순이 발생한다.

예 3개의 프레임에서 페이지 참조열이 1 2 1 0 4 1 2 4 일 때 FIFO 교체 알고리즘을 운용했을 때 페이지 부재수를 구하시오.

참조열	1	2	1	0	4	1	2	4
페이지 프레임	1	1	1	1	4	4	4	4
		2	2	2	2	1	1	1
				0	0	0	2	2
부재 여부 (F)	F	F	·	F	F	F	F	·

총 6회

② LRU 알고리즘

- 현시점에서 가장 오랫동안 참조되지 않은 페이지를 교체하는 방법이다.
- 참조된 시간을 기록하기 위해 Counter나 Stack이 필요하다.

  예) 3개의 프레임에서 페이지 참조열이 1 2 1 0 4 1 2 4 일 때 LRU 교체 알고리즘을
  운용했을 때 페이지 부재수를 구하시오.

참조열	1	2	1	0	4	1	2	4
페이지 프레임	1	1	1	1	1	1	1	1
		2	2	2	4	4	4	4
				0	0	0	2	2
부재 여부 (F)	F	F	·	F	F	·	F	·

총 5회

③ NUR 알고리즘

2개의 bit(참조 bit, 변형 bit)를 이용해 최근에 사용되지 않은 페이지를 교체하는 방법이다.

④ LFU 알고리즘

참조된 횟수가 가장 적은 페이지를 교체하는 방법이다.

⑤ Optimal (최적화) 알고리즘

앞으로 가장 오랫동안 사용되지 않을 페이지를 교체하는 방법이다.

6) 가상 메모리 관리 이론

① 지역성 (Locality)

프로세스가 실행되는 동안 기억장치 내의 모든 정보를 균일하게 참조하는 것이 아니라 현재 실행되는 주소 부근에서 집중적으로 참조한다는 특성이다.

시간 지역성	최근 참조된 기억장소가 가까운 시간 내 또 참조될 가능성이 높다는 특성 예) 서브루틴, 반복, 스택, Counting, Totaling
공간 지역성	기억장소 참조 시 이전에 참조했던 주변의 기억장소가 참조될 가능성이 높다는 특성 예) 배열 순회, 순차 코드, 이웃한 변수 선언

② 워킹셋 (working set)

- 프로세스가 일정 시간 동안에 참조하는 페이지들의 집합이다.
- 워킹셋을 주기억장치에 적재하여 페이지 부재를 최소화할 수 있다.
- 워킹셋의 크기는 가변적으로, 참조 후에는 페이지 집합이 수정된다.

③ 스레싱(thrashing)
- 페이지 부재가 자주 발생하여 페이지 교체가 빈번히 일어나는 현상이다.
- 프로세스 실행시간보다 교체시간이 더 큰 현상으로 스레싱 발생시 CPU 효율은 급격히 감소한다.
- 해결책 : 충분한 프레임 공간 할당, 워킹셋 유지, 다중프로그래밍 정도 줄이기

(3) 프로세스 스케줄링

1) 프로세스(process) 개념

① 현재 CPU에 의해 실행 중인 프로그램
② PCB를 가진 실행이 가능한 프로그램
③ 프로세서가 할당하는 개체로서 디스패치가 가능한 단위
④ 비동기적인(Asynchronous) 행위
⑤ 목적 또는 결과에 따라 발생되는 사건들의 과정

2) 프로세스 상태

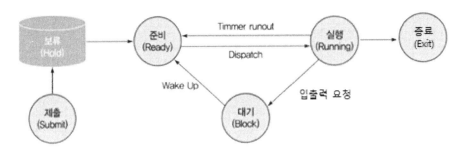

① Dispatch : 준비 상태에서 프로세서가 배당되어 실행 상태로 전환
② Timer runout : CPU의 할당 시간이 만료된 프로세스는 준비 상태로 전환
③ Block : 입출력 작업 수행 시 프로세스는 블록(대기) 상태로 전환
④ 문맥교환 (Context Switching): 이전 프로세스의 상태 레지스터 내용을 보관하고 다른 프로세스의 레지스터를 적재하는 과정
⑤ PCB(프로세스제어블록) : 프로세스에 대한 정보를 저장하는 영역으로 프로세스 식별자, 할당된 자원, 프로세스 상태 등의 정보로 구성

3) 스레드의 개념

① 스레드는 프로세스 내에서 실행되는 흐름의 단위로 프로세스보다 작은 단위지만 자원들을 배당받을 수 있어 경량 프로세스라고도 한다.

② 스레드는 프로세스와 대부분의 자원을 공유하지만, 프로그램 카운터(PC)와 스택(Stack) 공간은 개별적으로 가지고 있다.

③ 프로세스 내의 각 스레드들은 독립적인 제어 흐름을 가진다.

④ 사용자 수준 스레드와 커널 수준 스레드로 분류된다.

4) 스레드의 이점

① 하나의 프로세스를 여러 개의 스레드로 생성하여 병행성이 향상된다.

② 자원을 공유하므로 메모리 낭비 등 자원 낭비가 감소한다.

③ 프로세스의 생성이나 문맥 교환 등의 오버헤드를 줄여 성능이 개선된다.

④ 하드웨어 및 운영체제의 성능과 응용 프로그램의 처리율을 증대시킨다.

5) 스케줄링 개념

① 스케줄링(Scheduling)은 여러 프로세스가 실행될 때 필요로 하는 자원을 어떻게 할당해 줄 것인가를 결정하는 것으로, 스케줄링을 통해서 모든 프로세스에게 공정하게 자원을 배당할 수 있고 처리량은 최대화, 반환 시간을 최소화 할 수 있다.

② 스케줄링은 프로세스의 CPU 선점 가능성에 따라 크게 비선점 방식과 선점 방식으로 분류된다.

6) 비선점 스케줄링

• 한 프로세스가 CPU를 할당받으면 다른 프로세스는 이전 프로세스가 CPU를 반환할 때까지 CPU를 점유하지 못하는 방식으로 일괄처리 시스템에서 사용된다.

• 적용 알고리즘 : FIFO, SJF, HRN 등

① FIFO 스케줄링
  • 프로세스 도착한 순서에 따라 CPU를 할당하는 선입선출 방식이다.
  • 공평성은 좋지만 긴 작업이 짧은 작업을 기다리게 할 수 있다.

예 다음과 같이 프로세스가 도착(제출)되었을 때 FIFO 스케줄의 평균 반환시간과 평균 대기시간을 구하시오.

프로세스	도착시간	실행시간
P1	0	13
P2	1	2
P3	2	7
P4	3	3

[해설]
- 평균 반환시간 : 각 프로세스의 반환시간 합계 / 프로세스 수
- 평균 대기시간 : 각 프로세스의 대기시간 합계 / 프로세스 수
- 반환시간 = 완료시간 − 도착시간
- 대기시간 = 시작시간 − 도착시간

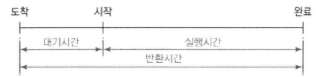

- FIFO 스케줄링은 비선점으로 프로세스 도착 순서대로 실행한다.
- 도착시간이 없는 경우는 모든 프로세스가 동시에 도착하는 경우로 도착시간은 모두 0이다.
- FIFO 실행 순서는 P1 → P2 → P3 → P4 순이다.
- FIFO 방식 스케줄 차트는 아래와 같다.

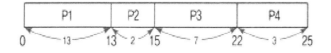

프로세스	반환시간(완료 − 도착)	대기시간(시작 − 도착)
P1	13 − 0 = 13	0 − 0 = 0
P2	15 − 1 = 14	13 − 1 = 12
P3	22 − 2 = 20	15 − 2 = 13
P4	25 − 3 = 22	22 − 3 = 19
평균	(13 + 14 + 20 + 22)/4 = 17.25	(0 + 12 + 13 + 19)/4 = 11

② SJF 스케줄링

- 프로세스 중 실행시간이 가장 짧은 프로세스에게 CPU를 할당한다.
- 실행시간이 긴 작업인 경우는 무한연기가 발생할 수 있다.

예 다음과 같이 프로세스가 도착되어 실행될 때 SJF 스케줄의 평균 반환시간과 평균 대기시간을 구하시오.

프로세스	실행시간
P1	13
P2	2
P3	7
P4	3

[해설]
- 도착시간이 없는 경우(도착시간=0)로 모든 프로세스가 동시에 도착한 걸로 판단한다.
- SJF는 실행시간이 짧은 작업 순으로 실행되는 비선점 알고리즘이다.
- SJF 실행순서는 P2→P4→P3→P1순이다.
- SJF 스케줄 차트는 다음과 같다.

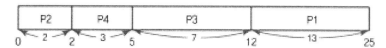

프로세스	반환시간	대기시간
P1	25 − 0 = 25	12 − 0 = 12
P2	2 − 0 = 2	0 − 0 = 0
P3	12 − 0 = 12	5 − 0 = 5
P4	5 − 0 = 5	2 − 0 = 2
평균	(25+2+12+5)/4 = 44/4 = 11	(12+0+5+2)/4 = 19/4 = 4.75

③ HRN 스케줄링

- 긴 작업과 짧은 작업 간의 지나친 불평등을 어느 정도 보완한 기법이다.
- SJF 기법을 보완하기 위한 방식으로 대기 시간이 긴 프로세스일 경우 우선순위가 높아진다.
- 우선순위 식에 의해 우선순위 값을 계산한 후 값이 높은 프로세스를 먼저 스케줄 한다.

$$우선순위 = \frac{(대기시간 + 서비스시간)}{서비스시간}$$

[예] 다음과 같이 프로세스가 제출되었을 때 스케줄링 순서를 구하시오.

프로세스	대기시간	서비스시간(실행시간)
P1	12	3
P2	8	4
P3	8	6
P4	15	8

[해설]
우선순위식을 적용하여 우선순위값을 계산하여 큰 값부터 CPU를 배당한다.
- P1 = (12 + 3)/3 = 15/3=5
- P2 = (8 + 4)/4 = 12/4=3
- P3 = (8 + 8)/8 = 16/8=2
- P4 = (15 + 5)/5 = 20/5=4
- CPU 할당순서 : P1 → P4 → P2 → P3

5) 선점 스케줄링

- 한 프로세스가 CPU를 차지하고 있을 때 우선순위가 높은 다른 프로세스가 현재 실행 중인 프로세스를 중지시키고 자신이 CPU를 점유하는 방식으로 시분할 시스템에서 사용된다.
- 적용 알고리즘 : RR, SRT, MLQ, MFQ 등

① 라운드로빈(RR) 스케줄링
- 프로세스는 FIFO 알고리즘에 의해 순서대로 CPU를 할당받고, CPU의 시간 할당량(time slice)동안만 실행한다.
- 시간 할당량이 너무 크면 FIFO 방식과 동일해지고, 시간 할당량이 너무 작으면 문맥 교환이 자주 발생하여 오버헤드가 크다.

예 다음과 같이 프로세스가 도착 되었을 때 RR 스케줄의 평균 반환시간과 평균 대기시간을 구하시오. (단, 시간할당량은 4)

프로세스	도착시간	실행시간
P1	0	13
P2	1	2
P3	2	7
P4	3	3

[해설]
- RR 실행은 FIFO 방식으로 진행하지만 시간할당량의 제약이 따른다.
- 실행시간이 시간할당량을 초과하면 문맥 교환이 일어난다.
- RR 스케줄 차트는 다음과 같다.

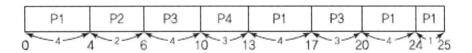

- 반환시간=완료시간−도착시간
- 대기시간=시작시간−도착시간+중간 대기시간 (선점인 경우)

프로세스	반환시간	대기시간	비고
P1	25−0=25	0−0+9+3=12	9, 3 : 중간대기
P2	6−1=5	4−1=3	
P3	20−2=18	6−2+7=11	7 : 중간대기
P4	13−3=10	10−3=7	
평균	(25+5+18+10)/4=14.5	(12+3+11+7)/4=8.25	

② SRT 스케줄링
- 실행시간이 가장 작은 프로세스에게 CPU를 할당하는 기법이다.
- 비선점 SJF 기법에 선점 방식을 도입한 방법이다.

③ 다단계 큐(MLQ)

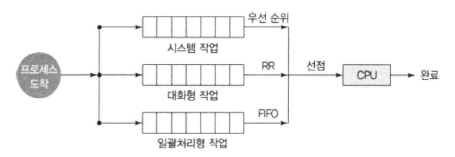

- 프로세스를 작업 유형에 따라 여러 개의 준비큐를 준비하여 프로세스 진입 시 유형에 따라 어느 한 큐에 배당한다.
- 각 큐는 자신만의 독자적인 스케줄링을 수행할 수 있어서 큐별로 서로 다른 스케줄링이 가능하다.

④ 다단계 피드백 큐 (MFQ)

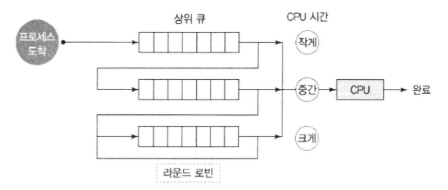

- 적응 기법(Adaptive Mechanism)의 개념을 적용하여 준비 큐간 이동을 가능하게 한 기법이다.
- 준비 큐를 상위 큐에서 하위 큐로 여러 개 준비하고 프로세스 진입은 상위 큐로 하게 한다.
- 각 큐마다 CPU의 시간 할당량(time slice)을 다르게 부여한다. 상위 큐는 작게, 하위 큐로 갈수록 CPU 할당시간은 커진다.

(4) 교착상태 개념

교착상태(Deadlock)란 자원 배당이 잘못되어 둘 이상의 프로세스가 더 이상 실행하지 못하는 상태로 아래 4가지 조건이 충족되면 교착상태가 일어난다.

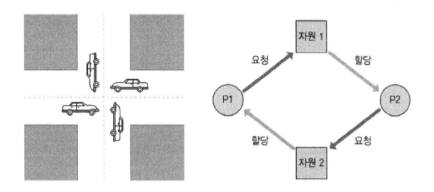

1) 교착상태 발생조건

① 상호배제(mutual exclusion)
② 점유와 대기(block and wait)
③ 비선점(non-preemption)
④ 환형 대기(circular wait)

2) 교착상태 해결 방법

① 교착상태 예방(Prevention) : 교착생태 발생 조건을 부정
② 교착상태 회피(Avoodence) : 은행원 알고리즘을 적용
③ 교착상태 탐지(Detection) : 탐지 알고리즘, 자원 할당 그래프
④ 교착상태 복구(Recovery) : 프로세스 종료, 자원 선점

(5) 환경변수

1) 환경변수의 개념

① 프로세스가 컴퓨터에서 동작하는 방식에 영향을 미치는 동적인 값들의 모임으로 쉘에서 정의되고 실행하는 동안 프로그램에 필요한 변수를 말한다.
② 환경변수를 이용하여 사용자마다 원하는 환경 설정이 가능하다.

2) 환경변수 종류

① 로컬(local) 환경변수 : 현재 진행 중인 세션에서만 동작하는 환경 변수

② 전역(global) 환경변수 : 해당 시스템에 존재하는 모든 사용자가 사용할 수 있는 환경변수

3) 환경변수 명령어

① setenv : 로컬 환경변수 설정 및 출력

② env : 전역 환경변수 설정 및 출력

③ printenv : 모든 환경변수 값 출력

④ export : 로컬 변수를 전역변수로 변환 , 단독 사용시 환경변수 출력

(6) shell script

1) shell script 개념

① 쉘에게 실행할 명령들을 알려주는 즉, 프로그래밍을 할 수 있는 파일이다.

② 쉘은 Bash shell, C shell, Korn shell 등이 있다.

③ 하나의 관리 인터페이스 언어이며 일반 프로그래밍 언어와는 문법도 간단하고 컴파일하지 않는 간이 언어로 사용할 수 있다.

2) shell script 명령어

① 조건문 : if 문 , switch문

② 반복문 : for문, while문, until문

3) 배치(batch) 프로그램

① 일련의 작업들을 하나의 작업 단위로 묶어 일괄처리 하는 작업이다.

② 사용자와의 상호 작용 없이 여러 작업들을 미리 정해진 일련의 순서에 따라 한꺼번에 처리하는 것을 의미한다.

▼ 배치 프로그램의 필수 요소

자동화	심각한 오류 상황 외에는 사용자의 개입 없이 동작 가능
안정성	문제 발생 시 발생 원인, 위치, 시간 등을 추적 가능
견고성	잘못된 데이터로 인해 중단되는 일 없이 수행 가능
성능	다른 프로그램의 수행을 방해하지 않고, 지정된 시간 내에 완료
대용량 데이터	대용량의 데이터의 입출력, 연산 등 처리가 가능

2. 네트워크 기초 활용

(1) 인터넷 구성의 개념

인터넷은 클라이언트와 서버 구조로 구성된 분산 네트워크로 네트워크와 호스트를 식별하기 위해 인터넷 주소(IP Address)를 사용하고 있다. 이러한 IP주소는 IPv4와 IPv6의 두 개 버전의 주소체계가 혼용되고 사용 중이다.

1) IPv4 주소

- 8비트 크기의 4개의 필드로 총 32비트 크기로 구성된다.
- A~E 5개의 클래스로 구분되어 규모와 용도에 따라 주소가 할당된다.

① IPv4 주소 구조

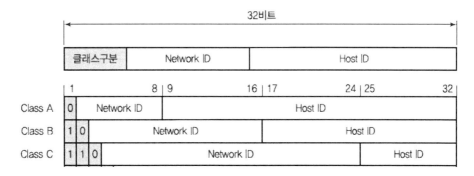

② 클래스별 주소 범위

등급	주소 할당범위	구성 호스트 수	망형태
Class A	1.1.1.1~127.254.254.254	2^{24}	국가망
Class B	128.1.1.1~191.254.254.254	2^{16}	중·대형망
Class C	192.1.1.1~223.254.254.254	2^8	소형망(LAN)
Class D	224.1.1.1~239.254.254.254		멀티캐스트
Class E	240.1.1.1~254.254.254.254		예약용

2) IPv6 주소

• 16비트 크기의 8개의 필드로 총 128비트 크기로 구성된다.
• 클래스 구분이 없으며 품질제어, 보안 등의 기능이 기본 제공된다.

▼ IPv4와 IPv6의 비교

구분	IPv4	IPv6
주소길이	32비트	128비트
표시방법	8비트씩 4부분, 10진수 예 202.30.64.22	16비트씩 8부분, 16진수 표기 예 2001:AB30:.....:FFFF:1111
주소할당	클래스별 할당	순차적 할당
품질제어	QoS 일부 지원	QoS 지원
보안 기능	IPsec 별도 설치	IPsec 기본 제공
P&P 기능	없음	있음
모바일 IP	곤란	용이
주소규칙	유니캐스트, 브로드캐스트, 멀티캐스트	유니캐스트, 멀티캐스트, 애니캐스트

3) 서브넷팅

서브네팅(subneting)은 하나의 네트워크 주소 중 호스트 ID 부분을 조작하여 여러 개의 네트워크로 분할 하는 것으로 IPv4 주소 부족 문제를 해결 하기 위한 방법으로 사용된다.

① 서브넷 마스크
• 서브넷을 구성하기 위해서는 서브넷 마스크(subnet mask)가 필요하다.
• 서브넷 마스크를 통해서 구성할 서브넷 수와 서브넷당 연결되는 호스트 수를 지정할 수 있다.

- 서브넷 마스크는 네트워크 분할하기 전의 서브넷 마스크인 기본(default) 서브넷 마스크를 이용해 만들 수 있다.

② 클래스별 기본(default) 서브넷 마스크

Class A : 255.0.0.0   =11111111.00000000.00000000.00000000=/8
Class B : 255.255.0.0 =11111111.11111111.00000000.00000000=/16
Class C : 255.255.255.0=11111111.11111111.11111111.00000000=/24

예 203.10.24.50/27의 의미
- 203.10.24.50 : C 클래스 주소
- /27 : 서브넷 마스크 주소를 1의 개수를 이용하여 표현한 것으로
  서브넷 마스크는 /27 =11111111.11111111.11111111.11100000
                      =255.255.255.224 이다.

③ 서브넷 마스크 생성
- 서브넷 마스크 또한 주소로 네트워크 ID와 호스트ID로 구성된다.
- 서브넷 마스크 주소 중 호스트 ID 부분은 아래 의미를 포함한다.

> ✓ 연속적인 1의 개수가 k개이면 서브넷은 2^k 개 구성 가능
> ✓ 연속적인 0의 개수가 m개이면 호스트는 2^m 개 구성 가능

- 이때 구성되는 호스트 중 첫 번째 호스트는 네트워크 주소로 예약되고, 마지막 호스트는 브로드캐스트 주소로 예약되어 실제 IP 주소를 할당받는 호스트는 예약된 주소 2개를 제외하고 할당된다.

예 C클래스의 서브넷 마스크가 255.255.255.192일 때 서브넷 수, 호스트수, 할당 가능한 IP주소 수를 구하시오.

〈해설〉 먼저 서브넷 마스크의 호스트 ID 부분 192를 2진수로 변환하면 11000000이 된다. 1의 개수가 2개이므로 서브넷은 2^2 =4개, 서브넷 당 호스트 수는 0의 개수가 6개이므로 2^6 =64개로 구성된다. 이때, 실제 할당 가능한 IP주소는 64-2=62개이다.

(2) 네트워크 7계층

1) 프로토콜의 개념

프로토콜은 시스템 간에 신뢰성 있는 데이터를 전송하기 위하여 정의한 통신 절차 및 규약을 의미한다.

2) 프로토콜의 3요소

구문(Syntax)	데이터의 형식, 부호화, 신호레벨 등을 규정
의미(Semantic)	신뢰성 있는 통신을 위한 제어 정보를 규정
타이밍(Timing)	개체 간의 통신 속도와 순서 등을 규정

3) OSI 7계층 프로토콜

① 서로 다른 환경의 개방형 시스템끼리 데이터 통신을 위해 국제표준기구(ISO)에서 표준화한 프로토콜로 기능에 따라 7계층으로 분할 하였다.
② 각 계층별 처리하는 데이터 단위를 PDU(protocol data unit)라 한다.
③ OSI 5,6,7 계층은 메시지, 4계층은 세그먼트, 3계층은 패킷, 2계층은 프레임, 1계층은 비트열의 PDU단위를 사용한다.

계층	계 층	기 능	PDU
7	응용계층 (Application Layer)	• 사용자가 OSI 환경을 이용할 수 있는 서비스를 제공	메시지 (message)
6	표현 계층 (Presentation Layer)	• 데이터 표현 차이를 해결하기 위한 표현 형식의 변환 • 암호화, 내용 압축, 형식 변환 등의 기능을 제공	
5	세션 계층 (Session Layer)	• 종단 간 응용 프로그램 간의 대화 관리를 제공 • 동기점, 반이중·전이중 등 전송 방향을 제공	
4	전송계층 (Transport Layer)	• 종단 간(End-to-End) 신뢰성 있는 데이터 전송을 제공 • 종단 간 에러 복구와 흐름 제어, 다중화 기능을 제공	세그먼트 (segment)

3	네트워크 계층 (Network Layer)	• 논리적 링크를 설정하여 데이터 전송과 교환 가능을 제공 • 경로 설정과 주소지정을 수행 • 표준 프로토콜 : X, 25	패킷 (packet)
2	데이터 링크 계층 (Data link Layer)	• 인접 시스템 간의 신뢰성 있는 데이터 전송을 제공 • 동기화, 에러제어, 흐름 제어 기능을 제공 • 표준 프로토콜 : HDLC, PPP, LLC	프레임 (frame)
1	물리 계층 (Physical Layer)	• 회선 연결을 위한 기계적, 전기적, 기능적, 절차적 특성을 정의 • 표준 프로토콜 : V.24, RS-232C. X, 21	비트스트림 (bit stream)

(3) IP

1) 인터넷 프로토콜 (TCP/IP) 계층

TCP/IP 프로토콜은 분산 네트워크로 연결된 인터넷 환경에서 단말기 상호 간 데이터 교환을 제어하는 인터넷 표준 프로토콜이다.

▼ OSI 및 인터넷 프로토콜 계층과의 대응 관계

레벨	OSI 7계층	인터넷 4계층	서비스 프로토콜
7	응용 계층	응용 계층	HTTP, FTP, TELNET, SMTP, SNMP 등
6	표현 계층		
5	세션 계층		
4	전송 계층	전송 계층	TCP, UDP
3	네트워크 계층	인터넷 계층	IP, ICMP, IGMP, ARP, RARP
2	데이터링크 계층	링크 계층	CSMA/CD, TOKEN RING FDDI 등
1	물리 계층		

2) IP의 특징

① 인터넷 계층의 대표적인 프로토콜로 IPv4, IPv6 프로토콜로 구분된다.

② 비연결형, 비신뢰성 서비스 수행한다.

③ 경로 선택(Routing), 주소 지정, 패킷의 분해 및 조립 기능이 있다.

④ OSI 7계층 중 네트워크 계층에 해당한다.

⑤ IPv4는 20바이트 기본 헤더와 옵션 적용 시 최대 60바이트까지 확장 가능

⑥ IPv6는 40바이트의 기본 헤더와 확장 헤더로 구성된다.

3) IPv4 / IPv6 헤더 구조

0				31
Ver	IHL	TOS	Length	
Identification			Flags	Offset
TTL		Protocol	Header Checksum	
Source Address				
DestinationAddress				

IPv4헤더

0				31
Ver	Traffic Class	Flow Label		
payload Length			Next Header	Hop Limit
Source Address				
Destination Address				

IPv6헤더

4) 기타 인터넷 계층 프로토콜

① ICMP : 오류 메시지 전달 프로토콜

② IGMP : 멀티캐스트 그룹 관리 프로토콜

③ ARP : IP 주소(논리주소)를 MAC 주소(물리주소)로 변환하는 프로토콜

④ RARP : MAC 주소(물리주소)를 IP 주소(논리주소)로 변환하는 프로토콜

(4) TCP / UDP

1) TCP의 특징

① 전송 계층의 프로토콜로 연결형, 신뢰성 서비스를 수행한다,

② 오류 제어, 흐름 제어, 순서 제어 등을 수행한다.

③ 전이중 서비스와 스트림 데이터 서비스 지원한다.

④ TCP 헤더 길이는 기본 20바이트이고 옵션 추가 시 최대 60바이트이다.

⑤ TCP 경유 응용 프로토콜 : HTTP, FTP, TELNET, SMTP 등

2) TCP 헤더 구조

0		31
발신 포트 번호(16비트)		수신 포트 번호(16비트)
일련 번호(Sequence Number, 16비트)		
확인 응답 번호(Acknowledgement Number, 16비트)		
헤더 길이(4비트) · 예약 영역(6비트) · URG · ACK · PSH · RST · SYN · FIN		윈도 크기(16비트)
체크섬(16비트)		긴급 포인터(16비트)
옵션		패딩

① 발신 포트 번호 : 데이터를 보내는 애플리케이션의 포트 번호
② 수신 포트 번호 : 데이터를 받을 애플리케이션의 포트 번호
③ 일련 번호 : 송신자가 지정하는 순서 번호(바이트 수 기준)
④ 확인 응답 번호 : 수신 완료된 데이터 순서 번호(바이트 수 기준)
⑤ 헤더 길이 데이터 오프셋 : 데이터의 시작 위치
⑥ 예약 영역 : 사용하지 않음
⑦ 제어 비트 : SYN, ACK, FIN 등의 제어 번호
⑧ 윈도우 크기 : 수신자에서 수신할 수 있는 데이터의 크기
⑨ 체크섬 : 데이터 오류 검사에 사용
⑩ 긴급 위치 : 긴급하게 처리할 데이터의 위치
⑪ 옵션 필드 : 40 바이트 길이까지 사용 가능

3) TCP 헤더의 제어 비트(Flag Bit)

① URG : 긴급 위치를 필드가 유효한지 설정
② ACK : 응답 번호 필드가 유효한지 설정
③ PSH : 현재 세그먼트에 포함된 데이터를 상위 계층에 즉시 전달할 때
④ RST : 연결의 리셋이나 유효하지 않은 세그먼트에 대한 응답용
⑤ SYN : 연결 설정 요구
⑥ FIN : 더 이상 전송할 데이터가 없을 때 연결 종료 의사 표시

4) UDP의 특징

① 전송 계층의 프로토콜로 비연결형, 비신뢰성 서비스를 수행한다,

② 헤더 구조가 단순하고, TCP보다 고속 전송이 가능하다.

③ 오류 제어, 순서 제어 기능을 제공하지 않는다. (Best-effor 프로토콜))

④ 실시간 응용에 적합하고 다수 지점에 전송 가능한 멀티캐스팅 지원한다.

⑤ UDP 경유 응용 프로토콜 : DNS, DHCP, SNMP, TFTP 등

5) UDP 헤더 구조

0 15	16 31
발신 포트 번호	수신 포트 번호
UDP 길이	Checksum

① 발신 포트 번호 : 데이터를 보내는 애플리케이션의 포트 번호

② 수신 포트 번호 : 데이터를 받을 애플리케이션의 포트 번호

③ 데이터의 길이 : UDP 헤더와 데이터의 총 길이

④ 체크섬(Checksum) : 데이터 오류 검사에 사용

6) 응용 계층 프로토콜

① HTTP : 멀티미디어 데이터를 검색하는 웹 프로토콜 (TCP 80)

② FTP : 파일 전송 프로토콜 (TCP 21)

③ TELNET : 원격 접속 프로토콜 (TCP 23)

④ SMTP : 전자 Mail 전송 프로토콜 (TCP 25)

⑤ SNMP : 네트워크 관리 프로토콜 (UDP 161)

3. 기본 개발환경 구축

(1) 웹서버

1) 웹서버 개념

① 웹서버는 사용자에게 웹 페이지를 나타내는 파일들을 제공하고 관리하는 프로그램을 말한다.

② 클라이언트의 HTTP 요청을 받아들이고 HTML 문서로 응답하는 컴퓨터 또는 프로그램이다.

2) 웹서버 동작

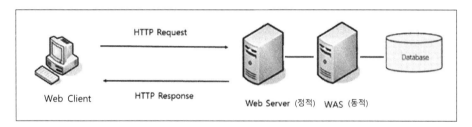

3) 정적 웹서버

① 미리 생성된 웹 페이지를 사용자의 요청에 의해 응답하는 서버로 항상 똑같은 페이지를 반환한다.

② HTML, CSS, JavaScript, 이미지, 음악과 같은 기존에 저장된 정적 콘텐츠를 반환한다.

③ 종류 : 아파치(Apache), IIS, 엔진엑스(nginx) 등

4) 동적 웹서버

① 클라이언트의 요청에 따라 다양한 동적 콘텐츠를 제공해주는 서버로 웹 애플리케이션 서버(WAS)라고도 한다.

② WAS는 데이터베이스와 통신하며 데이터를 가공하고 전달해준다.

③ 웹 서버는 WAS와 통신해서 얻은 결과 값을 바탕으로 가공 작업을 거치고 최종적으로 만들어진 동적인 웹 파일을 클라이언트에게 전달해준다.

④ WAS 종류 : Tomcat, JEUS. JBoss, WebSphere 등

(2) DB서버

① 데이터베이스를 관리하기 위해 사용되는 프로그램을 말한다.

② 웹 서비스에서 WAS와 연동하여 동적 데이터를 처리하고 제공하는 데이터베이스 시스템이다.

③ 관계형 DB 종류 : Oracle, MS-SQL Server, MySQL 등

④ 비관계형 DB 종류 : Mongo DB, Redis, Cassandra 등

(3) 패키지

① 독자적으로 개발되었지만, 특정 업무를 위해 연관되어 함께 사용될 수 있도록 하나의 제품으로 통합한 것을 말한다.

② 대표적으로 워드, 프리젠테이션, 스프레드 시트 등이 하나로 통합된 마이크로소프트의 오피스를 들 수 있다.

③ 급여 계산, 재고 관리, 고객 관리 등과 같은 프로그램을 하나로 묶어 제품화 하여 판매한다.

④ 사용자에게 데이터나 구성상의 특수한 문제들에 대한 도움을 주기 위해서 쓰이는 공용 프로그램들도 패키지 프로그램이라고 한다.

1. 운영체제에 대한 설명으로 거리가 먼 것은?

① 다중 사용자와 다중 응용프로그램 환경하에서 자원의 현재 상태를 파악하고 자원 분배를 위한 스케줄링을 담당한다.

② CPU, 메모리 공간, 기억 장치, 입출력 장치 등의 자원을 관리한다.

③ 운영체제의 종류로는 매크로 프로세서, 어셈블러, 컴파일러 등이 있다.

④ 입출력 장치와 사용자 프로그램을 제어한다.

> **정답** ③
> **해설** 매크로 프로세서, 어셈블러, 컴파일러는 자원 관리를 하는 운영체제가 아닌 소스코드를 기계어로 변환하는 언어 번역 프로그램이다.

2. 운영체제의 성능 평가 기준으로 옳지 않은 것은?

① 사용 가능도(availability) 증대

② 반환 시간(Turnaround Time) 최대화

③ 신뢰도(Reliability) 향상

④ 처리 능력(Throughput) 향상

> **정답** ②
> **해설** 운영 체제의 성능 평가 기준 : 처리 능력(Throughput) 향상, 반환 시간(Turnaround Time) 단축, 신뢰도(Reliability) 향상, 사용 가능도(availability) 증대 등

3. 운영체제의 구성에서 제어 프로그램에 속하지 않는 것은?

① 감시 프로그램   ② 서비스 프로그램

③ 작업 제어 프로그램   ④ 데이터 관리 프로그램

> **정답** ②
> **해설** 제어 프로그램 : 감시 프로그램(Supervisor Program), 작업 제어 프로그램(Job Management Program), 데이터 관리 프로그램(Data Management Program) 등
> 처리 프로그램 : 언어 번역 프로그램, 문제 처리 프로그램, 서비스 프로그램 등

4. UNIX 운영체제에 관한 특징으로 틀린 것은?

① 하나 이상의 작업에 대하여 백그라운드에서 수행이 가능하다.
② Multi-User는 지원하지만 Multi-Tasking은 지원하지 않는다.
③ 트리 구조의 파일 시스템을 갖는다.
④ 이식성이 높으며 장치 간의 호환성이 높다.

정답 │ ②
해설 │ UNIX는 Multi-User, Multi-Tasking 모두 지원한다.

5. 운영체제에서 커널의 기능이 아닌 것은?

① 프로세스 생성, 종료
② 사용자 인터페이스
③ 기억 장치 할당, 회수
④ 파일 시스템 관리

정답 │ ②
해설 │ 사용자 인터페이스 기능은 쉘의 기능이다.

6. UNIX의 쉘(Shell)에 관한 설명으로 옳지 않은 것은?

① 명령어 해석기이다.
② 시스템과 사용자 간의 인터페이스를 담당한다.
③ 여러 종류의 쉘이 있다.
④ 프로세스, 기억장치, 입출력 관리를 수행한다.

정답 │ ④
해설 │ 프로세스, 기억장치, 입출력 관리 등 자원 관리 기능은 커널의 기능이다.

7. 메모리 관리 기법 중 Worst fit 방법을 사용할 경우 10K 크기의 프로그램 실행을 위해서는 어느 부분에 할당되는가?

영역번호	메모리크기	사용여부
N0.1	8K	FREE
N0.2	12K	FREE
N0.3	10K	IN USE
N0.4	20K	IN USE
N0.5	16K	FREE

① NO.2　　　　　　　　　　② NO.3
③ NO.4　　　　　　　　　　④ NO.5

정답 ④
해설 Worst fit는 가용(free)공간 중 할당 후 남는 공간이 가장 큰 곳에 할당하는 방식으로 8K, 12K, 16K 중 가장 큰 16K에 할당하면 된다.

8. 기억공간이 15K, 23K, 22K, 21K 순으로 빈 공간이 있을 때 기억장치 배치 전략으로 "First Fit"을 사용하여 17K의 프로그램을 적재할 경우 내부단편화의 크기는 얼마인가?

① 5K　　　　　　　　　　② 6K
③ 7K　　　　　　　　　　④ 8K

정답 ②
해설 First Fit는 빈 공간 중 가장 먼저 할당받을 수 있는 영역으로 23K에 할당하면 되고 이때 단편화 크기는 23K-17K = 6K이다.

9. 다음 설명의 ㉠과 ㉡에 들어갈 내용으로 옳은 것은?

가상기억장치의 일반적인 구현 방법에는 프로그램을 고정된 크기의 일정한 블록으로 나누는 (㉠) 기법과 가변적인 크기의 블록으로 나누는 (㉡) 기법이 있다.

① ㉠ : Paging, ㉡ : Segmentation
② ㉠ : Segmentation, ㉡ : Allocatin
③ ㉠ : Segmentation, ㉡ : Compaction
④ ㉠ : Paging, ㉡ : Linking

10. 4개의 페이지를 수용할 수 있는 주기억장치가 있으며, 초기에는 모두 비어 있다고 가정한다. 다음의 순서로 페이지 참조가 발생할 때, FIFO 페이지 교체 알고리즘을 사용할 경우 페이지 결함의 발생 횟수는?

> 페이지 참조 순사 : 1, 2, 3, 1, 2, 4, 5, 1

① 6회   ② 7회
③ 8회   ④ 9회

정답	①
해설	

참조열	1	2	3	1	2	4	5	1
페이지 프레임	1	1	1	1	1	1	5	5
		2	2	2	2	2	2	1
			3	3	3	3	3	3
						4	4	4
부재 여부 (F)	F	F	F	·	·	F	F	F

총 6회

11. 운영체제의 가상기억장치 관리에서 프로세스가 일정 시간 동안 자주 참조하는 페이지들의 집합을 의미하는 것은?

① Locality   ② Deadlock
③ Thrashing   ④ Working Set

12. 프로세스와 관련한 설명으로 틀린 것은?

① 프로세스가 준비 상태에서 프로세서가 배당되어 실행 상태로 변화하는 것을 디스패치(Dispatch)라고 한다.

② 프로세스 제어 블록(PCB, Process Control Block)은 프로세스 식별자, 프로세스 상태 등의 정보로 구성된다.

③ 이전 프로세스의 상태 레지스터 내용을 보관하고 다른 프로세스의 레지스터를 적재하는 과정을 문맥 교환(Context Switching)이라고 한다.

④ 프로세스는 스레드(Thread) 내에서 실행되는 흐름의 단위이며, 스레드와 달리 주소 공간에 실행 스택(Stack)이 없다.

정답 ④
해설 스레드는 프로세스(Process) 내에서 실행되는 흐름의 단위이다.

13. 스레드(Thread)에 대한 설명으로 옳지 않은 것은?

① 한 개의 프로세스는 여러 개의 스레드를 가질 수 없다.

② 커널 스레드의 경우 운영체제에 의해 스레드를 운용한다.

③ 사용자 스레드의 경우 사용자가 만든 라이브러리를 사용하여 스레드를 운용한다.

④ 스레드를 사용함으로써 하드웨어, 운영체제의 성능과 응용 프로그램의 처리율을 향상시킬 수 있다.

정답 ①
해설 하나의 프로세스는 여러개의 스레드 즉 다중 스레드를 가질 수 있다.

14. 다음과 같은 프로세스가 차례로 큐에 도착하였을 때, SJF(Shortest Job First) 정책을 사용할 경우 가장 먼저 처리되는 작업은?

프로세스 번호	실행시간
P1	6
P2	8
P3	4
P4	3

① P1   ② P2

③ P3   ④ P4

15. 교착 상태 발생 조건이 아닌 것은?

① 상호 배제(mutual exclusion)

② 점유와 대기(hold and wait)

③ 환형 대기(circular wait)

④ 선점(preemption)

16. UNIX SHELL 환경 변수를 출력하는 명령어가 아닌 것은?

① configenv

② printenv

③ env

④ setenv

17. 다음 중 bash 쉘 스크립트에서 사용할 수 있는 제어문이 아닌 것은?

① if

② for

③ repeat_do

④ while

18. 다음 중 스크립트 언어가 아닌 것은?

① PHP　　　　　　　　　　　② Cobol
③ BASIC　　　　　　　　　　④ Python

정답 ②
해설 스크립트 언어 : PHP, BASIC, Python

19. IPv6에 대한 설명으로 틀린 것은?

① 32비트의 주소체계를 사용한다.
② 멀티미디어의 실시간 처리가 가능하다.
③ IPv4보다 보안성이 강화되었다.
④ 자동으로 네트워크 환경구성이 가능하다.

정답 ①
해설 IPv6 주소 길이는 128비트이다.

20. CIDR(Classless Inter-Domain Routing) 표기로 203.241.132.82/27과 같이 사용되었다면, 해당 주소의 서브넷 마스크(subnet mask)는?

① 255.255.255.0　　　　　　② 255.255.255.224
③ 255.255.255.240　　　　　④ 255.255.255.248

정답 ②
해설 /27 : 1의 개수가 27개가 되도록 주소를 변환한 후 10진수로 나타낸다.
　　 /27 = 11111111.11111111.11111111.11100000=255.255.255.224

21. OSI-7계층에서 종단 간 신뢰성 있고 효율적인 데이터를 전송하기 위해 오류검출과 복구, 흐름제어를 수행하는 계층은?

① 전송 계층　　　　　　　　② 세션 계층
③ 표현 계층　　　　　　　　④ 응용 계층

정답 ①
해설 전송 계층 : 종단간(End-to-End) 신뢰성 있는 데이터 전송을 담당한다.

22. OSI 7계층 중 네트워크 계층에 대한 설명으로 틀린 것은?

① 패킷을 발신지로부터 최종 목적지까지 전달하는 책임을 진다.
② 한 노드로부터 다른 노드로 프레임을 전송하는 책임을 진다.
③ 패킷에 발신지와 목적지의 논리주소를 추가한다.
④ 라우터 또는 교환기는 패킷 전달을 위해 경로를 지정하거나 교환 기능을 제공한다.

정답 | ②
해설 | 프레임 단위 전송은 데이터링크 계층의 기능이다.

23. TCP/IP 프로토콜에서 TCP가 해당하는 계층은?

① 데이터 링크 계층   ② 네트워크 계층
③ 트랜스포트 계층   ④ 세션 계층

정답 | ③
해설 | TCP는 전송 계층 서비스 프로토콜이다.

24. IPv6의 주소체계로 거리가 먼 것은?

① Unicast   ② Anycast
③ Broadcast   ④ Multicast

정답 | ③
해설 | IPv4 주소체계 : Unicast, Broadcast, Multicast
      IPv6 주소체계 : Unicast, Multicast, Anycast

25. TCP 프로토콜에 대한 설명으로 거리가 먼 것은?

① 신뢰성이 있는 연결 지향형 전달 서비스이다.
② 기본 헤더 크기는 100byte이고 160byte까지 확장 가능하다.
③ 스트림 전송 기능을 제공한다.
④ 순서제어, 오류제어, 흐름제어 기능을 제공한다.

정답 | ②
해설 | TCP 기본헤더 크기는 20byte, 옵션 포함 최대 60byte

26. TCP/IP에서 사용되는 논리주소를 물리주소로 변환시켜 주는 프로토콜은?

① TCP   ② ARP

③ FTP   ④ IP

정답 | ②
해설 | ARP : 논리주소를 물리주소로 변환시켜 주는 프로토콜

27. UDP 특성에 해당되는 것은?

① 양방향 연결형 서비스를 제공한다.

② 송신 중에 링크를 유지관리하므로 신뢰성이 높다.

③ 순서제어, 오류제어, 흐름제어 기능을 한다.

④ 흐름제어나 순서제어가 없어 전송속도가 빠르다.

정답 | ④
해설 | UDP는 비연결, 비신뢰성 서비스를 제공하고 , 제어 기능이 없어 전송 속도가 빠르다.

28. 웹서버에 대한 설명이 올바르지 않는 것은?

① HTML, CSS, JavaScript, 이미지, 음악과 같은 저장된 콘텐츠를 반환한다.

② 동적 웹페이지를 처리하기 위한 서버를 WAS라 한다,

③ 웹 브라우저에서 HTTP 요청을 받아들이고 HTML 문서나 파일을 반환해주는 컴퓨터 또는 프로그램이다.

④ 웹 서버로는 익스플로러, 크롬, 사파리, 파이어폭스, 오페라 등이 있다.

정답 | ④
해설 | • 웹 서버 : 아파치(Apache), IIS(Internet Information Services) , 엔진엑스(nginx) 등
      • 웹 브라우저 : 익스플로러, 크롬, 사파리, 파이어폭스, 오페라 등

제5과목
정보시스템 구축관리

Chapter 01   소프트웨어 개발 방법론 활용

1. 소프트웨어 개발 방법론 선정

(1) 소프트웨어 생명주기 모형

소프트웨어 생명주기(Software Life Cycle)란 소프트웨어의 개발 및 운용, 유지보수 등의 각 단계를 진행하는 것으로 소프트웨어의 생성부터 소멸까지 변환되는 과정이다.

1) 폭포수 모델

폭포수 모델은 고전적인 소프트웨어 생명주기 모델로 각 단계를 순차적으로 진행하고 단계별 마무리가 되어야 다음 단계로 진행하는 방식이다.

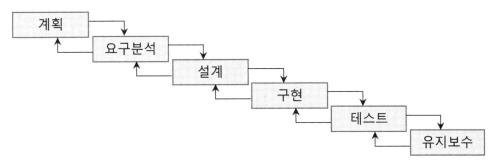

장점	• 순차적으로 소프트웨어를 개발하는 전통적 모델로 사용사례와 성공사례가 많다. • 각 단계별 정의와 활동이 분명하고 단계별 산출물이 명확하다.
단점	• 개발 과정에 발생하는 사용자 요구 사항의 반영이 어렵다. • 단계별 오류없이 다음 단계로 진행한다는 것이 현실적으로 불가능하다.

2) 프로토타입 모델

프로토타입 모델은 개발 과정에서 사용자의 요구사항을 잘 반영하기 위해서 개발중인 소프트웨어에 대한 시제품(prototype)을 만들어 제공하는 방식이다.

장점	• 사용자 요구사항의 반영이 용이하다. • 의뢰자가 최종 결과물이 나오기 전에도 결과물의 일부나 모형을 볼 수 있다. • 프로토타입은 개발자나 의뢰자 모두에게 공동의 참조 모델을 제공한다.
단점	• 반제품의 프로토타입과 실제 소프트웨어와의 차이가 발생할 수 있다. • 단기간에 개발되어야 하기 때문에 비효율적인 언어나 알고리즘을 사용할 수 있다

3) 나선형 모델

① 나선형 모델(Spiral Model)은 가장 현실적인 모델로 폭포수 모델과 프로토타입 모델의 장점에 위험 분석 기능을 추가하였다.

② 나선 모양처럼 소프트웨어 개발과정을 반복하여 점진적으로 최종 소프트웨어를 개발하는 것으로, 점진적 모델이라고도 한다.

③ 소프트웨어 개발 과정에서 발생하는 위험을 관리하고 위험을 최소화하는 것을 목적으로 한다.

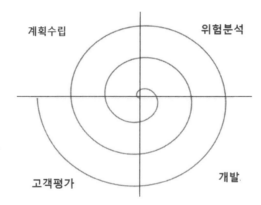

장점	• 비용이 많이 들거나 시간이 소요되는 대규모 시스템 개발에 적합하다. • 점진적인 반복 작업을 통해 새로운 요구사항을 추가할 수 있다. • 위험 요소를 사전에 제거함으로써 유지보수 과정이 필요 없다.
단점	• 위험 요소를 사전에 발견하지 못하면 개발 후 더 큰 문제가 발생할 수 있다.

4) V 모델

① Perry에 의해 제안되었으며 세부적인 테스트 과정으로 구성되어 신뢰도 높은 시스템을 개발하는데 효과적이다.

② 개발 작업과 검증 작업 사이의 관계를 명확히 들어내 놓은 폭포수 모델의 변형이라고 볼 수 있다.

③ 폭포수 모델이 산출물 중심이라면 V 모델은 작업과 결과의 검증에 초점을 둔다.

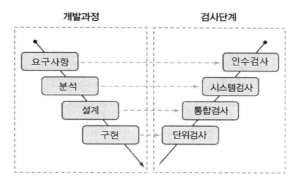

(2) 소프트웨어 개발 방법론

① 소프트웨어 개발 방법론은 소프트웨어 생명 주기의 각 작업을 어떻게 수행하느냐를 정의한 것이다.

② 소프트웨어 개발 과정의 수행 방법과 입력자료 및 산출물의 표현에 필요한 각종 기법과 도구들을 체계적으로 정리, 표준화한 것이다.

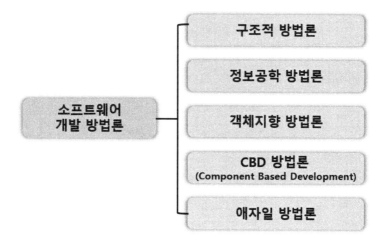

1) 구조적 방법론

① 정형화된 분석 절차에 따라 사용자 요구사항을 파악하여 문서화하는 방법론이다.

② 1960년대까지 가장 많이 사용되었던 소프트웨어 개발 방법론이다.

③ 쉬운 이해 및 검증이 가능한 프로그램 코드 생성이 목적이다.

④ 분할과 정복(Divide and Conquer) 원리를 적용한 하향식 방식이다.

2) 정보공학 방법론

① 기업 정보 중심이며 전략 계획 수립 후 자료(Data)중심으로 CASE 도구를 사용하여 공학적으로 접근하는 방법론이다.

② 정보시스템 개발 주기를 이용하여 대규모 정보 시스템을 개발하는데 적합하다.

3) 객체지향 방법론

① 프로그램을 객체와 객체간의 인터페이스 형태로 구성하기 위하여 문제영역에서 객체, 클래스 간의 관계를 식별하여 설계모델로 변환하는 방법론이다.

② 추상화, 캡슐화, 정보은폐, 상속, 다형성의 특징을 지닌다.

4) 컴포넌트 기반(CBD) 개발 방법론

① 기존 시스템, 소프트웨어를 구성하는 컴포넌트를 조합하여 하나의 새로운 애플리케이션을 만드는 방법론

② 컴포넌트 재사용(Reusability)이 가능하여 시간, 노력이 절감된다.

③ 새로운 기능 추가가 간단하여 확장성을 보장한다.

④ 유지보수 비용을 최소화하고 생산성 및 품질이 향상된다.

5) 애자일 방법론

① 고객의 요구 변화에 민첩하게 대응하여 짧은 주기로 소프트웨어 개발을 반복하여 점증적으로 최종 시스템을 완성하는 방법론이다.

② 소프트웨어 개발에 참여하는 구성원들 간의 의사소통 중시한다.

③ 계획보다는 환경변화에 대하여 즉시 대응한다.

④ 프로젝트 상황에 따른 주기적 조정을 수행한다.

(3) 일정 관리 모델

① 프로젝트 일정(Scheduling) 계획이란 프로젝트 개발 기간의 지연을 방지하고 프로젝트가 계획대로 진행되도록 일정을 계획하는 것이다.

② 프로세스를 소작업 단위로 분할하고, 소작업에 노력을 분배하여 작업의 순서와 일정을 정하는 것이다.

③ 프로젝트 일정 계획을 위한 도구로 WBS, PERT/CPM, 간트차트 등이 사용된다.

1) WBS(Work Breakdown Structure, 작업 분류도)

① 작업 분류도는 프로젝트에서 수행해야 하는 활동을 기준으로 작업을 계층 구조로 분해함으로써 프로젝트 범위를 정의하는 방법이다.

② 일정 계획의 첫 단계는 개발할 프로젝트를 소단위로 분할한다.

③ 프로젝트에서 진행 중인 모든 작업을 파악할 수 있다.

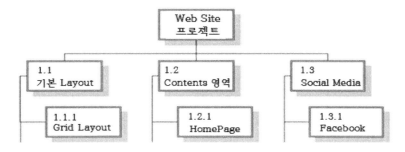

2) PERT/CPM

- PERT는 프로젝트 진행의 순서나 진행 사항을 파악할 수 있는 작업 네트워크이다.
- 각 작업이 수행되는 시간과 각 작업 사이의 관계를 파악할 수 있다.
- CPM은 프로젝트의 모든 작업이 완료하기까지의 가장 긴 경로(임계경로)를 구하는 방법이다.

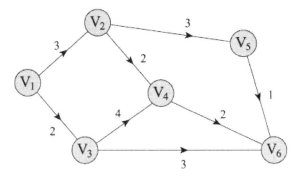

3) 간트 차트(Gantt Chart))

① 프로젝트를 구성하는 각 작업 단위들의 진행 상황을 막대 차트로 표시하는 프로젝트 일정표로시간선(time line) 차트라고도 한다.

② 간트 차트는 이정표, 작업일정, 작업기간, 산출물 항목으로 구성된다.

③ 간트 차트로는 작업들 간의 상호 관련성이나 작업 경로는 알 수 없다.

작업일정 \ 작업단계	이정표												산출물
	1	2	3	4	5	6	7	8	9	10	11	12	
계획	■												시스템계획서
분석		■	■										요구분석명세서
기본 설계				■									기본 설계서
상세 설계					■	■							상세 설계서

(4) 비용 산정 모델

1) 하향식 비용 산정 기법

- 전체 비용을 먼저 산정한 후 각 작업 단위별로 비용을 세분화하여 산정하는 방식이다.
- 과거의 개발 경험과 전문지식이 있는 개발자 들이 참여하여 비용을 산정한다.
- 하향식 방법에는 전문가 감정법과 델파이법이 있다.

① 전문가 감정 기법
  - 조직 내 경험이 있는 2명 이상의 전문가에게 비용 산정을 의뢰하는 방식
  - 신속하게 할 수 있다는 이점이 있지만 그에 따른 편견이 존재할 수 있음
② 델파이 기법
  - 한 명의 조정자(중재자)와 여러 명의 전문가의 의견을 종합해 비용을 산정하는 방식
  - 전문가 감정 기법의 단점을 보완한 것

2) 상향식 비용 산정 기법

- 프로젝트의 각 작업 단위 별로 비용을 구한 후 집계해서 전체 비용을 산정하는 방식이다.
- 상향식 방법에는 LOC기법, 개발 단계별 인월수 기법, 수학적 산정 방법이 있다.

① LOC(원시 코드 라인 수)기법
  - 각 기능의 원시 코드의 라인수의 비관치(가장 많은 라인 수), 낙관치(가장 적은 라인 수), 기대치(평균 라인 수)를 측정하여 예측치를 구해 비용을 산정하는 기법이다.
  - $예측치 = \dfrac{낙관치 + 4 \times 기대치 + 비관치}{6}$

② 개발 단계별 인월 수 기법
- LOC기법을 개선한 방식으로 생명주기 개발단계별로 각 기능을 구현하는 데 필요한 노력 (인월, man month)을 산정하는 방식이다.
- 노력(인월)=개발 기간 × 투입 인원=LOC / 1인당 월평균 생산코드 라인 수

  예 LOC 기법에 의하여 예측된 총 라인 수가 50,000일 경우 개발에 투입될 프로그래머의 수가 5명이고, 각 프로그래머의 평균 생산성이 월당 500 라인일 때, 개발에 소요되는 기간은?

  〈해설〉
  - 노력(Man Month)=LOC / 1인당 월평균 생산성=50000 / 500=100
  - 개발기간=노력 / 투입인원=100 / 5=20개월

3) 수학적 산정 기법

① COCOMO(Constructive Cost Model)
- 개발할 소프트웨어의 규모를 예측한 후 소프트웨어 모드에 따라 각 비용 산정 공식에 대입하여 비용을 선정하는 방식이다.
- 소프트웨어 개발 모드

조직형 (Organic)	• 5만 라인 이하 프로그램 • 업무용, 사무처리용 응용소프트웨어
반분리형 (Semi Detached)	• 30만 라인 이하 프로그램 • 운영체제, DBMS, 트랜잭션 처리시스템
내장형 (Embedded)	• 30만 라인 이상 프로그램 • 실시간 처리, 신호제어 및 미사일 유도 시스템

② 기능점수(FP;Function Poin) 모형
- 기능점수 방식은 데이터 기능과 트랜잭션 기능을 도출한 후 기능별 가중치를 적용하여 기능점수를 산출하고 이를 이용해 비용을 산정하는 방식이다.
- 입력, 출력, 질의, 파일, 인터페이스의 개수로 소프트웨어의 규모를 표현한다.
- 각 기능 항목별로단순, 보통, 복잡한 정도에 따라 가중치를 부여한다.

③ Putman 모형
- 소프트웨어 생명 주기에 사용될 노력의 분포를 예측해주는 생명 주기 예측 모형이다.

- 시간에 따른 함수로 표현되는 Rayleigh−Norden 곡선의 노력 분포도를 기초로 한다.
- Putnam 모형을 기초로 만든 자동화 예측 도구로 SLIM이 있다.

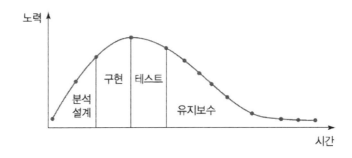

2. 소프트웨어 개발 방법론 테일러링

(1) 소프트웨어 개발 표준

1) ISO/IEC 12207

① ISO(국제표준화기구)에서 만든 표준 소프트웨어 생명 주기 프로세스이다.
② 소프트웨어 개발, 운영, 유지보수 등의 체계적 관리를 위한 소프트웨어 생명주기 표준을 제공한다.
③ 아래 세 가지 생명주기 프로세스로 구분한다.

기본 생명주기 프로세스	공급, 획득, 운영, 개발, 유지보수 프로세스 등
지원 생명주기 프로세스	검증, 품질 보증, 확인, 감사, 활동 검토, 형상관리, 문서화, 문제 해결 프로세스 등
조직 생명주기 프로세스	기반 구조, 관리, 훈련, 개선 프로세스 등

2) CMMI

① 소프트웨어 개발 조직의 업무 능력 및 조직 성숙도를 평가하는 모델로, 미국 카네기 멜론 대학교에서 개발함
② 소프트웨어 프로세스 성숙도는 초기, 관리, 정의, 정량적 관리, 최적화 5단계로 구분한다.

레벨	단계	프로세스	특징
1	초기(Initial)	정의된 프로세스 없음	작업자 능력에 따라 성공 여부 결정
2	관리(Managed)	규칙화된 프로세스	특정 프로젝트 내 프로세스 정의,수행
3	정의(Defined)	표준화된 프로세스	조직 표준 프로세스를 활용하여 업무 수행
4	정량적 관리 (Quantitatively Managed)	예측 가능한 프로세스	프로젝트를 정량적으로 관리 및 통제
5	최적화 (Optimizing)	지속적 개선 프로세스	프로세스 역량 향상을 위해 지속적인 프로세스 개선

3) SPICE

① 소프트웨어 품질, 생산성 향상을 위해 소프트웨어 프로세스를 평가, 개선하는 국제 표준이다.

② 프로세스 수행 능력 단계를 아래 6단계로 구분한다.

레벨	단계	특징
0	미완성(Incomplete)	프로세스가 구현되지 않았거나 목적을 달성하지 못한 단계
1	수행(Performed)	프로세스가 구현되고 목적이 달성된 단계
2	관리(Managed)	정의된 자원 한도 내에서 프로세스가 작업 산출물을 인도하는 단계
3	확립(Established)	소프트웨어 공학 원칙에 기반하여 정의된 프로세스가 수행되는 단계
4	예측(Predictable)	프로세스가 목적 달성을 위해 통제되고 양적 측정을 통해 일관되게 수행되는 단계
5	최적화(Optimizing)	프로세스 수행을 최적화하고 지속적 개선을 위해 업무 목적을 만족시키는 단계

(2) 테일러링 기준

소프트웨어 테일러링은 프로젝트의 상황 특성 및 상황 등에 적용키 위해 기존에 정의된 개발 방법론의 절차, 기법, 결과물 등을 수정해 적용하는 작업을 말한다.

1) 테일러링 작업 시 고려할 기준

분류	관점	필요성
내부 기준	목표환경	시스템 개발 유형 과 환경 이 다른 경우 테일러링이 필요
	요구사항	프로젝트 생명주기 활동에서 개발, 운영, 유지 보수 등 프로젝트에서 우선적으로 고려해야 할 조건이 서로 다른 경우 테일러링이 필요
	프로젝트 규모	비용, 인력, 개발 기간 등 프로젝트 규모가 서로 다른 경우
	보유기술	프로세스, 방법론, 결과물, 인력의 숙련도 등 상이
외부 기준	법적 제약사항	프로젝트별로 적용되어질 IT 컴플라이언스가 서로 상이
	표준 품질기준	금융, 제조, 의료 업종별 표준 품질 기준이 서로 상이하므로 방법론의 테일러링이 필요

(3) 소프트웨어 개발 프레임워크

1) 프레임워크 개념

- 어떠한 목적을 달성하기 위해 복잡하게 얽혀 있는 문제를 해결하기 위한 구조며, 소프트웨어 개발에 있어 하나의 뼈대 역할을 한다.
- 반제품 상태의 제품을 토대로 도메인 별로 필요한 서비스 컴포넌트를 사용하여 재사용성 확대와 성능을 보장받을 수 있게 하는 개발 소프트웨어이다.
- 개발해야 할 애플리케이션의 일부분이 이미 구현되어 있어 동일한 로직 복을 줄일 수 있다.
- 라이브러리처럼 사용하기 때문에 코드의 흐름을 제어 가능하다.

2) 프레임워크의 종류

스프링 프레임워크 (SpringFramework)	자바 플랫폼을 위한 오픈 소스 경량형 애플리케이션 프레임워크
전자정부 프레임워크	공공부문 정보화 사업 시 정보 시스템 구축을 지원하기 위한 프레임워크
닷넷프레임워크 (.NETFramework)	윈도우즈프로그램의 개발 및 실행 환경을 제공하는 프레임워크로, 마이크로소프트 사에서 개발

3) 프레임워크 적용 시 이점

① 공통 컴포넌트 재사용으로 중복 예산 절감된다.

② 표준화된 연계모듈 활용으로 상호 운용성 향상된다.

③ 개발표준에 의한 모듈화로 유지보수 용이하다.

④ 시스템 복잡도가 줄어들어 개발 및 변경이 용이하고, 품질이 향상된다.

1. 생명주기 모형 중 가장 오래된 모형으로 많은 적용 사례가 있지만 요구사항의 변경이 어렵고 각 단계의 결과가 확인 되어야 다음 단계로 넘어갈 수 있는 선형 순차적, 고전적 생명주기 모형이라고도 하는 것은?

① Waterfall Model   ② Prototype Model
③ Cocomo Model   ④ Spiral Model

정답 ①
해설 폭포수 모형(Waterfall Model) : 고전적 생명주기 모형으로 선형 순차적으로 진행한다. 각 단계별 산출물이 명확하고 적용 사례가 많다.

2. 폭포수 모형의 특징으로 거리가 먼 것은?

① 개발 중 발생한 요구사항을 쉽게 반영할 수 있다.
② 순차적인 접근방법을 이용한다.
③ 단계적 정의와 산출물이 명확하다.
④ 모형의 적용 경험과 성공사례가 많다.

정답 ①
해설 폭포수 모형(Waterfall Model)의 단점은 개발 중 발생하는 사용자 요구사항 반영이 어렵다.

3. 소프트웨어 생명주기 모델 중 나선형 모델(Spiral Model)과 관련한 설명으로 틀린 것은?

① 소프트웨어 개발 프로세스를 위험 관리(Risk Management) 측면에서 본 모델이다.
② 위험 분석(Risk Analysis)은 반복적인 개발 진행 후 주기의 마지막 단계에서 최종적으로 한 번 수행해야 한다.
③ 시스템을 여러 부분으로 나누어 여러 번의 개발 주기를 거치면서 시스템이 완성된다.
④ 요구사항이나 아키텍처를 이해하기 어렵다거나 중심이 되는 기술에 문제가 있는 경우 적합한 모델이다.

정답 ②
해설 나선형 모형에서 위험 분석은 마지막에 한번 만 수행하는 것이 아니라 매 주기마다 수행되어야 한다.

4. 소프트웨어 개발 모델 중 나선형 모델의 4가지 주요 활동이 순서대로 나열된 것은?

| ⓐ 계획 수립 | ⓑ 고객 평가 | ⓒ 개발 및 검증 | ⓓ 위험 분석 |

① ⓐ-ⓑ-ⓓ-ⓒ순으로 반복   ② ⓐ-ⓓ-ⓒ-ⓑ순으로 반복
③ ⓐ-ⓑ-ⓒ-ⓓ순으로 반복   ④ ⓐ-ⓒ-ⓑ-ⓓ순으로 반복

정답 | ②
해설 | 나선형 모형 수행 단계 : 계획 수립 - 위험분석 - 개발 및 검증 - 고객 평가

5. 소프트웨어 생명주기 모델 중 V 모델과 관련한 설명으로 틀린 것은?

① 요구 분석 및 설계단계를 거치지 않으며 항상 통합 테스트를 중심으로 V 형태를 이룬다.
② Perry에 의해 제안되었으며 세부적인 테스트 과정으로 구성되어 신뢰도 높은 시스템을 개발하는데 효과적이다.
③ 개발 작업과 검증 작업 사이의 관계를 명확히 들어내 놓은 폭포수 모델의 변형이라고 볼 수 있다.
④ 폭포수 모델이 산출물 중심이라면 V 모델은 작업과 결과의 검증에 초점을 둔다.

정답 | ①
해설 | V모델은 개발 단계별 테스트를 수행하는 모델로 분석, 설계, 구현 과정을 거친다.

6. 소프트웨어 개발 방법론 중 CBD(Component Based Development)에 대한 설명으로 틀린 것은?

① 생산성과 품질을 높이고, 유지보수 비용을 최소화할 수 있다.
② 컴포넌트 제작 기법을 통해 재사용성을 향상시킨다.
③ 모듈의 분할과 정복에 의한 하향식 설계방식이다.
④ 독립적인 컴포넌트 단위의 관리로 복잡성을 최소화할 수 있다.

정답 | ③
해설 | 모듈의 분할과 정복에 의한 하향식 설계방식은 구조적 개발 방법론이다.

7. 소프트웨어 개발 방법론 중 애자일(Agile) 방법론의 특징과 가장 거리가 먼 것은?

① 각 단계의 결과가 완전히 확인된 후 다음 단계 진행
② 소프트웨어 개발에 참여하는 구성원들 간의 의사소통 중시
③ 환경 변화에 대한 즉시 대응
④ 프로젝트 상황에 따른 주기적 조정

정답 │ ①
해설 │ 각 단계를 마무리하고 다음 단계로 진행하는 모형은 폭포수 모형이다.

8. 프로젝트 일정 관리 시 사용하는 PERT에 대한 설명에 해당하는 것은?

① 각 작업들이 언제 시작하고 언제 종료되는지에 대한 일정을 막대 도표를 이용하여 표시한다.
② 시간선(Time-line) 차트라고도 한다.
③ 수평 막대의 길이는 각 작업의 기간을 나타낸다.
④ 작업들 간의 상호 관련성, 결정경로, 경계시간, 자원할당 등을 제시한다.

정답 │ ④
해설 │ ①,②,③은 간트차트에 대한 설명이다. PERT는 작업 네트워크로 작업들 간의 상호 관련성, 결정경로, 경계시간, 자원할당 등을 제시한다.

9. 간트 차트(Gantt Chart)에 대한 설명으로 틀린 것은?

① 프로젝트를 이루는 소작업 별로 언제 시작되고 언제 끝나야 하는지를 한 눈에 볼 수 있도록 도와준다.
② 자원 배치 계획에 유용하게 사용된다.
③ CPM 네트워크로부터 만드는 것이 가능하다.
④ 수평 막대의 길이는 각 작업(Task)에 필요한 인원수를 나타낸다.

정답 │ ④
해설 │ 수평 막대의 길이는 각 작업(Task)의 이정표를 나타낸다.

10. 상향식 비용 산정 기법 중 LOC(원시 코드 라인 수) 기법에서 예측치를 구하기 위해 사용하는 항목이 아닌 것은?

① 낙관치   ② 기대치

③ 비관치   ④ 모형치

정답 ④
해설

$$예측치 = \frac{낙관치 + 4 \times 기대치 + 비관치}{6}$$

11. 소프트웨어 비용 추정 모형(estimation models)이 아닌 것은?

① COCOMO   ② Putnam

③ Function-Point   ④ PERT

정답 ④
해설 PERT는 일정 관리 모형이다.

12. COCOMO(Constructive Cost Model) 모형의 특징이 아닌 것은?

① 프로젝트를 완성하는데 필요한 man-month로 산정 결과를 나타낼 수 있다.

② 보헴(Boehm)이 제안한 것으로 원시코드 라인 수에 의한 비용 산정 기법이다.

③ 비교적 작은 규모의 프로젝트 기록을 통계 분석하여 얻은 결과를 반영한 모델이며 중소 규모 소프트웨어 프로젝트 비용 추정에 적합하다.

④ 프로젝트 개발 유형에 따라 object, dynamic, function의 3가지 모드로 구분한다.

정답 ④
해설 COCOMO 프로젝트 개발 유형 : Organic, Semi-detached, Embedded

13. Cocomo model 중 기관 내부에서 개발된 중소규모의 소프트웨어로 일괄 자료 처리나 과학기술계산용, 비즈니스 자료 처리용으로 5만 라인 이하의 소프트웨어를 개발하는 유형은?

① Embedded   ② Organic

③ Semi-detached   ④ Semi-embeded

정답 | ②
해설 | • Organic : 5만 라인 이하 프로그램
• Semi-detached : 30만 라인 이하 프로그램
• Embedded : 30만 라인 이상 프로그램

14. Rayleigh-Norden 곡선의 노력 분포도를 이용한 프로젝트 비용 산정기법은?

① Putnam 모형   ② 델파이 모형

③ COCOMO 모형   ④ 기능점수 모형

정답 | ①
해설 | Putnam 모형 특징
• 시간에 따른 함수로 표현되는 Rayleigh-Norden 곡선의 노력 분포도를 기초로 한다.
• Putnam 모형을 기초로 만든 자동화 예측 도구로 SLIM이 있다.

15. Putnam 모형을 기초로 해서 만든 자동화 추정 도구는?

① SQLR/30   ② SLIM

③ MESH   ④ NFV

정답 | ②
해설 | SLIM : Putnam 모형을 기초로 만든 자동화 예측 도구

16. LOC 기법에 의하여 예측된 총 라인수가 50000라인, 프로그래머의 월 평균 생산성이 200 라인, 개발에 참여할 프로그래머가 10인 일 때, 개발 소요 기간은?

① 25개월   ② 50개월

③ 200개월   ④ 2000개월

정답 | ①
해설 | 소요기간 = 총 라인수 / (인원수 * 월 생산성) = 50000 / 200 = 25개월

17. ISO 12207 표준의 기본 생명주기의 주요 프로세스에 해당하지 않는 것은?

① 획득 프로세스　　　　　　② 개발 프로세스
③ 성능평가 프로세스　　　　④ 유지보수 프로세스

정답	③	
해설	기본 생명주기 프로세스	공급, 획득, 운영, 개발, 유지보수 프로세스 등
	지원 생명주기 프로세스	검증, 품질 보증, 확인, 감사, 활동 검토, 형상관리, 문서화, 문제 해결 프로세스 등
	조직 생명주기 프로세스	기반 구조, 관리, 훈련, 개선 프로세스 등

18. CMM(Capability Maturity Model) 모델의 레벨로 옳지 않은 것은?

① 최적단계　　　　　　　　② 관리단계
③ 계획단계　　　　　　　　④ 정의단계

정답	③
해설	CMM 레벨은 초기, 관리, 정의, 정량적 관리, 최적화 5단계로 구분한다.

19. SPICE 모델의 프로세스 수행능력 수준의 단계별 설명이 틀린 것은?

① 수준 7 - 미완성 단계　　② 수준 5 - 최적화 단계
③ 수준 4 - 예측 단계　　　④ 수준 3 - 확립 단계

정답	①
해설	미완성 단계는 수준 0이다.

20. 소프트웨어 프로세스에 대한 개선 및 능력 측정 기준에 대한 국제 표준은?

① ISO 14001　　　　　　　② IEEE 802.5
③ IEEE 488　　　　　　　　④ SPICE

정답	④
해설	SPICE : 소프트웨어 프로세스에 대한 개선 및 능력 측정 기준에 대한 국제 표준

21. 소프트웨어 개발 프레임워크와 관련한 설명으로 틀린 것은?

① 반제품 상태의 제품을 토대로 도메인별로 필요한 서비스 컴포넌트를 사용하여 재사용성 확대와 성능을 보장받을 수 있게 하는 개발 소프트웨어이다.

② 개발해야 할 애플리케이션의 일부분이 이미 구현되어 있어 동일한 로직 반복을 줄일 수 있다.

③ 라이브러리와 달리 사용자 코드가 직접 호출하여 사용하기 때문에 소프트웨어 개발 프레임워크가 직접 코드의 흐름을 제어할 수 없다.

④ 생산성 향상과 유지보수성 향상 등의 장점이 있다.

22. 소프트웨어 개발 프레임워크를 적용할 경우 기대효과로 거리가 먼 것은?

① 품질보증   ② 시스템 복잡도 증가
③ 개발 용이성   ④ 변경 용이성

23. 다음 설명에 해당하는 소프트웨어는?

- 개발해야 할 애플리케이션의 일부분이 이미 내장된 클래스 라이브러리로 구현이 되어 있다.
- 따라서, 그 기반이 되는 이미 존재하는 부분을 확장 및 이용하는 것으로 볼 수 있다.
- JAVA 기반의 대표적인 소프트웨어로는 스프링(Spring)이 있다.

① 전역 함수 라이브러리   ② 소프트웨어 개발 프레임워크
③ 컨테이너 아키텍처   ④ 어휘 분석기

24. 소프트웨어 개발 방법론의 테일러링(Tailoring)과 관련한 설명으로 틀린 것은?

① 프로젝트 수행 시 예상되는 변화를 배제하고 신속히 진행하여야 한다.

② 프로젝트에 최적화된 개발 방법론을 적용하기 위해 절차, 산출물 등을 적절히 변경하는 활동이다.

③ 관리 측면에서의 목적 중 하나는 최단기간에 안정적인 프로젝트 진행을 위한 사전 위험을 식별하고 제거하는 것이다.

④ 기술적 측면에서의 목적 중 하나는 프로젝트에 최적화된 기술 요소를 도입하여 프로젝트 특성에 맞는 최적의 기법과 도구를 사용하는 것이다.

정답 ①

해설 프로젝트 수행 시 예상되는 변화에 대응하여 변경을 신속하게 진행하여야 한다.

25. 테일러링(Tailoring) 개발 방법론의 내부 기준에 해당하지 않는 것은?

① 납기/비용 ② 기술환경

③ 구성원 능력 ④ 국제표준 품질기준

정답 ④

해설 • 내부 기준 : 목표 환경, 요구사항, 프로젝트 규모, 보유기술
• 외부 기준 : 법적 제약사항, 표준 품질기준

Chapter 02 IT 프로젝트 정보시스템 구축 관리

1. 네트워크 구축관리

(1) 네트워크 구축 기술

1) 네트워크 구축 형태 (Topology)

성형(Star)		• 중앙 집중형으로 모든 통신 제어는 중앙(host) 노드에 의해 이루어진다. • 중앙 노드가 고장이 나면 전체 기능이 정지한다.
링형(Ring)		• 서로 이웃하는 노드끼리 연결한 형태로 양방향 전송이 가능하다. • 광케이블로 구성되는 FDDI 등 고속 통신망에서 사용한다. • 노드가 많아지면 데이터 전송이 오래 걸릴 수 있다. • 노드 간 회선 장애 시 전체 기능이 정지한다.
버스형(Bus)		• 하나의 중앙회선을 여러 단말기가 공유하는 구조이다. • 노드의 추가 및 삭제가 용이하다. • 중앙회선 장애 시 전체 노드의 장애가 발생할 수 있다. • 중앙회선 양 끝에 터미네이터 장치를 붙여 신호의 반사를 방지한다.
계층형(Tree)		• 분산 처리 시스템에 많이 이용된다. • 계층구조를 연결하기 위해서 허브(Hub) 장비가 필요하다. • 특정 노드 장애 시에도 다른 지역 노드는 정상 수행이 가능하여 신뢰성이 높다.
망형(Mesh)		• 모든 노드와 노드를 통신회선으로 직접 연결한 형태이다. • 통신장애 시 우회 경로를 확보할 수 있다. • 전용 회선으로 통신 속도는 빠르지만, 노드 증가 시 회선 수가 많이 소요된다. • n개 노드 시 회선수$=\dfrac{n(n-1)}{2}$

2) LAN (근거리 통신망)

한정된 지역 내에 있는 단말기를 연결한 네트워크로 오류 발생률이 적고 고속 전송이 가능하다.

① LAN의 매체접근제어 (MAC)

공유회선을 이용하는 LAN에서 단말장치 상호 간에 데이터를 손실 없이 전송하기 위해 회선에 접근하기 위한 제어방식이다.

CSMA/CD	저속 이더넷에서 충돌을 확인하는 매체 접근 제어 방식
토큰버스	고속 버스형 LAN에서 충돌 회피를 위한 매체 접근 제어 방식
토큰 링	고속 링형 LAN에서 충돌 회피를 위한 매체 접근 제어 방식
CSMA/CA	무선 LAN에서 충돌을 확인하는 매체 접근 제어 방식

② IEEE LAN 표준안

802.3	CSMA/CD 매체 접근 제어
802.4	토큰 버스 매체 접근 제어
802.5	토큰 링 매체 접근 제어
802.11	무선LAN (WLAN) 표준
802.11e	무선LAN의 QoS 강화를 위해 MAC 지원 기능을 채택
802.15	무선개인통신망(WPAN) 표준

3) 무선 LAN 구축 방식

① 애드훅(Ad-hoc) 방식

- 무선 랜카드를 이용해 무선 기기들을 직접 연결하는 방식이다.
- 동적 토폴로지가 가능해서 노드 추가, 탈퇴 등 망 구성이 유연하다.
- 홉 라우팅(Multihop Routing), 메시 네트워크로 구성된다.
- 자율 고장 치유 능력으로 하나의 연결이 끊어져도 자동으로 우회 경로를 확보한다.
- 재난 안전 구호망, 비상 연락망 등으로 사용 가능하다.

② 기반 구조(infra structure) 방식

- AP(Access point)나 무선 공유기, 기지국 등 장비를 통해 무선으로 연결하는 방식이다.
- 광역 무선통신 방식으로 대부분 WLAN은 기반 구조 방식으로 접속한다.

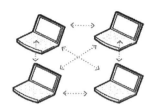
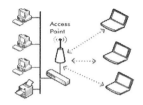

Ad-hoc mode   Infrastructure mode

4) 무선 LAN 유형

① 블루투스(Bluetooth)

- 블루투스는 휴대폰, 노트북, 이어폰, 헤드폰 등의 무선 휴대기기를 서로 연결해 정보를 교환하는 개인 무선 LAN 표준을 뜻한다.
- 주로 10미터 안팎의 단거리에서 저전력 무선 연결이 필요할 때 쓰인다.

② NFC (Near Field Communication)

- 비접촉 무선통신(RFID) 기술의 하나로 근거리 무선통신을 의미한다. 13.56MHz 대역을 가지며, 전송속도는 106Kbps ~ 848Kbps이다.
- 통신 범위는 약 10cm 이내의 무선통신을 지원한다.

③ Zing (초고속 NFC 기술)

- 초고속, 저전력 차세대 NFC 기술이다.
- 근거리(10cm) 이내에서 60GHz를 이용한 기기 간 직접통신 기술이다.

④ Zigbee (지그비)

- 소형, 저전력 디지털 라디오를 이용해 개인 통신망을 구성하기 위한 IEEE 802.15 표준이다.

5) 오류 제어

오류 제어는 전송 데이터의 오류를 검출하고 교정하는 기능으로 자동 반복 요청 (ARQ) 방식이 많이 사용된다.

STOP & WAIT ARQ	한 프레임씩 전송 후 대기하고 NAK 신호시 재전송
GO BACK-N ARQ	연속 프레임 전송, NAK신호 이후 모든 프레임 재전송
Selective Repeat ARQ	연속 프레임 전송, NAK신호 발생한 프레임만 재전송

6) 경로제어

- 경로 제어(routing)란 전송 경로 중에서 최적의 경로를 설정하는 기능으로 라우팅 프로토콜을 이용한다.
- 라우팅 프로토콜은 네트워크 상태 정보를 라우터끼리 상호 교환함으로써 최적의 경로를 결정한다.
- 라우팅 프로토콜은 하나의 자율시스템(AS)에서 동작하는 내부 라우팅 프로토콜과 AS와 AS에서 동작하는 외부 라우팅 프로토콜로 분류한다.

① 거리 벡터 알고리즘
- 경유하는 라우터의 개수, 홉수(hop count)를 기준으로 경로를 설정한다.
- 종류 : RIP, IGRP
- RIP 라우팅 프로토콜은 최대 홉수를 15 이하로 제한하고 있다.
- 라우팅 정보를 30초마다 모든 라우터에게 알린다.
- 최단 경로탐색에 Bellman-Ford 알고리즘을 사용한다.
- 소규모 네트워크에 적합하다.

② 링크 상태 알고리즘
- 홉 수가 아닌 회선의 대역폭, 전송속도, 신뢰성 등을 기준으로 경로를 설정한다.
- 종류 : OSPF
- OSPF는 라우팅 정보가 변화될 때만 전송하므로 네트워크 변화에 신속하게 대응할 수 있다.
- 최단 경로 탐색에 Dijkstra 알고리즘을 사용한다.
- OSPF는 멀티캐스팅을 지원한다.
- 대규모 네트워크에 적합하다.

7) 네트워크 연동 장치

① 리피터(Repeater) : LAN의 거리 연장에 사용되는 디지털 신호 증폭, 재생하는 장치로 OSI 물리 계층(1계층)에서 동작한다.

② 브리지(Bidge) : LAN과 LAN을 서로 연결해 주는 장치로, OSI 데이터 링크 계층(2계층)에서 동작한다.

③ 라우터(Router) : LAN과 LAN 사이에서 데이터 전송을 위한 최적 경로를 설정해주는 장치로 OSI 네트워크 계층(3계층)에서 동작한다.

④ 게이트웨이(Gateway) : 서로 다른 두 LAN을 연결해주는 장치로 프로토콜, 데이터 변환 기능을 갖는 장치로 OSI 전 계층에서 동작한다.

(2) IT 신기술 및 트렌드 정보

1) 유비쿼터스(Ubiquitous)컴퓨팅

언제 어디서나 단말기를 이용하여 네트워크에 접속할 수 있는 정보기술 환경

▼ 유비쿼터스 파생 컴퓨팅 기술

- 노매딕 컴퓨팅(nomadic computing)
  - 어떠한 장소에서 건 이미 다양한 정보기기가 편재되어 있어 사용자가 정보기기를 굳이 휴대할 필요가 없는 환경
- 엑조틱 컴퓨팅(exotic computing)
  - 스스로 생각하여 현실 세계와 가상 세계를 연계하는 컴퓨팅을 실현하는 기술
- 감지 컴퓨팅(sentient computing)
  - 센서가 사용자의 상황을 인식하여 사용자가 필요한 정보를 제공하는 기술
- 임베디드 컴퓨팅(embedded computing)
  - 사물에 마이크로칩을 장착하여 서비스 기능을 내장하는 컴퓨팅 기술
- 웨어러블 컴퓨팅 (wearable computing)
  - 안경·시계·의복 등과 같은 착용할 수 있는 형태의 디바이스로 구성되어 사용자의 신체 능력을 보완, 배가시킬 수 있는 컴퓨팅 환경

2) 클라우드 컴퓨팅 (Cloud Computing)

인터넷상의 서버를 통하여 저장장치 , 네트워크, 데이터베이스, 콘텐츠 등
IT 관련 자원을 한 곳에 저장해 두고 다양한 기기에서 사용할 수 있는 컴퓨팅 환경

▼ 클라우딩 컴퓨팅 서비스

- SaaS(Software as a Service) : 소프트웨어 서비스 (사용자 애플리케이션)
- PaaS(Platform as a Service) : 플랫폼 서비스 (SW 개발 환경 지원)
- IaaS(Infrastructure as a Service) : 기반 서비스(하드웨어 자원 지원)
- BaaS(Blockchain as a Service) : 블록체인 개발 환경 서비스

3) 메시(Mesh) 네트워크

- 메시 네트워크는 네트워크 장치가 각각 그물망처럼 연결되어 하나의 큰 네트워크를 이루는 것을 의미
- 차세대 이동통신, 홈네트워킹, 공공 안전 등 특수 목적을 위한 새로운 방식의 네트워크 기술로 대규모 디바이스 네트워크 생성에 최적화된 기술

4) 블록체인

- 데이터 분산 처리 기술로 중앙 관리자 없이 네트워크에 참여하는 모든 사용자가 모든 거래 내역 등의 데이터(블록)를 분산, 저장하는 기술
- 데이터 변조 시 모든 사용자가 인식하므로 보안이 우수하다.
- 모든 거래 참여자가 거래 내역을 확인한다. (작업 증명)
- 중앙 시스템에 저장되지 않으므로 중앙관리자가 필요 없다.

5) 피코넷(PICONET)

- 여러 개들의 독립적인 통신장치가 UWB기술 또는 블루투스 기술들을 이용해서 구성하는 무선 네트워크 기술
- 장치 간 마스터/슬레이브역할을 수행하면서 통신
- 복수의 피코넷이상호 연결된 망을 스캐터넷(Scatternet)이라고 함

6) MQTT(Message Queuing Telemetry Transport)

- MQTT는 IBM에서 개발한 메시지 전송 프로토콜
- 네트워크 대역폭이 제한되는 IoT, 모바일 통신 환경에 최적화

- Publisher(발행자), Broker(매개자), Subscriber(구독자)로 구성

7) N-Screen

하나의 콘텐츠를 다양한 N개의 기기를 통해 이용할 수 있는 기술로 PC, TV, 휴대폰에서 원하는 콘텐츠를 끊김없이 자유롭게 이용할 수 있음

2. SW 구축 관리

(1) SW 개발 트렌드 정보

1) 메타버스(metaverse)

현실 세계와 같은 사회적 · 경제적 활동이 통용되는 3차원 가상공간을 의미한다.

① 가상 현실(VR ; Virtual Reality)
현실이 아닌 환경을 마치 현실과 흡사하게 만들어 내는 기술로 실제와 유사한 경험 및 감정을 체험할 수 있게 있다.
② 증강현실 (AR ; Augmented Reality)
현실의 배경에 3차원의 가상 이미지를 겹쳐서 보여주는 기술로, 위치 기반 서비스 정보를 표현하거나 게임, 패션, 교육 등에 사용된다.

2) 인공지능(AI, artificial intelligence)

인공지능은 인간이 가지고 있는 지적 능력을 컴퓨터에서 구현하는 다양한 기술이나 소프트웨어, 컴퓨터 시스템이다.

① 머신러닝 (기계학습; Machine Learning)
  - 머신러닝은 기본적인 규칙만 주어진 상태에서 입력받은 정보를 활용해 스스로 학습하는 것을 의미한다.
  - 입력되는 데이터의 양과 품질에 의해 성능이 결정된다.
  - 〈텐서플로우〉 : 구글이 오픈소스로 제공하는 머신러닝 라이브러리
② 딥러닝 (심층학습; Deep Learning)
  - 딥러닝은 머신 러닝의 한 방법으로, 입력과 출력 사이에 있는 인공 뉴런들을 여러 개 층층히 쌓고 연결한 인공신경망을 통해서 얻은 일반적인 규칙을 독립적으로

구축하는 것을 의미한다.

- 딥 러닝 기법은 음성인식, 자연어 처리, 음성/신호처리 등의 분야에 적용되고 있다.
- 〈퍼셉트론〉 : 인공신경망 및 딥러닝의 기반이 되는 알고리즘

3) 메시업 (Mashup)

웹으로 제공하고 있는 정보와 서비스를 융합하여 새로운 소프트웨어나 서비스, 데이터 베이스 등을 만드는 기술 예 구글지도 + 맛집 정보

4) 서비스 지향 아키텍처 (SOA)

- 기존의 애플리케이션들의 기능들을 서비스라는 컴포넌트 단위로 재조합 한 후, 이 서 비스들을 서로 통합하여 새로운 업무 기능을 구현하는 소프트웨어 아키텍처
- 데이터 전달은 SOAP, JSON으로 통합은 ESB 방식 사용한다.

5) 디지털 트윈(Digital Twin)

- 현실 세계의 사물을 소프트웨어를 이용하여 쌍둥이처럼 동일하게 제작한 가상의 모델
- 디지털 트윈을 이용하면 현실의 사물을 대신하여 다양한 상황에 대한 시뮬레이션을 수행하여 결과를 예측할 수 있다, 예 자동차, 항공, 에너지 분야 등

6) OTT (over-the-top)

- OTT 서비스는 인터넷을 통해 방송 프로그램 · 영화 · 교육 등 각종 미디어 콘텐츠를 제공하는 서비스를 의미한다.
  예 넷플릭스, 디즈니+, HBO, 유튜브, 티빙 (국내) 등

3. HW 구축 관리

(1) 서버 장비 트렌드 정보

1) SDDC(Software Defined Data Center; 소프트웨어 정의 데이터센터)

- 데이터 센터의 모든 자원 서버, 스토리지, 네트워크 등 모든 구성 요소를 가상화하고 소프트웨어로 자동 통제/관리하는 데이터센터
- 컴퓨팅, 네트워킹, 스토리지, 관리 등을 모두 소프트웨어로 정의

- 인력 개입 없이 소프트웨어 조작만으로 자동 제어 관리
- 모든 자원을 가상화함으로써 특정 하드웨어에 종속되지 않고 독립적으로 서비스 제공

2) 고가용성 (HA; High Availability)

- 고가용성(HA, High Availability)이란 서버와 네트워크, 프로그램 등의 정보 시스템이 지속적으로 정상 운영이 가능한 특성을 의미한다.
- 고가용성을 위해서 주로 2개의 서버를 연결하는 방식을 사용한다.
- 2개로 묶인 서버 중 1대의 서버에서 장애가 발생하면, 다른 서버가 즉시 그 업무를 대신 수행 가능하다,

3) 도커 (Docker)

- 컨테이너 응용 프로그램의 배포를 자동화하는 오픈소스 플랫폼이다.
- 소프트웨어 컨테이너 안에 응용 프로그램들을 배치시키는 일을 자동화해 주는 오픈소스 프로젝트이자 소프트웨어로 볼 수 있다.

4) Secure OS

- 운영체제의 보안상 결함으로 인하여 발생 가능한 각종 해킹으로부터 시스템을 보호하기 위하여 운영체제의 커널에 보안 기능을 추가한 운영체제
- 식별 및 인증 기능, 임의적 접근통제, 강제적 접근 통제를 수행한다.

5) 트러스트존 기술(TrustZone Technology)

- ARM 프로세서(CPU)에 탑재된 하드웨어 보안 기술
- 하나의 프로세서에 일반 애플리케이션을 처리하는 일반 구역과 보안 애플리케이션을 처리하는 보안 구역을 분할하여 관리하는 기술을 의미

6) 클라우드 기반 HSM(Cloud-based Hardware Security Module)

- 클라우드 기반 인증서 및 암호키 생성, 처리, 저장 등을 하는 하드웨어 보안 장비이다.
- 클라우드에 인증서를 저장하므로 기존 HSM 기기나 휴대폰에 인증서를 저장해 다닐 필요가 없다.

(2) 서버 장비 운영

1) DAS (Direct Attached Storage) : 직접 연결 스토리지

① 서버에 전용케이블을 이용하여 직접 부착되어 운영되는 저장장치이다.

② 전용케이블의 사용으로 안정된 성능이 보장된다.

③ 확장성과 유연성이 저하되고, 스토리지마다 접속 방법이 상이하여 파일 공유가 불가능하다.

2) NAS (Network Attached Storage) : 네트워크 연결 스토리지

① 서버가 LAN 네트워크를 이용하여 서버와 저장장치를 연결하는 방식이다.

② 서버 대신 NAS 장비를 이용하여 스토리지를 관리한다.

③ 이더넷 스위치를 이용하여 다른 서버에서도 파일 공유가 가능하다.

④ 접속이 많아지면 병목현상 발생 시 속도가 떨어져 성능이 저하된다.

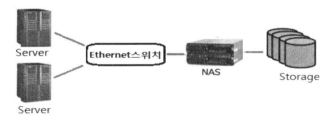

3) SAN (Storage Area Network) : 스토리지 전용 집중 네트워크

① 서버와 스토리지 사이에 광채널 스위치(Fiber Channel Switch)를 이용하여 연결하는 방식이다.

② 광케이블을 사용하므로 고속 전송 및 파일 공유가 가능하고 확장성, 유연성이 뛰어나다.

③ 광케이블의 구축이 요구되므로 초기 비용이 증가된다.

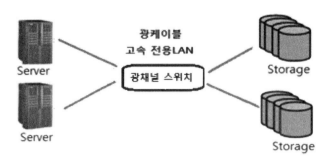

4. DB 구축 관리

(1) 데이터베이스 기술 트렌드 정보

1) 빅데이터

빅데이터(Big Data) 는 기존의 관리 방식으로는 처리하기 어려운 대용량의 정형, 비정형, 반정형 데이터의 집합체이다.

① 빅 데이터 3요소 (3V)
- 크기(Volume)　: 대용량의 데이터
- 속도(Velocity)　: 실시간 데이터
- 다양성(Variety) : 다양한 종류의 데이터

② 빅데이터 처리기술

종 류	내 용
Hadoop	대용량 데이터를 분산 처리할 수 있는 자바 기반의 오픈 소스 프레임워크 HDFS 및 MapReduce로 구성
R	대용량 데이터 통계분석 및 데이터 마이닝을위한 프로그래밍언어
NoSQL	비관계형DB로 테이블 스키마가 고정되지 않고, 테이블 간 조인 연산을 지원하지 않는다. 분산 가능성 에 중점을 두고 일관성과 유효성은 보장하지 않는다.
Sqoop	하둡과 관계데이터베이스 간의 데이터 변환을 수행해주는 도구

- 맵리듀스(MapReduce) : 대용량 데이터 처리를 위한 병렬 처리 기법.
- Scrapy : Python 기반의 웹 크롤링(Web Crawling) 프레임워크

2) 데이터웨어하우스

- 데이터웨어하우스는 기간 데이터시스템에서 추출되어 새롭게 생성한 데이터베이스이다.
- 주제적, 통합적, 시계열적, 비갱신 특징을 갖는 다차원 데이터 집합체이다.
- OLAP 작업을 통해서 가공되고 조직의 의사결정 시스템을 지원할 수 있다.

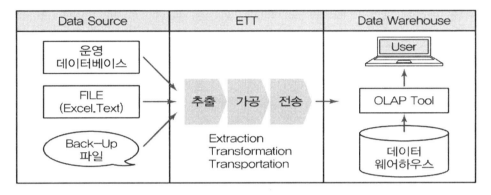

▼ OLAP (online analytical processing) 연산

① slicing : 다차원데이터 항목들을 다양한 각도에서 조회하고 비교하는 연산
② dicing : 2개 이상의 차원에서 특정 값들을 선택하여 부분 큐브를 생성하는 연산
③ drill-down : 요약된 형태의 데이터로부터 구체적인 내용의 상세 데이터로 접근하는 연산
④ roll-up : 구체적인 내용의 상세 데이터로부터 요약된 형태의 데이터로 접근하는 연산
⑤ pivot : 보고서의 행, 열, 페이지 차원을 바꾸어 볼 수 있는 회전 기능 연산

3) 데이터 마이닝(Data Mining)

- 대량의 데이터를 분석하여 데이터 속에 내재되어 있는 변수 사이의 상호관례를 규명하여 일정한 규칙, 패턴을 찾아내는 기법으로 지식 발견(KDD)이라고도 한다.
- 분석 기법 : 연관규칙, 패턴분석, 클러스터링, 결정트리 등

1. IEEE 802.3 LAN에서 사용되는 전송매체 접속제어(MAC) 방식은?

① CSMA/CD
② Token Bus
③ Token Ring
④ Slotted Ring

정답 ①
해설
• IEEE 802.3 : CSMA/CD
• IEEE 802.4 : Token Bus
• IEEE 802.5 : Token Ring

2. 오류 제어에 사용되는 자동 반복 요청방식(ARQ)이 아닌 것은?

① Stop-and-wait ARQ
② Go-back-N ARO
③ Selective-Repeat ARQ
④ Non-Acknowledge ARQ

정답 ④
해설 ARQ 방식 : Stop-and-wait ARQ, Go-back-N ARO, Selective-Repeat ARQ

3. RIP(Routing Information Protocol)에 대한 설명으로 틀린 것은?

① 거리 벡터 라우팅 프로토콜이라고도 한다.
② 소규모 네트워크 환경에 적합하다.
③ 최대 홉 카운트를 115홉 이하로 한정하고 있다.
④ 최단경로 탐색에는 Bellman-Ford 알고리즘을 사용한다.

정답 ③
해설 RIP 프로토콜의 최대 홉 카운트는 15이하로 구성된다.

4. 라우팅 프로토콜인 OSPF(Open Shortest Path First)에 대한 설명으로 옳지 않은 것은?

① 네트워크 변화에 신속하게 대처할 수 있다.
② 거리 벡터 라우팅 프로토콜이라고 한다.
③ 멀티캐스팅을 지원한다. 알고리즘을
④ 최단 경로 탐색에 Dijkstra 사용한다.

정답 | ②
해설 | OSPF는 링크 상태 라우팅 프로토콜이다.

5. 다음 내용이 설명하는 기술로 가장 적절한 것은?

- 다른 국을 향하는 호출이 중계에 의하지 않고 직접 접속되는 그물 모양의 네트워크이다.
- 통신량이 많은 비교적 소수의 국 사이에 구성될 경우 경제적이며 간편하지만, 다수의 국 사이에는 회선이 세분화 되어 비경제적일 수도 있다.
- 해당 형태의 무선 네트워크의 경우 대용량을 빠르고 안전하게 전달할 수 있어 행사장이나 군 등에서 많이 활용된다.

① Virtual Local Area Network
② Simple Station Network
③ Mesh Network
④ Modem Network

정답 | ③
해설 | 중계국 없이 직접 접속되는 그물 모양의 네트워크이다.

6. 기기를 키오스크에 갖다 대면 원하는 데이터를 바로 가져올 수 있는 기술로 10㎝ 이내 근접 거리에서 기가급 속도로 데이터 전송이 가능한 초고속 근접무선통신(NFC : Near Field Communication) 기술은?

① BcN(Broadband Convergence Network)
② Zing
③ Marine Navi
④ C-V2X(Cellular Vehicle To Everything)

7. PC, TV, 휴대폰에서 원하는 콘텐츠를 끊김 없이 자유롭게 이용할 수 있는 서비스는?

① Memristor
② MEMS
③ SNMP
④ N-Screen

8. 서로 다른 네트워크 대역에 있는 호스트들 상호간에 통신할 수 있도록 해주는 네트워크 장비는?

① 스위치
② HIPO
③ 라우터
④ RAD

9. TCP/IP 기반 네트워크에서 동작하는 발행–구독 기반의 메시징 프로토콜로 최근 IoT 환경에서 자주 사용되고 있는 프로토콜은?

① MLFQ
② MQTT
③ Zigbee
④ MTSP

10. 물리적 배치와 상관없이 논리적으로 LAN을 구성하여 Broadcast Domain을 구분할 수 있게 해주는 기술로 접속된 장비들의 성능향상 및 보안성 증대 효과가 있는 것은?

① VLAN   ② STP

③ L2AN   ④ ARP

정답 ①
해설 VLAN은 물리적 배치와 상관없이 논리적으로 구상하는 가상 LAN으로 브로드캐스트 더메인을 분리할 수 있다.

11. 다음 내용이 설명하는 스토리지 시스템은?

- 하드디스크와 같은 데이터 저장장치를 호스트 버스 어댑터에 직접 연결하는 방식
- 저장장치와 호스트 기기 사이에 네트워크 디바이스 없이 직접 연결하는 방식으로 구성

① DAS   ② NAS

③ BSA   ④ NFC

정답 ①
해설 DAS (Direct Attached Storage) 저장장치를 서버와 직접 연결하는 방식이다.

12. 다음 내용이 설명하는 것은?

- 네트워크상에 광채널 스위치의 이점인 고속 전송과 장거리 연결 및 멀티 프로토콜 기능을 활용
- 각기 다른 운영체제를 가진 여러 기종들이 네트워크상에서 동일 저장장치의 데이터를 공유하게 함으로써, 여러 개의 저장 장치나 백업 장비를 단일화시킨 시스템

① SAN   ② MBR

③ NAC   ④ NIC

정답 ①
해설 SAN(Storage Area Network)은 스토리지 디바이스의 공유 풀을 상호 연결하여 광채널 스위치를 이용해 여러 서버에 제공하는 독립적인 전용 고속 네트워크이다.

13. 컴퓨터 운영체제의 커널에 보안 기능을 추가한 것으로 운영체제의 보안상 결함으로 인하여 발생 가능한 각종 해킹으로부터 시스템을 보호하기 위하여 사용되는 것은?

① GPIB
② CentOS
③ XSS
④ Secure OS

정답 | ④
해설 | Secure OS(시큐어 OS) : 기존 OS에 보안 기능을 추가한 OS로 인증, 접근제어 등을 지원한다.

14. Secure OS의 보안 기능으로 거리가 먼 것은?

① 식별 및 인증
② 임의적 접근 통제
③ 고가용성 지원
④ 강제적 접근 통제

정답 | ③
해설 | Secure OS는 인증과 접근제어를 수행하는 보안 운영체제로 성능 향상을 위한 고가용성 지원은 거리가 멀다.

15. 구글의 구글 브레인 팀이 제작하여 공개한 기계 학습(Machine Learning)을 위한 오픈소스 소프트웨어 라이브러리는?

① 타조(Tajo)
② 원 세그(One Seg)
③ 포스퀘어(Foursquare)
④ 텐서플로(TensorFlow)

정답 | ④
해설 | 텐서 플로우(TensorFlow) : 구글이 개발한 오픈 소스로 공개한 기계학습 라이브러리

16. 정보시스템과 관련한 다음 설명에 해당하는 것은?

- 각 시스템 간에 공유 디스크를 중심으로 클러스터링으로 엮어 다수의 시스템을 동시에 연결할 수 있다.
- 조직, 기업의 기간 업무 서버 등의 안정성을 높이기 위해 사용될 수 있다.
- 여러 가지 방식으로 구현되며 2개의 서버를 연결하는 것으로 2개의 시스템이 각각 업무를 수행하도록 구현하는 방식이 널리 사용된다.

① 고가용성 솔루션(HACMP)
② 점대점 연결 방식(Point-to-Point Mode)
③ 스턱스넷(Stuxnet)
④ 루팅(Rooting)

정답	①
해설	고가용성 솔루션
	• 공유 디스크를 클러스터링으로 엮어 다수 시스템을 동시에 연결할 수 있다.
	• 2개의 서버를 연결하여 각각의 업무를 수행하도록 구현한다.
	• 조직의 기간 업무 서버등의 안정성을 향상 할 수 있다.

17. 다음이 설명하는 IT 기술은?

> - 컨테이너 응용프로그램의 배포를 자동화하는 오픈소스 엔진이다.
> - 소프트웨어 컨테이너 안에 응용프로그램들을 배치시키는 일을 자동화해 주는 오픈 소스 프로젝트이자 소프트웨어로 볼 수 있다.

① StackGuard   ② Docker
③ Cipher Container   ④ Scytale

정답	②
해설	도커(Docker)는 컨테이너 기반의 오픈소스 가상화 플랫폼으로 응용 프로그램들을 신속하게 구축, 테스트 및 배포할 수 있는 소프트웨어 플랫폼이다. 소프트웨어를 컨테이너라는 표준화된 유닛으로 패키징하며, 컨테이너는 라이브러리, 시스템 도구, 코드 등 소프트웨어 실행에 필요한 모든 것이 포함되어 있다.

18. 다음이 설명하는 용어로 옳은 것은?

> - 오픈 소스를 기반으로 한 분산 컴퓨팅 플랫폼이다.
> - 일반 PC급 컴퓨터들로 가상화된 대형 스토리지를 형성한다.
> - 다양한 소스를 통해 생성된 빅데이터를 효율적으로 저장하고 처리한다.

① 하둡(Hadoop)   ② 비컨(Beacon)
③ 포스퀘어(Foursquare)   ④ 맴리스터(Memristor)

정답	①
해설	하둡 : 자바 기반 오픈 소스 빅데이터 처리 플랫폼으로 HDfS와 맵리듀스(MapReduce)로 구성되어 있다.

19. 하둡(Hadoop)과 관계형 데이터베이스 간에 데이터를 전송할 수 있도록 설계된 도구는?

① Apnic
② Topology
③ Sqoop
④ SDB.

정답	③
해설	Sqoop(스쿱)은 하둡(Hadoop)과 관계형 데이터베이스 간에 데이터를 전송할 수 있도록 설계된 도구로 스쿱을 이용하면 관계형 데이터베이스의 데이터를 하둡으로 임포트(import)하거나, 반대로 관계형 DB로 익스포트(export)할 수 있다.

20. 빅데이터 분석 기술 중 대량의 데이터를 분석하여 데이터 속에 내재 되어 있는 변수 사이의 상호관례를 규명하여 일정한 패턴을 찾아내는 기법은?

① Data Mining
② Wm-Bus
③ Digital Twin
④ Zigbee

정답	①
해설	• Data Mining(데이터마이닝) : 대량의 데이터를 분석하여 데이터 속에 내재되어 있는 변수 사이의 상호관례를 규명하여 일정한 패턴을 찾아내는 기법 • Wm-Bus (Wireless M-Bus) : 전기, 수도, 가스, 온수 또는 열량 등의 소비량을 계량하는 스마트 미터를 원격에서 무선으로 검침하는 표준 • Digital Twin : 현실 세계의 사물을 소프트웨어를 이용하여 쌍둥이처럼 동일하게 제작한 가상의 모델 • Zigbee ; 소형, 저전력 디지털 라디오를 이용해 개인 통신망을 구성하기 위한 IEEE 802.15 표준

Chapter 03 소프트웨어 개발 보안 구축

1. SW 개발 보안 설계

(1) Secure SDLC (보안 SDLC)

1) 보안의 3요소

보안 요소는 보안 시스템에서 충족해야 할 요구사항이다. 특히 기밀성, 무결성, 가용성은 보안의 3요소로 불리운다.

기밀성(Confidentiality)	인가된 사용자에게만 시스템 정보 접근 허용
무결성(Intergrity)	인가된 사용자만 시스템 정보에 대한 수정이 가능
가용성(Availablity)	인가 받은 사용자는 시스템 내 정보를 언제든지 사용 가능
인증(Authentication)	합법적 사용자인지를 확인하는 모든 행위
부인 방지(NonRepudiation)	송, 수신한 자가 송, 수신 사실을 부인할 수 없게 함

2) Secure SDLC (소프트웨어 개발 보안 생명주기)

① SW 개발과정에서 개발자 실수, 논리적 오류 등으로 인해 SW에 내포될 수 있는 보안 약점을 최소화하는 한편, 사이버 보안 위협에 대응할 수 있는 안전한 SW를 개발하기 위한 일련의 보안 활동을 의미한다.

② SW 개발 각 단계에서 기능뿐 아니라 보안 기능까지 포함하여 개발하는 보안 활동을 의미한다.

계획	보안 정책 검토, 보안 계획 수립
요구 분석	• 보안 요구 사항 식별 • 보안 요구사항 명세서 작성
설계	• 보안 설계 검토, 보안설계서 작성 • 관리적, 기술적 물리적 보안 통제 수립
구현	• 표준 코딩 정의서, SW 개발 보안 가이드 준수 • 소스 코드 보안 약점 진단, 개선
테스트	모의 침투 테스트 또는 동적 분석을 통한 보안 취약점 진단
유지보수	지속적인 개선, 보안 패치

3) Secure SDLC 방법론

CLASP	• SDLC의 초기 단계에서 보안 강화를 위해 개발된 방법론 • 활동 중심, 역할 기반 프로세스로 구성되어 있으며, 현재 운용 중인 시스템에 적용하기에 적합
SDL	• 마이크로소프트 사에서 안전한 소프트웨어 개발을 위해 기존 SDLC를 개선한 방법론 • 전통적인 나선형 모델을 기반
Seven Touchpoints	• 소프트웨어 보안의 모범 사례를 SDLC에 통합한 방법론 • 개발 과정의 모든 산출물에 대해 위험 분석 및 테스트 수행 • SDLC의 각 단계에 관련된 7개의 보안 강화 활동 수행

(2) 입력 데이터 검증 및 표현 설계

프로그램 입력값에 대한 검증 누락 또는 부적절한 검증, 데이터의 잘못된 형식 지정으로 인해 발생할 수 있는 보안 약점을 고려해야 한다.

1) 취약점 형태

No	취약점	No	취약점
1	SQL 삽입(injection)	9	LDAP 삽입
2	경로 조작 및 자원 삽입	10	크로스사이트 요청 위조
3	크로스사이트 스크립트 (XSS)	11	HTTP 응답 분할
4	운영체제 명령어 삽입	12	정수 오버플로우
5	위험한 형식 파일 업로드	13	보안기능 결정에 사용되는 부적절한 입력값
6	신뢰되지 않는 URL 주소로 자동 접속 연결	14	메모리 버퍼 오버플로우
7	XQuery 삽입	15	포맷 스트링 삽입
8	XPath 삽입		

2) 대표적인 취약점

① SQL 삽입(injection)
- 사용자의 입력 값 등 외부 입력 값이 SQL 쿼리에 삽입되어 발생한다.
- 임의로 작성한 SQL 구문을 애플리케이션에 삽입하는 공격방식이다.
- SQL Injection 취약점은 주로 웹 애플리케이션과 데이터베이스가 연동되는 부분에서 발생한다.

- 로그인과 같이 웹에서 사용자의 입력 값을 받아 데이터베이스 SQL문으로 데이터를 요청하는 경우 SQL Injection을 수행할 수 있다.

② 크로스사이트 스크립트 (XSS)

- 웹페이지에 악의적인 스크립트를 포함시켜 사용자 측에서 실행되게 유도함으로써, 정보유출 등의 공격을 유발할 수 있는 취약점이다.
- 게시판이나 웹 메일 등에 자바 스크립트와 같은 스크립트 코드를 삽입 해놓고 사용자가 다운로드 또는 실행하게 하여 개인 정보 유출등을 수행하는 공격이다.

> - OWASP (오픈소스 웹 애플리케이션 보안 프로젝트)
> - 웹에 관한 정보 노출, 악성 파일 및 스크립트, 보안 취약점 등을 연구하는 단체
> - 매년 OWASP TOP 10 (웹 애플리케이션의 취약점 10개)을 발표
> - SQL 삽입, 크로스사이트 스크립트 (XSS)는 OWASP TOP 10을 차지하고 있는 대표적 취약점

(3) 보안기능(인증, 접근제어, 기밀성, 권한 관리 등) 설계

보안 기능(인증, 접근제어, 기밀성, 암호화, 권한관리 등)을 부적절하게 구현 시 발생할 수 있는 보안 약점을 고려해야 한다.

1) 취약점 형태

No	취약점	No	취약점
1	적절한 인증없는 중요기능 허용	9	적절하지 않은 난수 값 사용
2	부적절한 인가	10	하드코드된 암호화 키
3	중요한 자원에 대한 잘못된 권한 설정	11	취약한 비밀번호 허용
4	취약한 암호화 알고리즘 사용	12	사용자 하드디스크 저장되는 쿠키를 통한 정보노출
5	중요정보 평문저장	13	주석문 안에 포함된 시스템 주요 정보
6	중요정보 평문전송	14	솔트 없이 일방향 해쉬 함수 사용
7	하드코드된 비밀번호	15	무결성 검사 없는 코드 다운로드
8	충분하지 않은 키 길이 사용	16	반복된 인증시도 제한 기능 부재

① 솔트(salt) : 패스워드 복제를 방지하기 위해 패스워드에 추가하는 값

② 하드코드(hard code) 된 패스워드 : 소스 코드에 노출된 패스워드

③ 쿠키(cookie) : 서버와의 연결 유지를 위해 클라이언트에 저장되는 파일

2) 정보 접근의 단계

① 식별(identification) : 자신의 신원을 시스템에 밝히는 것 (ID 입력)

② 인증(Authentication) : 자신의 신원을 시스템에 증명하는 과정(패스워드)

③ 허가(Authorization) : 인증 후 정보 자산에 접근할 권한을 취득하는 것

3) 인증방식

레벨	기반기술	종류
Type 1	지식기반 (What You Know)	패스워드, PIN 등
Type 2	소유기반 (What You Have)	토큰, 스마트카드 등
Type 3	존재기반 (What You Are)	지문, 홍채, 정맥 등
Type 4	행위기반 (What You Do)	음성, 서명, 움직임 등

4) SSO 인증 서버

① SSO(single sign on) 서버는 한 번의 로그인을 통하여 시스템별 별도의 인증 절차 없이 다양한 시스템에 접근이 가능한 인증 서버이다.

② 하나의 시스템에서 인증에 성공하면 다른 시스템에 대한 접근권한도 얻는 시스템이다.

5) 접근제어

① 접근제어는 정보 자산에 접근을 요구하는 사용자를 식별하고, 확인하여 접근을 승인하거나 거부함으로써 비인가자의 불법적인 자원접근 및 파괴를 예방하는 H/W, S/W 및 행정적인 관리를 총칭한다.

② 접근제어는 MAC, DAC, RBAC의 접근제어 정책에 의해 운용된다.

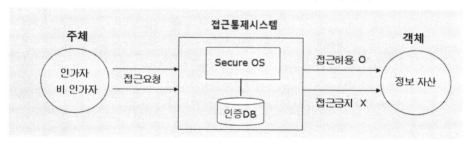

6) 접근제어 정책

강제적 접근제어 (MAC)	• 주체와 객체에게 부여한 보안등급(security label)에 기초하여 접근 권한을 부여하는 방식이다. • 규칙(rule) 기반으로 보안이 엄격하다.
임의적 접근제어 (DAC)	• 데이터 소유자가 신분(Identity)에 따라 융통성 있게 접근 권한을 부여하는 방식이다. • 접근제어리스트(ACL)를 작성하여 이용한다.
역할기반접근제어 (RBAC)	• 사용자의 역할(role)에 접근 권한을 부여하는 방식이다. • 조직의 기능 변화에 효율적인 접근 제어 방식이다.

(4) 에러처리 설계

① 에러를 처리하지 않거나 불충분하게 처리해 시스템의 중요한 정보가 노출되거나 의도치 않은 기능 등이 수행될 수 있는 보안상의 약점을 고려해야 한다.

② 취약점 및 설계 항목

취약점	설계 항목
• 오류 메시지를 통한 정보 노출 • 부적절한 예외 처리	• 오류 정보 사용자에게 노출 금지 • 예외 처리 블록 이용

(5) 세션통제 설계

① 이미 연결이 종료된 클라이언트의 정보가 삭제되지 않고 사용 가능한 상태로 방치되는 경우 해당 연결을 탈취한 허가되지 않은 사용자에 의해 시스템의 기능이 사용되거나 다른 개인의 중요정보에 접근하는 침해사고를 발생시킬 수 있으므로 안전한 세션 통제정책이 적용되어야 한다.

② 취약점 및 설계 항목

취약점	설계 항목
• 불충분한 세션 관리 • 잘못된 세션에 의한 정보 노출	• 세션 간 데이터 공유 금지 • 세션의 안전한 관리 • 세션ID의 안전한 관리

2. SW개발 보안 구현

(1) 암호 알고리즘

1) 암호의 개요

① 암호란 변경되지 않은 평문을 암호문으로 변환하여 제3자가 평문의 내용을 알지 못하도록 하는 기술

② 암호화(encryption) ; 평문을 암호문으로 바꾸는 과정

③ 복호화(decryption) : 암호문을 평문으로 바꾸는 과정

2) 암호 시스템의 기본 요소

① 알고리즘(algorithm): 암호화와 복호화에 적용된 수학적 원리 및 수행 절차

② 키(key): 암호화 혹은 복호화 능력을 얻기 위한 지식으로 반드시 비밀 유지

3) 암호 시스템에서 제공하는 보안 서비스

① 기밀성(confidentiality) : 인가된 사용자들만 메시지에 접근 가능한 특성

② 무결성(integrity) : 인가된 사용자만 메시지 변경이 가능한 특성

③ 인증(authentication) : 메시지 송·수신자의 신분을 검증하는 것을 의미

④ 부인방지(non-repudiation) : 송수신 사실 대하여 부인하는 것을 방지

4) 암호 시스템의 종류

① 대칭키 암호 = 비밀키 암호
- 암호키와 복호키가 동일하다.
- 하나의 키를 공유하므로 비밀키, 관용키, 공유키, 단일키 암호로 불린다.
- 암호속도가 빠르지만 키 전달 문제가 발생하고 키 관리가 힘들다.
- 데이터 암호화에 사용된다.
- n명의 사용자일 때 필요한 키 개수=$\dfrac{n(n-1)}{2}$
- 대표적 비밀키 암호 알고리즘 : DES, AES

② 공개키 암호 = 비대칭키 암호
- 암호키와 복호키가 서로 다르다.
- 암호키와 복호키가 한 쌍으로 생성되고 공개키, 개인키로 구분한다.
- 암호속도가 느리지만 키 전달 문제가 없고 키 관리가 용이하다.
- 데이터 암호화 뿐 아니라 전자서명 등 인증, 부인방지에도 사용된다.
- n명의 사용자일 때 필요한 키 개수=$2n$
- 대표적 공개키 암호 알고리즘 : RSA

5) 대칭키 암호 알고리즘의 종류

① 스트림 암호
- 2진수 평문 비트열을 키 스트림과 XOR 연산하여 암호문을 생성한다.
- 하드웨어적으로 구현하면 속도가 매우 빠르다.
- 스트림 암호 알고리즘 : RC4
② 블록 암호
- 평문을 일정 크기의 블록으로 분할 후 암호문을 생성한다.
- 블록 암호 알고리즘 : DES(64비트), AES(128비트), SEED 등

6) 공개키 암호 알고리즘의 종류

① RSA
- 소인수 분해 문제에 기반한 알고리즘이다.
- 공개키와 개인키 쌍을 이용해 메시지 암호 및 전자서명을 생성한다.
② Diffie-Hellman
- 이산대수 문제에 기반한 알고리즘이다.
- 최초의 공개키 개념을 도입한 알고리즘이다.
- 대칭키를 안전하게 전달할 목적으로 만들어졌다.
③ ECC
- 타원 곡선상의 이산대수 문제에 기반한 알고리즘이다.
- 짧은 키 길이로도 높은 안전성을 제공하며, 속도도 빠르다.
- 스마트카드, PDA, 비트코인, 무선인터넷 환경에 적합하다.

7) 해시 함수

① 가변길이의 메시지를 입력하면, 고정길이의 출력을 생성하는 함수이다.
② 일방향 함수로 출력을 이용하여 입력값을 구하는 것은 불가능하다.
③ 해시 함수는 메시지의 무결성을 제공한다.
④ 대표적 해시 알고리즘 : MD4, MD5, SHA, HAVAL 등

(2) 코드 오류

① 코드 오류는 타입 변환의 오류, 자원 등의 부적절한 반환 등과 같이 개발자가 범할 수 있는 코딩오류로 인해 유발되는 보안 약점
② 취약점 및 보안 대책

No	취약점	보안대책
1	널(NULL) 포인터 역참조	널 참조전에 널값인지를 검사
2	부적절한 자원 해제	자원 사용 후 반드시 자원을 해제
3	해제된 자원 사용	참조 포인터를 다른 값으로 저장
4	초기화되지 않는 변수 사용	모든 변수 사용전에 초기값을 할당

(3) 캡슐화

① 캡슐화는 중요 데이터 또는 기능성 등을 불충분하게 캡슐화하거나 잘못 사용해 발생하게 되는 보안 약점으로 정보노출, 권한문제 등이 발생할 수 있다.
② 취약점 및 보안 대책

No	취약점	보안대책
1	잘못된 세션에 의한 데이터 정보 노출	변수 범위 (Scoop)에 주의하자
2	제거되지 않고 남은 디버그 코드	SW 배포 전 반드시 디버그 코드를 확인하고 삭제한다.
3	시스템 데이터 정보 노출	예외 상황이 발생할 때 시스템의 내부정보가 출력되지 않도록 개발한다.
4	public 메소드로부터 반환된 private 배열	private로 선언된 배열을 public 메소드를 통해 반환하지 않도록 한다
5	private 배열에 public 데이터 할당	public 메서드의 인자를 private 선언된 배열로 저장되지 않도록 한다.

(4) API 오용

의도된 사용에 반하는 방법으로 API를 사용하거나, 보안에 취약한 API를 사용하여 발생할 수 있는 보안 약점이다.

No	취약점	보안대책
1	DNS lookup에 의존한 보안 결정	보안 결정에서 도메인명을 이용한 DNS lookup을 하지 않도록 한다.
2	취약한API 사용	금지된 함수를 대체할 수 있는 안전한 함수를 사용한다.

1. 정보 보안의 3요소에 해당하지 않는 것은?

① 기밀성   ② 휘발성

③ 무결성   ④ 가용성

정답 | ②

해설 | 보안의 3요소 : 기밀성, 무결성, 가용성

2. 시스템 내의 정보는 오직 인가된 사용자만 수정할 수 있는 보안 요소는?

① 기밀성   ② 부인방지

③ 가용성   ④ 무결성

정답 | ④

해설 |
- 기밀성 : 인가된 사용자에게만 정보 접근을 허용
- 무결성 : 인가된 사용자에게만 정보 수정을 허용
- 가용성 : 인가된 사용자에게만 필요 시 정보를 이용하도록 허용

3. 실무적으로 검증된 개발 보안 방법론 중 하나로써 SW 보안의 모범 사례를 SDLC(Software Development Life Cycle)에 통합한 소프트웨어 개발 보안 생명주기 방법론은?

① CLASP   ② CWE

③ PIMS   ④ Seven Touchpoints

정답 | ④

해설 |

CLASP	• SDLC의 초기 단계에서 보안 강화를 위해 개발된 방법론 • 활동 중심, 역할 기반 프로세스로 구성되어 있으며, 현재 운용 중인 시스템에 적용하기에 적합함
SDL	• MS사에서 안전한 소프트웨어 개발을 위해 기존 SDLC를 개선한 방법론 • 전통적인 나선형 모델을 기반으로 함
Seven Touchpoints	• 소프트웨어 보안의 모범사례를 SDLC에 통합한 방법론 • 설계 및 개발 과정의 모든 산출물에 대해 위험분석 및 테스트 수행 • SDLC의 각 단계에 관련된 7개의 보안 강화 활동 수행

4. Secure 코딩에서 입력 데이터의 보안 약점과 관련한 설명으로 틀린 것은?

① SQL 삽입 : 사용자의 입력 값 등 외부 입력 값이 SQL 쿼리에 삽입되어 공격

② 크로스사이트 스크립트 : 검증되지 않은 외부 입력 값에 의해 브라우저에서 악의적인 코드가 실행

③ 운영체제 명령어 삽입 : 운영체제 명령어 파라미터 입력 값이 적절한 사전검증을 거치지 않고 사용되어 공격자가 운영체제 명령어를 조작

④ 자원 삽입 : 사용자가 내부 입력 값을 통해 시스템 내에 사용이 불가능한 자원을 지속적으로 입력함으로써 시스템에 과부하 발생

정답	④
해설	자원 삽입 : 검증되지 않은 외부 입력값을 통해 파일 및 서버 등 시스템 자원에 대한 접근 혹은 식별을 허용할 경우, 입력값 조작을 통해 시스템이 보호하는 자원에 임의로 접근할 수 있는 보안 약점

5. 웹페이지에 악의적인 스크립트를 포함시켜 사용자 측에서 실행되게 유도함으로써, 정보유출 등의 공격을 유발할 수 있는 취약점은?

① Ransomware
② Pharming
③ Phishing
④ XSS

정답	④
해설	XSS(크로스사이트스크립트) : 웹페이지나 게시판 등에 악의적인 스크립트를 삽입하거나 올려 사용자 측에서 래당 스크립트를 실행하여 개인 정보등을 유출하는 공격

6. 오픈소스 웹 애플리케이션 보안 프로젝트로서 주로 웹을 통한 정보 유출, 악성 파일 및 스크립트, 보안 취약점 등을 연구하는 곳은?

① WWW
② OWASP
③ WBSEC
④ ITU

정답	②
해설	OWASP : 오픈소스 웹 애플리케이션 보안 프로젝트로 주로 웹에 관한 정보노출, 악성 파일 및 스크립트, 보안 취약점 등을 연구하며, 10대 웹 애플리케이션의 취약점(OWASP TOP 10)을 발표한다.

7. 각 사용자 인증의 유형에 대한 설명으로 가장 적절하지 않은 것은?

① 지식 : 주체는 '그가 알고 있는 것'을 보여주며 예시로는 패스워드, PIN 등이 있다.
② 소유 : 주체는 '그가 가지고 있는 것'을 보여주며 예시로는 토큰, 스마트카드 등이 있다.
③ 존재 : 주체는 '그를 대체하는 것'을 보여주며 예시로는 패턴, QR 등이 있다.
④ 행위 : 주체는 '그가 하는 것'을 보여주며 예시로는 서명, 움직임, 음성 등이 있다.

정답 │ ③
해설 │ 존재 기반 인증 : 주체는 '그들 자신'을 보여주며 예시로는 지문, 홍채, 정맥 등이 있다.

8. 시스템의 사용자가 로그인하여 명령을 내리는 과정에 대한 시스템의 동작 중 다음 설명에 해당하는 것은?

- 자신의 신원(Identity)을 시스템에 증명하는 과정이다.
- 아이디와 패스워드를 입력하는 과정이 가장 일반적인 예시라고 볼 수 있다.

① Aging   ② Accounting
③ Authorization   ④ Authentication

정답 │ ④
해설 │ 인증(Authentication) : 내가 누구라는 것 즉 자신의 신원(Identity)을 시스템에 증명하는 과정이다.

9. 시스템에 저장되는 패스워드들은 Hash 또는 암호화 알고리즘의 결과값으로 저장된다. 이때 암호공격을 막기 위해 똑같은 패스워드들이 다른 암호 값으로 저장되도록 추가되는 값을 의미하는 것은?

① Pass flag   ② Bucket
③ Opcode   ④ Salt

정답 │ ④
해설 │ Salt(솔트) : 패스워드를 보호하기 위해서 패스워드에 추가하는 랜덤값을 의미한다.

10. 시스템이 몇 대가 되어도 하나의 시스템에서 인증에 성공하면 다른 시스템에 대한 접근 권한도 얻는 시스템을 의미하는 것은?

① SOS   ② SBO

③ SSO   ④ SOA

정답 | ③

해설 | SSO (single sign on) : 한 번의 로그인을 통해서 인증받으면 별도의 인증 없이도 다른 시스템에 접근 가능한 시스템 또는 인증 서버를 의미한다.

11. 정보 보안을 위한 접근통제 정책 종류에 해당하지 않는 것은?

① 임의적 접근 통제   ② 데이터 전환 접근 통제

③ 강제적 접근 통제   ④ 역할 기반 접근 통제

정답 | ②

해설 | - 접근통제 정책

강제적 접근통제(MAC), 임의적 접근통제 (DAC), 역할 기반 접근 통제 (RBAC)

12. 접근통제 방법 중 조직 내에서 직무, 직책 등 개인의 역할에 따라 결정하여 부여하는 접근 정책은?

① RBAC   ② DAC

③ MAC   ④ QAC

정답 | ①

해설 | RBAC : 개인의 역할(role)에 따라 접근권한이 결정되는 접근 정책

13. 다음은 정보의 접근통제 정책에 대한 설명이다. (ㄱ)에 들어갈 내용으로 옳은 것은?

정책	(ㄱ)	DAC	RBAC
권한 부여	시스템	데이터 소유자	중앙 관리자
접근 결정	보안등급(Label)	신분(Identity)	역할(Role)
정책 변경	고정적(변경 어려움)	변경 용이	변경 용이
장점	안정적 중앙 집중적	구현 용이 유연함	관리 용이

① NAC　　　　　　　　　② MAC
③ SDAC　　　　　　　　④ AAC

정답　②
해설　MAC : 주체 및 객체에 보안등급 (label)을 부여하고 규칙에 따라 접근권한을 부여하는 중앙 집중적인 방식으로 보안이 엄격하고 정책 변경이 어렵다.

14. 정보보호를 위한 암호화에 대한 설명으로 틀린 것은?

① 평문 – 암호화되기 전의 원본 메시지
② 암호문 – 암호화가 적용된 메시지
③ 복호화 – 평문을 암호문으로 바꾸는 작업
④ 키(Key) - 적절한 암호화를 위하여 사용하는 값

정답　③
해설　복호화 : 암호문을 평문으로 바꾸는 작업이다.

15. 소인수 분해 문제를 이용한 공개키 암호화 기법에 널리 사용되는 암호 알고리즘 기법은?

① RSA　　　　　　　　　② ECC
③ PKI　　　　　　　　　④ PRM

정답　①
해설　RSA : 소인수 분해의 어려움을 기반으로 만들어진 공개키 암호의 대표적 알고리즘

16. 공개키 암호화 방식에 대한 설명으로 틀린 것은?

① 공개키로 암호화된 메시지는 반드시 공개키로 복호화해야 한다.

② 비대칭 암호기법이라고도 한다.

③ 대표적인 기법은 RSA 기법이 있다.

④ 키 분배가 용이하고, 관리해야 할 키 개수가 적다.

정답 | ①
해설 | 공개키로 암호화된 메시지는 반드시 짝이 되는 개인키로 복호화해야 한다.

17. 암호화 키와 복호화 키가 동일한 암호화 알고리즘은?

① RSA　　　　　　　　　　② AES

③ DSA　　　　　　　　　　④ ECC

정답 | ②
해설 | 암호화 키와 복호화 키가 동일한 암호화 알고리즘은 대칭키 암호 알고리즘으로 AES가 해당된다. RSA, DSA, ECC는 비대칭키 암호 알고리즘이다.

18. 대칭 암호 알고리즘과 비대칭 암호 알고리즘에 대한 설명으로 틀린 것은?

① 대칭 암호 알고리즘은 비교적 실행 속도가 빠르기 때문에 다양한 암호의 핵심 함수로 사용될 수 있다.

② 대칭 암호 알고리즘은 비밀키 전달을 위한 키 교환이 필요하지 않아 암호화 및 복호화의 속도가 빠르다.

③ 비대칭 암호 알고리즘은 자신만이 보관하는 비밀키를 이용하여 인증, 전자서명 등에 적용이 가능하다.

④ 대표적인 대칭키 암호 알고리즘으로는 AES, IDEA 등이 있다.

정답 | ②
해설 | 대칭키 암호는 하나의 단일키를 송수신자가 같이 사용하기 때문에 송신측에서 수신측으로의 키 교환 (키 전달)과정이 필요하다.

19. 해쉬(Hash) 기법에 대한 설명으로 틀린 것은?

① 임의의 길이의 입력 데이터를 받아 고정된 길이의 해쉬 값으로 변환한다.
② 주로 공개키 암호화 방식에서 키 생성을 위해 사용한다.
③ 대표적인 해쉬 알고리즘으로 HAVAL, SHA-1 등이 있다.
④ 해쉬 함수는 일방향 함수(One-way function)이다.

정답	②
해설	해시 함수는 공개키 암호와는 관련 없으며 메시지 무결성을 위해 사용된다.

20. 다음 암호 알고리즘 중 성격이 다른 하나는?

① MD4   ② MD5
③ SHA-1   ④ AES

정답	④
해설	• 해시함수 알고리즘 : MD4, MD5, SHA • 블록 암호 알고리즘 : AES, DES 등

Chapter 04   시스템 보안 구축

1. 시스템 보안 설계

(1) 서비스 공격 유형

1) 네트워크 공격

① 스니핑 (sniffing)

네트워크상에서 주고 받는 패킷정보를 추출하여 사용자의 계정 또는 패스워드를 탈취하거나 통신내용을 엿보는 공격

② 스푸핑(spoofing)

공격자가 자신의 정보를 숨기기 위해 다른 사람의 신분을 자신으로 위장하여 정보를 탈취하는 공격

③ 세션 하이재킹(Session Hijacking)

이미 인증을 받아 세션을 유지하고 있는 연결을 빼앗는 공격으로 인증을 위한 모든 검증을 우회할 수 있다.

〈탐지방법〉
• 비동기 상태 탐지, ACK STORM 탐지, 패킷 유실 및 재전송 증가 탐지

④ 백도어 (Backdoor)

네트워크 또는 서비스 관리자가 유지보수의 편의를 위해 인증 없이 접근 가능한 비밀통로로 이를 악용한 공격

〈탐지방법〉
• 무결성검사, 열린포트 확인, 로그 분석, SetUID파일 검사

⑤ 스위치 재밍(switch jamming)

위조된 매체 접근 제어(MAC) 주소를 지속적으로 네트워크로 흘려보내, 스위치 MAC 주소 테이블의 저장 기능을 혼란시켜 더미 허브(Dummy Hub)처럼 작동하게 하는 공격

2) DoS (Denial of Service) 공격 개요

① 서비스 거부 공격 즉, DoS 공격은 공격대상이 수용할 수 있는 능력 이상의 정보나 사용자 또는 네트워크의 용량을 초과시켜 정상적으로 작동하지 못하게 하는 공격을 의미한다.

② DoS 공격은 시스템을 악의적으로 공격해 정보 유출이나 권한 취득이 아닌 해당 시스템의 자원을 고갈시켜 시스템의 실행을 중단시키는 가용성 파괴 공격이다.

3) DoS 공격의 종류

① TCP SYN Flooding

TCP 연결 설정 과정에서 Half-Open 연결 시도가 가능하다는 취약성을 이용한 DOS 공격

② LAND attack

패킷 전송 시 송신 주소와 수신주소를 동일하게 하여 공격 대상을 무한루핑(looping) 상태에 빠지게 만드는 공격

③ Ping of Death

Ping 명령을 이용하여 ICMP 패킷 사이즈를 아주 크게 만들어 연속으로 전송하면 수신 측에서 조각난 패킷들을 계속 조립하게 됨으로써 시스템 부하를 증가시키는 공격

④ TearDrop

공격자가 IP헤더를 조작하여 비정상 IP 단편들을 전송하고 수신 측에서 재조립 시 패킷 일부가 겹치거나 일부 데이터를 포함하지 않게 하여 부하를 일으키는 공격

⑤ Smurf

ICMP의 특성과 브로드캐스트 전송을 악용하여 증폭 네트워크를 이용해 특정 사이트에 집중적으로 ICMP 응답 메시지를 보내 시스템 상태를 불능으로 만드는 공격

4) 분산 서비스거부(DDoS) 공격

① DDoS 공격은 인터넷상에 분산되어 있는 다수의 좀비PC를 이용, 대량의 접속 트래픽을 특정 사이트에 전송하여 과부하를 유발시키는 공격이다.

② DDoS 공격 툴 : Trinoo, Tribe Flood Network, Stacheldraht

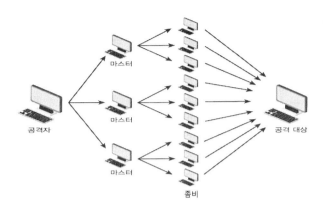

5) 프로그램 취약점 공격

버퍼 오버 플로우 (Buffer Overflow)	메모리에 할당된 버퍼 크기를 초과하는 양의 데이터를 입력하여 이로 인해 프로세스의 흐름을 변경시켜서 악성 코드를 실행시키는 공격 〈대응책〉 스택가드 (특정값 변경 확인), ASLR(랜덤주소)
포맷 스트링 (Format String)	외부로부터 입력된 값을 검증하지 않고 입출력 함수의 포맷 스트링을 그대로 사용하는 경우 발생하는 취약점 공격
레이스 컨디션 (Race Condition)	둘 이상의 프로세스나 스레드가 공유자원을 동시에 접근할 때 접근 순서에 따라 비정상적인 결과가 발생하는 상황
루트킷 (Rootkit)	시스템 침입 후 침입 사실을 삭제하거나 차후의 침입을 위해 설치하는 프로그램의 모음

6) 블루투스 공격

① 블루버그(BlueBug) : 블루투스 장비 간의 취약한 연결 관리를 악용한 공격

② 블루스나프(BlueSnarf) : 블루투스의 취약점을 활용하여 장비의 파일에 접근하는 공격

③ 블루프린팅(BluePrinting) : 블루투스 공격 장치의 검색 활동을 의미

④ 블루재킹(BlueJacking) : 블루투스를 이용해 스팸처럼 명함을 익명으로 퍼뜨리는 것

7) 기타 보안 침해 공격

① 사회공학(Social engineering) : 사람의 신뢰와 심리를 이용한 모든 공격

② 랜섬웨어(Ransomware) : 시스템 내 파일과 문서를 암호화한 후 열지 못하게 하는 악성코드로 해독키 전달을 조건으로 돈을 요구하는 사기 공격

③ 키로거공격(key Logger attack) : 컴퓨터 사용자의 키보드 움직임을 탐지해 ID, 패스워드 등 개인의 중요정보를 몰래 빼가는 공격

④ 큐싱(Qshing) : QR코드를 통해 악성코드 설치를 유도해 개인 정보를 해킹하는 기법

⑤ 웜(worm) : 스스로 실행 가능한 악성코드로 자기복제와 네트워크 전파가 가능

⑥ 트로이목마 : 정상적인 기능을 할 것처럼 보이나 실제로 다른 기능을 하는 악성코드

(2) 서버 인증

서버 인증이란 클라이언트가 서버의 신분을 확인하는 것을 의미한다. 일반적으로 인증서를 이용하여 인증한다.

1) 보안 서버

① 보안서버 : 인터넷상에서 클라이언트와 웹서버 사이에 송수신되는 개인정보를 암호화하여 전송하는 서버로 SSL 프로토콜을 사용한다.

② SSL : 웹브라우저와 웹서버 간에 전송되는 데이터를 암호화하는 표준기술

2) 보안 서버의 필요성

① 정보유출 방지(sniffing 방지)

② 위변조 방지(무결성 보장)

③ 위조사이트 방지(phishing 방지)

④ 기관의 신뢰도 향상

3) SSL 인증서

SSL 인증서는 클라이언트가 서버를 인증하기 위해서 서버에서 보내주는 인증서이다. SSL 인증서를 이용해 서버 인증 및 클라이언트 인증 과정을 살펴보자

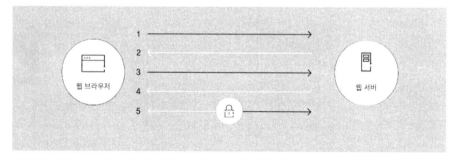

① 클라이언트 : SSL(https)로 보호된 웹서버에 연결하고 서버가 자신의 신원을 증명하도록 요청함.

② 서버 : 서버의 공개 키를 포함하여 자신의 SSL 인증서 사본을 보냄

③ 클라이언트 : 공인 인증 기관 목록과 대조해 인증서 루트를 확인하고, 인증서가 만료, 해지 여부등 유효한 인증서인지를 확인함. 클라이언트가 인증서를 신뢰할 경우 세션 키를 생성하고 서버의 공개키를 사용해 암호화한 후 다시 전송함.

④ 서버 : 서버의 개인 키를 사용해 세션 키를 해독하고 세션 키로 암호화된 승인을 회신하여 암호화된 세션을 시작함.

⑤ 서버와 클라이언트가 이제 전송되는 모든 데이터를 세션 키로 암호화함.

(3) 서버 접근통제

1) 접근통제 방식

클라이언트의 요청을 받고 서버가 서비스를 제공하는 방법에는 stand alone 방식과 xinetd 방식으로 구분된다.

Stand alone	• 개별 서비스별로 서버 프로세스(데몬)가 동작하는 방식 • 장점 : 속도가 빠르다. • 단점 : 서버 리소스를 많이 점유
Xinetd	• 슈퍼 데몬을 이용하여 개별 서비스를 동작시키는 방식 • 장점 : 서비스별 접근통제가 가능, 서버 리소스를 절약, • 단점 : 속도가 느리다

① 데몬(Daemon) : 서비스 처리를 위해 백그라운드로 실행하는 서버 프로세스
② 슈퍼데몬 : 데몬을 관리하는 데몬

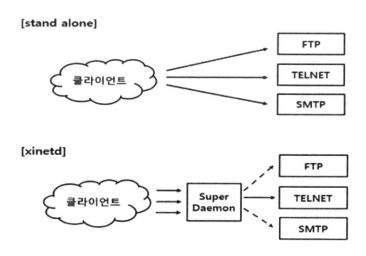

2) TCP Wrapper

① 어떤 외부 컴퓨터가 접속되면 접속 인가 여부를 점검해서 인가된 경우에는 접속이 허용되고, 그 반대의 경우에는 거부할 수 있는 접근제어 유틸리티이다.

② TCP Wrapper를 이용하면 간단하게 FTP, Telnet, SSH 및 xinetd 기반의 서비스에 대해 접근제어설정이 가능하다.

(4) 보안 아키텍처

① 보안 아키텍처는 정보 자산의 기밀성, 무결성, 가용성을 확보하기 위해 보안 요소 및 보안 체계를 식별하고 이들 간의 관계를 정의한 구조이다.

② 보안 아키텍처를 통해 관리적, 물리적, 기술적 보안 개념의 수립, 보안 관리 능력의 향상, 일관된 보안 수준의 유지를 기대할 수 있다,

③ 보안 아키텍처는 정보보호관리체계(ISMS) 구축의 가이드를 제시한다.

④ 보안 아키텍처는 보안 요구사항의 변화나 추가를 수용할 수 있어야 한다.

(5) 보안 Framework

① 조직 내 관리적, 기술적, 물리적 보안 수립을 위한 정보보호 관리체계를 의미한다.

② 국제 표준 : ISO 27001, 국내 표준 : ISMS-P

2. 시스템 보안 구현

(1) 로그 분석

1) 개요

① 로그(log)는 시스템에서 일어나는 모든 사건이나 이벤트 등을 각 서비스 별로 기록한 것으로 보안 사고 시 사고 원인과 추적에 사용된다.

② Linux / Unix 대부분의 로그 파일 저장 경로는 "/var/log"에 저장한다.

③ 윈도우 로그는 이벤트 로그로 불리우면 시스템 운영 전반에 걸쳐서 분야별로 나누어 기록한다.

④ 윈도우 기본 로그는 4가지로 응용 프로그램 로그, 시스템 로그, 보안 로그, 설치 로그 등이다.

2) 로그의 종류

① utmp
- 시스템에 현재 로그인한 사용자들에 대한 상태를 기록한다.
- who, w, finger 등의 명령어를 통해 내용 확인이 가능하다.

② wtmp
- 현재까지의 각 사용자 별 로그인/아웃의 누적 정보를 기록한다.
- last 명령을 통해 내용 확인이 가능하다.

③ btmp
- 실패한 로그인 정보를 기록한다.
- lastb 명령을 통해 내용 확인이 가능하다.

④ lastlog
- 각 사용자의 마지막으로 로그인 한 정보를 기록한다.
- lastlog 명령을 통해 내용 확인이 가능하다.

⑤ secure
- 인증과 관련된 로그 및 커널, 데몬들에서생성된 모든 로그를 기록한다.
- 시스템의 보안과 밀접한 관계에 있는 로그이다.

⑥ xferlog
ftp 데몬을통하여 송수신되는 모든 파일에 대해 기록한다.

(2) 보안 솔루션

1) VPN (가상 사설망)

① 인터넷과 같은 공중망에 사설망을구축하여 마치 전용망을 사용하는 효과를 가지는 보안 네트워크이다.
② 보안 프로토콜의 집합으로 터널링기술을 통해서 외부 영향없이 통신 가능하다.

2) 보안 프로토콜

OSI 계층	프로토콜	설명
응용계층	SSH	• FTP, Telnet의 원격 접속 보안 프로토콜 • 인증, 암호화, 무결성을 제공 • TCP 22번 Port 이용
	SSL	• 웹 표준 암호화 통신으로서 웹 서버와 웹 브라우저 사이의 모든 정보를 암호화함 • 전송계층 ~ 응용계층 사이에서 동작 • SSL 인증서를 이용해 세션키 암호화를 수행
네트워크 계층	IPsec	• 네트워크 계층의보안 표준 프로토콜 • AH : 인증, 무결성 제공 • ESP : 기밀성(암호화), 인증, 무결성 제공 • 운영모드 : 터널모드, 전송모드

3) 방화벽(침입 차단 시스템)

① 외부의 불법 침입으로부터 내부망을 보호하기 위한 침입 차단 시스템이다.

② 관리자가 설정해 놓은 접근제어목록(ACL)에 따라 패킷을 허용 또는 차단한다.

③ 방화벽 구성요소 : 스크리닝 라우터, 프록시 서버, 베스천 호스트

④ 방화벽 유형 : 스크리닝 라우터, 듀얼 홈 게이트웨이, 스크린드 호스트 게이트웨이, 스크린드 서브넷 게이트웨이 등으로 구분된다.

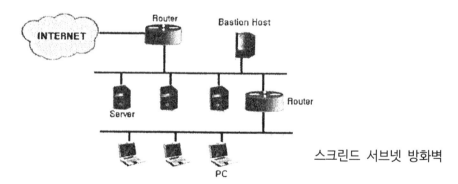

스크린드 서브넷 방화벽

4) IDS (침입 탐지 시스템)

① 방화벽을 통과한 패킷으로부터 내부 네트워크의 침입 여부를 실시간 탐지하는 침입 탐지 시스템이다.

② 탐지 방법 : 오용탐지(시그니처기반), 이상 탐지(행동기반)

5) 데이터 유출 방지 (DLP)

① DLP는 내부정보에 대한 외부유출 방지를 의미한다.

② DLP 소프트웨어는 메신저, 웹메일, 웹하드, 프린터, USB 등 다양한 경로로 정보가 흘러나가는 것을 기록하고 통제한다.

6) NAC (Network Access Control)

① 사용자 유,무선 단말기(End Point)가 내부 네트워크에 접근하기 전 보안정책 준수 여부를 검사하여 네트워크 접속을 통제하는 기술이다.

② 내부망 접근 전에는 엔드 포인트 안전 검사, 접근 후에는 내부망의 접근 가능 영역과 무엇을 할 수 있는지를 정의하고 이에 맞게 제어한다.

(3) 취약점 분석

사이버 위협으로부터 정보시스템의 취약점을 분석 및 평가한 후 개선하는 일련의 과정이다.

1) 취약점 관리

① 무결성 검사 : Tripwire 사용

② 응용 프로그램의 보안 설정 및 패치(Patch) 적용

③ 실행 프로세스 및 열린 닫힌 포트 위주로 확인

④ 불필요한 서비스 및 악성 프로그램의 확인과 제거

⑤ 실행 프로세스 권한 설정

⑥ 운영체제의 접근 제한

2) 취약점 분석 절차

① 자산 조사 및 분석

② 진단 대상 선정

③ 제약사항 확인

④ 진단 수행

⑤ 결과 분석/보고서 작성

3) 취약점 분석 도구

① NMAP : 네트워크 포트 스캐닝 툴

② SATAN : 원격 시스템 취약점 분석 도구

③ NESSUS : 무료로 제공되는 취약점 점검 도구

1. 위조된 MAC 주소를 지속적으로 네트워크로 흘려보내, 스위치의 MAC 주소 테이블의 저장 기능을 혼란시켜 더미 허브(Dummy Hub)처럼 작동하게 하는 공격은?

① Parsing
② LAN Tapping
③ Switch Jamming
④ FTP Flooding

정답 ③
해설 스위치의 MAC테이블을 범람시켜 스위치를 허브처럼 작동하게 하는 공격

2. DoS(Denial of Service) 공격과 관련한 내용으로 틀린 것은?

① Ping of Death 공격은 정상 크기보다 큰 ICMP 패킷을 작은 조각(Fragment)으로 쪼개어 공격 대상이 조각화 된 패킷을 처리하게 만드는 공격 방법이다.
② Smurf 공격은 멀티캐스트(Multicast)를 활용하여 공격 대상이 네트워크의 임의의 시스템에 패킷을 보내게 만드는 공격이다.
③ SYN Flooding은 존재하지 않는 클라이언트가 서버별로 한정된 접속 가능 공간에 접속한 것처럼 속여 다른 사용자가 서비스를 이용하지 못하게 하는 것이다.
④ Land 공격은 패킷 전송 시 출발지 IP주소와 목적지 IP주소 값을 똑같이 만들어서 공격 대상에게 보내는 공격 방법이다.

정답 ②
해설 Smurf 공격은 브로드캐스트(broadicast)를 활용하는 공격이다.

3. 다음 설명에 해당하는 공격기법은?

> 시스템 공격 기법 중 하나로 허용범위 이상의 ICMP 패킷을 전송하여 대상 시스템의 네트워크를 마비시킨다.

① Ping of Death
② Session Hijacking
③ Piggyback Attack
④ XSS

정답 ①
해설 Ping of Death : 아주 큰 ICMP 패킷을 지속적으로 보내어 분할하고 수신측에서 분할된 조각을 조립하면서 시스템을 마비시키는 DoS공격

4. DDoS 공격과 연관이 있는 공격 방법은?

① Secure shell
② Tribe Flood Network
③ Nimda
④ Deadlock

정답 | ②
해설 | DDoS 공격 툴 : Trinoo, Tribe Flood Network, Stacheldraht

5. IP 또는 ICMP의 특성을 악용하여 특정 사이트에 집중적으로 데이터를 보내 네트워크 또는 시스템의 상태를 불능으로 만드는 공격 방법은?

① TearDrop
② Smishing
③ Qshing
④ Smurfing

정답 | ④
해설 | • TearDrop : IP 의 패킷 조립의 취약점 공격
• Smishing ; 문자메시지의 취약점 공격
• Qshing : QR 코드의 취약점 공격
• Smurfing : ICMP의 취약점 공격

6. 컴퓨터 사용자의 키보드 움직임을 탐지해 ID, 패스워드 등 개인의 중요한 정보를 몰래 빼가는 해킹 공격은?

① Key Logger Attack
② Worm
③ Rollback
④ Zombie Worm

정답 | ①
해설 | Key Logger Attack : 키보드 움직임을 탐지하는 해킹공격

7. 블루투스(Bluetooth) 공격과 해당 공격에 대한 설명이 올바르게 연결된 것은?

① 블루버그(BlueBug) - 블루투스의 취약점을 활용하여 장비의 파일에 접근하는 공격으로 OPP를 사용하여 정보를 열람
② 블루스나프(BlueSnarf) - 블루투스를 이용해 스팸처럼 명함을 익명으로 퍼뜨리는 것
③ 블루프린팅(BluePrinting) - 블루투스 공격 장치의 검색 활동을 의미
④ 블루재킹(BlueJacking) - 블루투스 장비 사이의 취약한 연결 관리를 악용한 공격

정답 ③
해설 • 블루버그(BlueBug) : 블루투스 장비 간의 취약한 연결 관리를 악용한 공격
• 블루스나프(BlueSnarf) : 블루투스의 취약점을 활용하여 장비의 파일에 접근하는 공격
• 블루프린팅(BluePrinting) : 블루투스 공격 장치의 검색 활동을 의미
• 블루재킹(BlueJacking) : 블루투스를 이용해 스팸처럼 명함을 익명으로 퍼뜨리는 것

8. 악성코드의 유형 중 다른 컴퓨터의 취약점을 이용하여 스스로 전파하거나 메일로 전파되며 스스로를 증식하는 것은?

① Worm
② Rogue Ware
③ Adware
④ Reflection Attack

정답 ①
해설 웜(worm) : 스스로 동작하고, 스스로 증식하여 전파되는 악성코드

9. 세션 하이재킹을 탐지하는 방법으로 거리가 먼 것은?

① FTP SYN SEGNENT 탐지
② 비동기화 상태 탐지
③ ACK STORM 탐지
④ 패킷의 유실 및 재전송 증가 탐지

정답 ①
해설 세션 하이재킹은 TCP SYN SEGNENT 와 관련 있다.

10. 메모리상에서 프로그램의 복귀 주소와 변수 사이에 특정 값을 저장해 두었다가 그 값이 변경되었을 경우 오버플로우 상태로 가정하여 프로그램 실행을 중단하는 기술은?

① Stack Guard
② Bridge
③ ASLR
④ FIN

정답 ①
해설 Stack Guard : 메모리상에서 프로그램의 복귀 주소와 변수 사이에 특정 값을 저장해 두었다가 그 값이 변경되었을 경우 오버플로우 상태로 가정하여 프로그램을 중단하는 기술

11. 백도어 탐지 방법으로 틀린 것은?

① 무결성 검사
② 닫힌 포트 확인
③ 로그 분석
④ SetUID 파일 검사

정답	②
해설	닫힌 포트 확인은 전송 데이터가 없으므로 탐지 방법으로 의미가 없다

12. 어떤 외부 컴퓨터가 접속되면 접속 인가 여부를 점검해서 인가된 경우에는 접속이 허용되고, 그 반대의 경우에는 거부할 수 있는 접근제어 유틸리티는?

① tcp wrapper
② trace checker
③ token finder
④ change detector

정답	①
해설	tcp wrapper : unix/linux에서 사용하는 접근제어 유틸리티로 서비스별, 주소 대역별 접근제어 설정이 가능하다.

13. 침입탐지 시스템(IDS : Intrusion Detection System)과 관련한 설명으로 틀린 것은?

① 이상 탐지 기법(Anomaly Detection)은 Signature Base나 Knowledge Base라고도 불리며 이미 발견되고 정립된 공격 패턴을 입력 해두었다가 탐지 및 차단한다.
② HIDS(Host-Based Intrusion Detection)는 운영체제에 설정된 사용자 계정에 따라 어떤 사용자가 어떤 접근을 시도하고 어떤 작업을 했는지에 대한 기록을 남기고 추적한다.
③ NIDS(Network-Based Intrusion Detection System)로는 대표적으로 Snort가 있다.
④ 외부 인터넷에 서비스를 제공하는 서버가 위치하는 네트워크인 DMZ(Demilitarized Zone)에는 IDS가 설치될 수 있다.

정답	①
해설	이상탐지는 평균 상태의 프로파일을 이용하여 탐지하는 방법이다. 이미 발견되고 정립된 공격 패턴을 이용하는 탐지 방법은 오용탐지 방식이다.

14. 이용자가 인터넷과 같은 공중망에 사설망을 구축하여 마치 전용망을 사용하는 효과를 가지는 보안 솔루션은?

① ZIGBEE   ② KDD

③ IDS   ④ VPN

정답   ④
해설   VPN(가상 사설망)은 인터넷과 같은 공중 통신망에 보안 프로토콜을 이용하여 전용망처럼 안전한 통신이 가능한 통신망이다.

15. IPSec(IP Security)에 대한 설명으로 틀린 것은?

① 암호화 수행 시 일방향 암호화만 지원한다.

② ESP는 발신지 인증, 데이터 무결성, 기밀성 모두를 보장한다.

③ 운영 모드는 Tunnel 모드와 Transport 모드로 분류된다.

④ AH는 발신지 호스트를 인증하고, IP 패킷의 무결성을 보장한다.

정답   ①
해설   IPsec의 암호화는 일방향 해시 분 아니라 대칭키 암호 방식도 지원한다.

16. SSH(Secure Shell)에 대한 설명으로 틀린 것은?

① SSH의 기본 네트워크 포트는 220번을 사용한다

② 전송되는 데이터는 암호화 된다.

③ 키를 통한 인증은 클라이언트의 공개키를 서버에 등록해야 한다.

④ 서로 연결되어 있는 컴퓨터 간 원격 명령실행이나 셸 서비스 등을 수행한다.

정답   ①
해설   SSH는 TCP 22번 포트를 사용한다.

17. 크래커가 침입하여 백도어를 만들어 놓거나, 설정 파일을 변경했을 때 분석하는 도구는?

① tripwire   ② tcpdump

③ cron   ④ netcat

18. 다음 내용이 설명하는 로그 파일은?

> - 리눅스 시스템에서 사용자의 성공한 로그인/로그아웃 정보 기록
> - 시스템의 종료/시작 시간 기록

① tapping   ② xtslog

③ linuxer   ④ wtmp

19. 취약점 관리를 위한 응용 프로그램의 보안 설정과 가장 거리가 먼 것은?

① 서버 관리실 출입 통제
② 실행 프로세스 권한 설정
③ 운영체제의 접근 제한
④ 운영체제의 정보 수집 제한

20. 서버에 열린 포트 정보를 스캐닝해서 보안 취약점을 찾는데 사용하는 도구는?

① type   ② mkdir

③ ftp   ④ nmap

정보처리기사 필기 한권으로 끝내기

편 저 자	메인에듀 정보기술연구소 편저	
제 작 유 통	메인에듀(주)	
초 판 발 행	2024년 04월 02일	
초 판 인 쇄	2024년 04월 02일	
마 케 팅	메인에듀(주)	
주 소	서울시 강동구 성안로 115, 3층	
전 화	1544-8513	
정 가	29,000원	

I S B N   979-11-89357-56-6